Lars Holzäpfel, Martin Lacher, Timo Leuders, Benjamin Rott

Problemlösen lehren lernen

Wege zum mathematischen Denken

Klett | Kallmeyer

Bibliografische Information der Deutschen Nationalbibliothek
Die Deutsche Nationalbibliothek verzeichnet diese Publikation in der Deutschen Nationalbibliografie; detaillierte bibliografische Daten sind im Internet über http://dnb.d-nb.de abrufbar.

Impressum

Lars Holzäpfel, Martin Lacher, Timo Leuders, Benjamin Rott
Problemlösen lehren lernen
Wege zum mathematischen Denken

1. Auflage 2018

Redaktion: Franziska Siebel, Seeheim-Jugenheim
Realisation: Stefan Zielasko
Druck: Beltz Bad Langensalza GmbH, Bad Langensalza
Printed in Germany

ISBN: 978-3-7727-1060-5

Lars Holzäpfel, Martin Lacher, Timo Leuders, Benjamin Rott

Problemlösen lehren lernen

Wege zum mathematischen Denken

Klett | Kallmeyer

Liebe Leserin, lieber Leser, liebe Problemlöserin, lieber Problemlöser,

in diesem Buch geht es um Probleme – um mathematische Probleme und deren Lösungsprozesse zur Förderung prozessorientierter Kompetenzen im Mathematikunterricht der Sekundarstufe. Sie fragen sich vielleicht: Weshalb noch ein Buch über das Problemlösen? Hierzu gibt es doch schon eine Fülle an Publikationen, die dieses Thema sowohl aus der fachlichen als auch aus der unterrichtspraktischen Perspektive diskutieren. Trotzdem sind wir der festen Überzeugung, dass es sich lohnt, einen Blick in dieses Buch zu werfen.

Wir sind ein Team von Didaktikern, die den integrativen Blick auf Unterricht aus mehreren Perspektiven vereinen: Da gibt es die unterrichtlichen Erfahrungen einerseits, andererseits Erkenntnisse aus der empirischen Forschung zum Problemlösen (insbesondere auch aus eigenen Forschungsarbeiten); hinzu kommen zahlreiche Lehrerfortbildungen, in denen wir beobachten können, an welchen Stellen Lehrpersonen Unterstützung benötigen. Wir haben all das zusammengetragen, was wir für notwendig erachten, wenn man sich dem Problemlösen im Unterricht nähern möchte. Das Buch soll Sie in Ihrer Unterrichtspraxis unterstützen. Dazu haben wir zahlreiche Beispiele inklusive Lösungen und Hinweise für den Unterricht ausgearbeitet – diese können Sie ohne Weiteres in Ihrem Unterricht einsetzen.

Zunächst diskutieren wir in diesem Buch, was man unter Problemlösen überhaupt versteht (Kapitel 1 „Was ist Problemlösen?"). Dabei geht es auch um den Sinn und Zweck des Einsatzes von Problemen – wir werfen an dieser Stelle einen Blick auf die aktuellen Bildungspläne im deutschsprachigen Raum (v. a. die deutschen KMK-Standards). Sich damit auseinanderzusetzen ist grundlegend, weil das Problemlösen in den Vorgaben zum zentralen Bestandteil geworden ist. Mittlerweile ist dies in nahezu allen Bildungsplänen zu finden; oftmals auch explizit als Kompetenz formuliert – und damit gehört Problemlösen als feste Größe zum Bildungsauftrag im Mathematikunterricht.

In Kapitel 2 widmen wir uns dann der Frage, welches gute Gelegenheiten für das Problemlösen sind. Hier werden verschiedene Typen mathematischer Probleme vorgestellt, die deutlich machen, welche unterschiedlichen Ansätze es geben kann, Problemlösen in den Mathematikunterricht zu integrieren. Hieraus folgt die Frage, wie man gute Problemlöseaufgaben findet – dies wird in Kapitel 3 diskutiert. Anhand zahlreicher Beispiele werden Kriterien für gute Probleme besprochen und es wird dargelegt, wie man zu guten Problemen gelangen kann – dies reicht von der gezielten Suche in Büchern bis hin zur eigenen Erstellung. Es werden Kriterien und Vorgehensweisen dargelegt, die man nutzen kann, um gute Probleme systematisch zu konstruieren oder sie in bereits vorhandenen Materialien oder Büchern zu finden und gegebenenfalls zu bereichern. Dabei ist der Fokus auf die beim Problemlösen zu erlernenden Kompetenzen wichtig, denn diese geben eine Orientierung dafür, wo es hingehen soll, wenn man im Mathematikunterricht Problemlösen betreibt. Diese Thematik wird in Kapitel 4 diskutiert. Hier wird auch der Frage nachgegangen, was eigentlich gute Problemlöserinnen und Problemlöser auszeichnet und welche Indikatoren es gibt, dies zu beschreiben. Und wir gehen auf Überzeugungen der Schülerinnen und Schüler ein, denn diese tragen wesentlich dazu bei, die Bereitschaft aufzubringen, auch einmal länger über eine Sache nachzudenken, als dies im traditionellen Unterricht üblicherweise gefordert ist. Die curriculare Einordnung dieser Kompetenzen in den Bildungsplan erfolgt ebenfalls in Kapitel 4.

Ein wichtiger Punkt für die unterrichtliche Umsetzung ist die Frage, wie man Schülerinnen und Schüler an das Problemlösen heranführen kann. In Kapitel 5 wird dieses ausführlich besprochen und es werden konkrete Vorschläge unterbreitet. Dabei werden auch unterrichtsmethodische Überlegungen angesprochen. Nicht nur für Schülerinnen und Schüler ist Problemlösen oft neu, auch für Lehrpersonen: Um einen adäquaten Problemlöseunterricht realisieren zu können, müssen auch auf dieser Seite einige Umstellungen erfolgen. Konkrete Beispiele und Hinweise dazu werden in diesem Kapitel angesprochen. Weitergeführt werden diese Überlegungen in Kapitel 6, in dem es um die Frage geht, wie man Lernende zu einem planvollen Vorgehen anleiten kann. Hier werden diverse Problemlösepläne diskutiert und anhand konkreter Fallbeispiele erläutert. Dass und wie solche Pläne den Unterrichtsverlauf positiv unterstützen, wird hierbei deutlich.

Heurismen spielen beim Problemlösen eine zentrale Rolle. In Kapitel 7 werden dazu exemplarisch einige Strategien erläutert, es wird ein Bezug zu den Bildungsplänen hergestellt und es werden konkrete Schülerbearbeitungen gezeigt, in denen diese Heurismen sichtbar sind. Diese Bearbeitungen sind sämtlich anonymisiert, d. h. Namen und Handschrift wurden geändert (entsprechend auch alle Beispiele in anderen Kapiteln). Eine Strategielandkarte soll in diesem Kapitel eine Übersicht über verschiedene Strategiebereiche verdeutlichen und dabei unterstützen, zwischen verschiedenen Strategien auszuwählen.

Die Lernprozessgestaltung ist ein entscheidender Faktor für das Gelingen im Unterricht. Hierzu werden in Kapitel 8 verschiedene Modelle diskutiert, die eine optimale Umsetzung im Unterricht ermöglichen können. Dort werden auch Lösungen dafür vorgeschlagen, wie Problemlösen in den bereits bestehenden Mathematikunterricht integriert werden kann, ohne dies als zusätzlichen Unterrichtsstoff noch einplanen zu müssen. Hervorzuheben ist die Bedeutung des Problemlösens in allen Lernphasen und nicht nur als Zusatz am Ende der Unterrichtseinheit oder in einer Projektwoche. Dass mit dem Problemlösen nicht noch zusätzlicher Stoff auf Sie zukommt, sondern das betont, was unter authentischem Mathematiktreiben verstanden wird, ist eine wichtige Sichtweise. Diese ermöglicht die Einbindung in den regulären Unterricht und kann so ohne zusätzliche Zeitkontingente auch gelingen.

Ein weiteres wichtiges Element für eine erfolgreiche Umsetzung im Unterricht ist die Unterrichtsgestaltung. Hierbei spielen die Methoden, die in Kapitel 9 ausführlich besprochen werden, eine zentrale Rolle. Es wird ein Überblick gegeben, in welchen Phasen des Problemlösens sich welche Methoden besonders eignen, um die entscheidenden Prozesse anzustoßen.

Kapitel 10 widmet sich dem kritischen Thema der Beurteilung. Ohne die Beurteilung bzw. Bewertung mitzudenken, bekommt das Problemlösen nicht den Stellenwert, den es braucht, um ebenso „vollwertig" zum Unterrichtsstoff zu gehören, wie alle anderen Themen auch. Insofern stellen wir uns der Herausforderung, hier Möglichkeiten anzudenken, wie das gelingen kann.

Abschließend wird in Kapitel 11 auf Differenzierung fokussiert – es geht um die Frage, wie Schülerinnen und Schüler auch selbst an den Problemstellungen beteiligt werden können: Entweder sie entwickeln eigene Problemstellungen oder sie variieren vorhandene Probleme weiter.

Auch wenn Problemlösen bei ersten Versuchen schwierig und mühsam erscheint – und auch mal die eine oder andere Stunde misslingt –, so sollte man doch den Mut nicht verlieren, sondern es unter einer längerfristigen Perspektive betrachten. Schülerinnen und Schüler müssen sukzessive an das Problemlösen herangeführt werden – das braucht Zeit und Erfahrung. Und auch Sie als Lehrperson müssen sich erst einmal daran gewöhnen: Der Unterricht verläuft anfangs sicherlich weniger nach Plan, als Sie das bislang gewohnt waren. Dafür kann man aber spannende Entdeckungen gemeinsam mit den Schülerinnen und Schülern machen! Sie dürfen also auf den Unterricht gespannt sein. In diesem Sinne wünschen wir zunächst einmal viel Spaß beim Studieren dieses Buches – und dann auch beim Ausprobieren im Unterricht.

Lars Holzäpfel, Martin Lacher, Timo Leuders und Benjamin Rott

1 Was ist Problemlösen?

Vielleicht haben Sie sich Fragen wie die Folgenden gestellt, als Sie dieses Buch in die Hand genommen haben: Was ist ein Problem und was ist ein Problemlöseprozess? Wie kann Problemlösen im Mathematikunterricht aussehen? In diesem Kapitel werden diese und weitere Fragen beantwortet und damit die grundlegenden Begriffe eingeführt, die im Verlauf des Buches von Bedeutung sind.

1.1 Was bedeutet Problemlösen für Sie?

Hinter der Bezeichnung „Problemlösen" steckt – wie bei allen alltagssprachlichen Wendungen – ein mehrdeutiges, vages und zugleich flexibles Konzept, das in vielen Zusammenhängen verwendet wird, ohne dass man dazu eine präzise Definition bräuchte. Denkt man allerdings bewusst darüber nach, kommen Fragen auf: Ist Problemlösen im Alltag eigentlich dasselbe wie Problemlösen in Wissenschaft und Technik oder in sozialen Zusammenhängen? Gibt es eine besondere Form des Problemlösens in der Mathematik? Wann würde man im Mathematikunterricht von Problemlösen sprechen? Erst wenn man sich mit anderen über verschiedene Auffassungen von Problemlösen verständigt, bemerkt man, dass jeder eine etwas andere „Theorie" davon hat, was mit Problemlösen gemeint ist.

Solche „subjektiven Theorien" zum Problemlösen sind sehr relevant, denn sie leiten das Handeln eines jeden Einzelnen. Als Mathematiklehrperson greift man auf subjektive Theorien zurück, wenn man Entscheidungen darüber trifft, wann und wie man problemlösenden Unterricht gestaltet. Olive Chapman (1997) hat festgestellt, dass es in der Praxis ganz unterschiedliche Vorstellungen vom Problemlösen im Mathematikunterricht gibt: Problemlösen als „riskantes intellektuelles Abenteuer",

Abb. 1.1

als „kommunikative, beziehungsfördernde Unternehmung" oder auch als „herausforderndes Spiel". Man kann sich vorstellen, wie unterschiedlich ein solcher Unterricht aussieht. Auch die Frage, welche Art von Mathematikaufgaben geeignete Probleme darstellen, ist von Lehrperson zu Lehrperson – und von Land zu Land – verschieden (vgl. z. B. Xenofontos & Andrews, 2012; Handal & Herrington, 2003): Mal sind Probleme eher schwierige Aufgaben, ein anderes Mal werden alle Arten von Aufgaben als Problemlöseaufgaben bezeichnet. Mal bezieht sich Problemlösen nur auf innermathematische Probleme, mal sind auch realitätsbezogene Probleme darunter gefasst (zu dieser Mehrdeutigkeit später mehr).

Abb. 1.2: Karl Popper

Auch jenseits des Unterrichts, in der Wissenschaft, ist die Sache nicht eindeutig „geregelt". Wenn der Philosoph Karl Popper eines seiner letzten Bücher mit „Alles Leben ist Problemlösen" betitelt (Popper, 1994), dann hat er einen sehr umfassenden Begriff vom Problemlösen: Problemlösen ist für ihn fundamentales Lebensprinzip, schon die Evolution als fortwährende Anpassung nach dem Prinzip von Versuch und Irrtum (Mutation und Selektion) fasst Popper als Problemlösen auf. Auch die menschliche Erkenntnis und menschliches Lernen im beständigen Kreislauf von Vermutungen und Überprüfungen sieht er ganz analog als Problemlösen an. Für andere Wissenschaftler ist dies aber ein zu weiter Begriff von Problemlösen; für sie gehören zum Problemlösen eher Prozesse der Einsicht (Duncker, 1935) oder des Planens in komplexen Situationen (Funke, 1991).

Soweit ein kurzer Streifzug durch die unterschiedlichen Verwendungen des Begriffs Problemlösen. Bevor im Folgenden etwas Ordnung in dieses Durcheinander gebracht wird und bevor näher auf das Problemlösen im Mathematikunterricht eingegangen wird, hier eine Nachdenkaufgabe, mit der Sie angeregt werden sollen, festzuhalten, was für Sie „Problemlösen im Mathematikunterricht" ausmacht. Sie können dann verfolgen, ob sich Ihre Sicht im Laufe des Buches verändert, erweitert oder vertieft.

NACHDENK-AUFGABE

Was bedeutet für mich „Problemlösen im Mathematikunterricht"?

1.2 Wie sieht Problemlösen im Mathematikunterricht aus?

Nachfolgend sehen Sie zwei aufeinander aufbauende Aufgaben aus einem Schulbuch, die die Lernenden dazu auffordern, ein Problem zu lösen: „Welches Tier hat eigentlich am meisten Platz?"

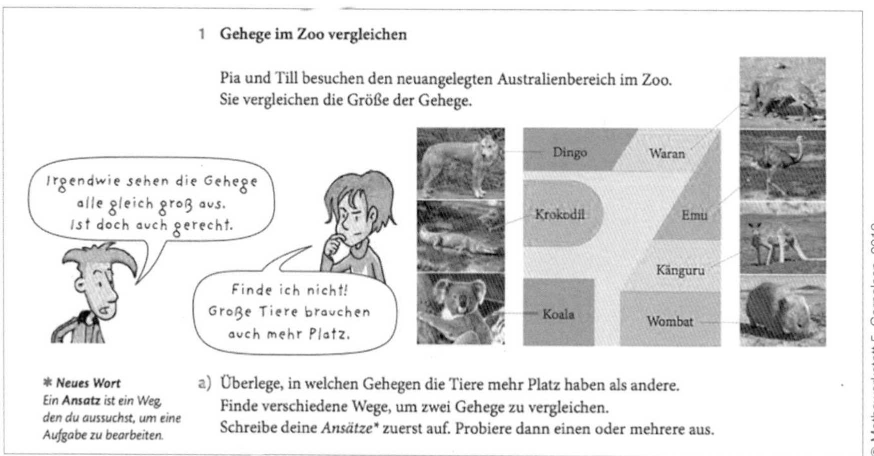

Abb. 1.3: Aufgabe zum Flächeninhalt (Holzäpfel et al., 2012, S. 170)

Abb. 1.4: Aufgabe zum Flächeninhalt (Holzäpfel et al., 2012, S. 176)

NACHDENK-AUFGABE

Bevor Sie sich die unten vorgestellten Schülerlösungen ansehen, überlegen Sie selbst, wie Schülerinnen und Schüler der Klassen 5, 8 oder 10 diese Aufgaben bearbeiten würden.

An der Beispielaufgabe (Abb. 1.3 und 1.4) kann man einige zentrale Merkmale von Problemlöseprozessen im Mathematikunterricht erkennen:

Zunächst einmal steht am Anfang eine Situation, die zu einer Frage herausfordert: Welche Tiere haben eigentlich mehr Platz? Tills und Pias Kommentare machen deutlich, dass diese Frage überhaupt nicht unmittelbar einsichtig ist: Ist der Platz wirklich gleich, trotz der unterschiedlichen Form? Mit dieser Frage ist also eine Art Zielzustand beschrieben, den man gern erreichen möchte. Allerdings kann man dieses Ziel ganz unterschiedlich auffassen: Der eine würde beispielsweise gern wissen, welches Gehege das größte ist. Ein anderer würde sich damit begnügen, zwei bestimmte Gehege vergleichen zu können. Ein dritter würde möglicherweise die Gehege gern in eine Reihenfolge bringen. Ein vierter setzt sich schließlich das Ziel, ein Verfahren zu finden, mit dem man grundsätzlich Gehege nach ihrer Größe vergleichen kann. Ein Problem kann also hinsichtlich des Zielzustandes mehr oder weniger offen sein.

Die beschriebene Schulbuchaufgabe will den Lernprozess etwas stärker kanalisieren und legt fest, was in diesem Fall das Ziel des Problemlösens sein soll: Es geht nicht nur darum, einige konkrete Flächeninhalte zu vergleichen. Vielmehr werden allgemein nutzbare Wege gesucht, mit denen man grundsätzlich Flächen nach ihrer Größe vergleichen kann – das ist das Lernziel, welches die Lehrperson mit der Aufgabe verbindet. Für die Lernenden ist dieses Ziel zunächst aber nicht unbedingt erkennbar: Sie stehen vor einer Situation, in der sie anfangs nicht genau wissen können, wo sie möglicherweise ankommen und woran sie erkennen, ob sie das Problem gelöst haben.

Offen gelassen ist hier auch etwas anderes; und das ist noch wesentlicher dafür, dass hier ein Problem vorliegt: *Der Weg zum Ziel ist offen.* Würde diese Aufgabe in einer achten Klasse gestellt, wäre der Lösungsweg für die meisten Lernenden vorgezeichnet: Sie würden die Maße der Flächen bestimmen und dann den Flächeninhalt berechnen.

$$F_{Koala} = a \cdot b = 2m \cdot 2{,}5\,m = 4m^2$$

$$F_{Emu} = \frac{1}{2}\, g \cdot h = 1{,}5m \cdot 3m = 4{,}5m^2$$

Die Lösung wird in diesem Fall durch leicht verfügbare Handlungsroutinen erlangt. Dies ist ein Grund, weswegen man bei Lernenden, die so vorgehen, eher nicht von einem Problem sprechen würde.

Möglicherweise sind einige Flächen nicht direkt zu bestimmen, z. B. solche, die man erst als Zusammensetzung von zwei Flächen erkennen muss. Wenn es keine „Trapezroutine" oder „Parallelogrammroutine" gibt, müssen die Lernenden eine kleine Barriere überwinden: Sie müssen erst einen Zwischenschritt einlegen, die Figur mittels Hilfslinien aufteilen und dann die Teilfiguren berechnen.

$$F_{Waran} = h \cdot a + 2 \cdot \frac{1}{2} \cdot h \cdot g = 2m \cdot 2m + 2 \cdot \frac{1}{2} \cdot 2m \cdot 0{,}5m$$
$$= 4m^2 + 2 \cdot 0{,}5m^2 = 5m^2$$

Dieser Zwischenschritt kann auch eine Routinehandlung darstellen, wenn solche Flächenberechnungen gut geübt sind. Besitzen Lernende solche Routinen jedoch nicht, so kann die Zerlegung durchaus ein kreativer Akt sein, der einen gewissen geistigen Aufwand bedeutet.

Eine der Flächen allerdings stellt auch Achtklässler vor eine Herausforderung: Wie kann man die Fläche einer Figur bestimmen, die einen Halbkreis enthält? Ein Zehntklässler kann hier sein Kreisflächenwissen aktivieren und routinemäßig einsetzen. Ein Achtklässler muss hier neue Ideen entwickeln, z. B. durch eine Annäherung an die Kreisfläche.

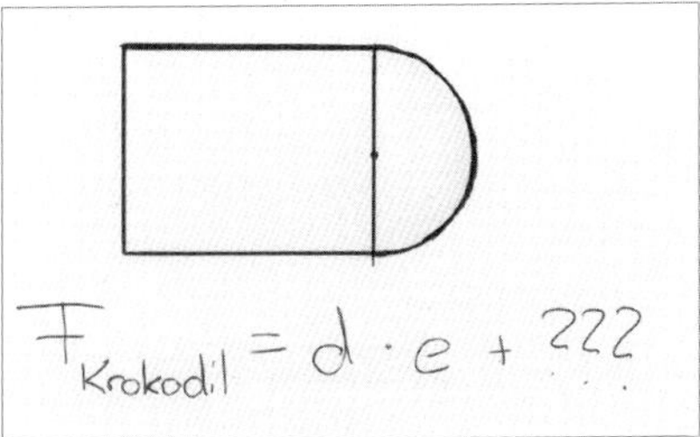

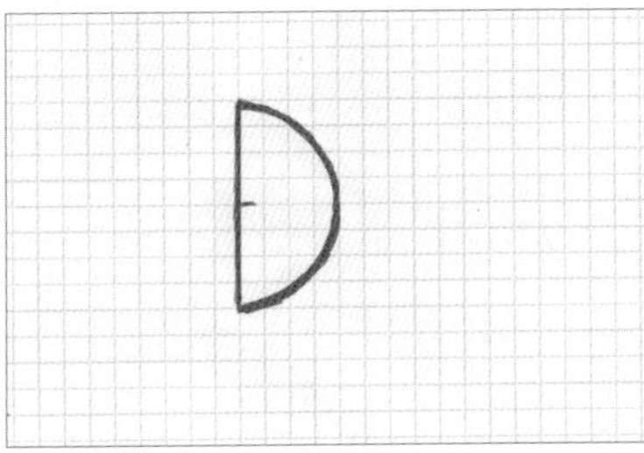

Ob mit der Aufgabe ein Problem vorliegt, hängt also davon ab, ob die Lernenden die Formeln zur Flächenberechnung bereits kennen oder nicht. Die erste der beiden Aufgaben stellt die Offenheit der Lösungswege und die Frage nach verschiedenen möglichen Lösungswegen besonders heraus. Gefragt wird nach unterschiedlichen „Ansätzen". Wie diese Ansätze aussehen und wie man sie finden kann, wird gänzlich offen gelassen. Die Lernenden müssen sich ihren Weg zum Ziel also selbst bahnen, sie müssen die „Werkzeuge" zur Lösung selbst erstellen. Einfache Routinen, wie z. B. zwei Flächen übereinander zu legen, funktionieren nur in den wenigsten Fällen. Meist ist schnell zu erkennen, dass es hier wirklich neue Wege braucht, die man „Ansätze", aber auch „Strategien" nennen kann. Hier sind es eher bereichsspezifische Strategien wie „Zerlegen" oder „Ausfüllen". Dahinter steckt eine ganz allgemeine Strategie: Die des „Zurückführens auf Bekanntes".

Diese kurze Analyse der Beispielaufgabe und der zugehörigen Schülerlösungen zeigt bereits, welche die wichtigsten drei Bestandteile von Problemlösen sind (vgl. Kasten auf nachfolgender Seite).

Nicht ohne Grund wurde hier eine konkrete Schulbuchaufgabe gezeigt. An ihr kann man nicht nur grundsätzlich verstehen, was Problemlösen ist, sondern auch, welche Rolle Problemlösen im Mathematikunterricht spielt. Bei dieser Aufgabe passiert nämlich noch weit mehr, als dass nur ein Problem gelöst wird: Die Aufgabe steht am Beginn der Erarbeitung des Konzeptes „Flächeninhalt" und kann in Klasse 4 oder 5 bearbeitet werden. Bei der Entwicklung von Ansätzen zum Vergleich des „Platzes", welcher den Tieren zur Verfügung steht, entsteht mathematisches Wissen: Zunächst entwickeln die Lernenden verschiedene Verfahren zum Vergleich von Flächeninhalten.

1. Die Problemlösesituation

Problemlösen unterscheidet sich von Routinebearbeitungen dadurch, dass der Weg zu dem angestrebten Ziel nicht klar ist. Um von der Ausgangssituation zu einer Zielsituation zu gelangen, muss man eine Art „Barriere“ überwinden, einen besonderen Durchgang finden, ein Hindernis aus dem Weg räumen, eine Brücke bauen, einen Graben überwinden, eine Lücke schließen … sicher fallen Ihnen noch weitere Metaphern hierfür ein. Bei manchen Problemlösesituationen können nicht nur die Wege, sondern auch das Ziel („Was genau ist eigentlich gesucht?“) und sogar auch der Ausgangszustand noch unklar sein („Was genau ist eigentlich gegeben?“). Eine solche Offenheit erfordert, dass man möglicherweise fehlende Informationen beschaffen, Entscheidungen treffen und dabei verschiedene Optionen bewerten und abwägen muss. Möglicherweise ändern sich auch die Rahmenbedingungen beim Problemlösen, weil man seine Ziele verändert, oder weil sich das Problem verschiebt.

2. Der Problemlöseprozess

Damit man von Problemlösen sprechen kann, muss dies in irgendeiner Weise ein kreativer Akt sein, das rezeptartige Abarbeiten eines noch so umfangreichen Programmes wird in diesem Buch nicht als Problemlösen bezeichnet. Eine wesentliche Leistung beim Problemlösen ist, dass einige Mittel zur Lösung erst konstruiert (oder passend kombiniert) werden müssen. Für diese Mittel kann man je nach Problem viele Begriffe verwenden, wie z. B. Werkzeuge, Ansätze, Konzepte, Strategien, Ideen, Gestalten usw.

Auch wenn *neues* Wissen und *neue* Werkzeuge zum Problemlösen nötig sind, bedeutet das nicht, dass nicht auch schon vorhandenes Wissen und vertraute Werkzeuge herangezogen werden.

3. Die Ressourcen des Problemlösenden

Entscheidend für den Erfolg beim Problemlösen sind Eigenschaften der problemlösenden Person: Auf welches *Wissen* und welche Routinen kann er oder sie zurückgreifen? Wenn es die (noch) nicht gibt: Welche allgemeinen *Strategien* können bei der Lösung helfen? Wie *systematisch gestaltet* die Person den Problemlöseprozess? Und schließlich: Mit welcher *Bereitschaft* und welchem *Durchhaltevermögen* befasst er oder sie sich mit dem Problem?

Sie bilden dabei erst das Konzept „Flächeninhalt“ aus – möglicherweise unter Nutzung von Erfahrungen. Grundsätzlich ist es zunächst nicht klar, worauf man eigentlich achten muss, wenn man Flächen nach ihrer Größe vergleichen will: Ist es – in der Sprache der Mathematik – der Umfang, oder vielleicht der größte Durchmesser einer Fläche? Dass sich der „Platzbedarf“ von Tieren am besten durch die mathematische Größe Flächeninhalt beschreiben lässt, und dass sich diese z. B. durch den Prozess des Auslegens mit Einheiten operativ definieren lässt (Leuders & Barzel, 2014), ist das Ergebnis des Problemlöseprozesses. Die von den Lernenden erfundenen Werkzeuge sind also der Kern eines neuen mathematischen Begriffs. Problemlösen ist hier mit Begriffsbildung verbunden, ein Konzept, das man auch „problemgenetisches Lernen" nennt (Näheres dazu in Kap. 8). Unabhängig von dieser inhaltlichen Begriffsentwicklung haben die Lernenden aber auch übergreifende Problemlösekompetenzen weiterentwickelt: Sie haben erfahren, dass es günstig ist, verschiedene Ansätze („Zurückführen auf Bekanntes", „Zerlegen") zu beherrschen und dass sie ihre Ansätze allgemein aufschreiben und kommunizieren können. Sie haben, wenn es im Unterricht gut gelaufen ist, Problemlösen als gegliederten Prozess wahrgenommen, an dessen Anfang das Aufstellen von Ansätzen als Lösungsplänen steht.

Man erkennt an dieser letzten Überlegung, dass Problemlösen im Mathematikunterricht ganz unterschiedliche Rollen spielen kann (vgl. auch Abb. 1.5): *Problemlösen kann als Lernziel* aufgefasst werden, es geht um ein *„Lehren und Lernen für das Problemlösen"* (Silver, 1985):

(1a) Es können konkrete, *themenspezifische* Problemlösestrategien erworben werden („Flächen zerlegen").

(1b) Der Unterricht kann Kompetenzen mathematischen Problemlösens fördern (als Teil der in Curricula genannten *prozessbezogenen* Kompetenzen).

(1c) Möglicherweise kann er auch zum Aufbau von Problemlösekompetenzen beitragen, die *über den Mathematikunterricht hinaus* gehen („systematisch vorgehen") (vgl. Winter, 1992).

Problemlösen kann aber auch als Gestaltungsprinzip des Unterrichts, als Lernprinzip für Schülerinnen und Schüler, aufgefasst werden, es vollzieht sich ein *„Lehren und Lernen durch Problemlösen"* (Silver, 1985).

(2a) Beim Problemlösen setzen sich Lernende nicht rezeptartig, sondern produktiv mit mathematischen Situationen auseinander – es geht um *„mathematisches Denken"* (vgl. Schoenfeld, 1992).

(2b) Oder noch weitergehender: Schüler sollen nicht ihnen dargebotene mathematische Konzepte anwenden, sondern *mathematische Konzepte beim Problemlösen aktiv entwickeln* (vgl. Winter, 1992) und beim (Nach-)Erfinden verstehen, welchen Zweck die jeweilige Mathematik erfüllt (vgl. Freudenthal, 1976).

Je nachdem, wie explizit man den Prozess des Problemlösens zum Unterrichtsthema macht, kann auch Problemlösen zum Gegenstand werden, es vollzieht sich ein *„Lehren und Lernen über Problemlösen"* (vgl. Silver, 1985).

(3) Das problemlösende Denken und Arbeiten kann zunehmend erfolgreicher stattfinden, wenn Lernende die Situationen, Prozesse und Strategien beim Problemlösen *reflektieren* und zunehmend bewusster einsetzen.

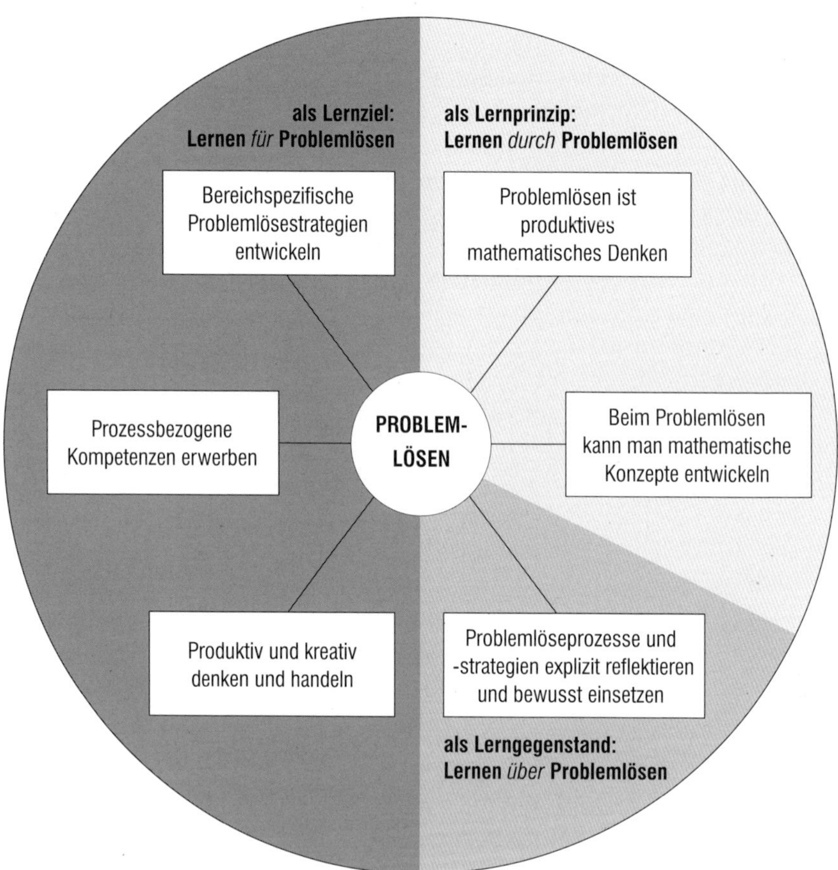

Abb. 1.5: Problemlösen als Lernziel, Lernprinzip und Lerngegenstand

Diesen allgemeinen Formulierungen von Zielen des Problemlösens im Mathematikunterricht kann man kaum widersprechen. Wie aber soll eine *Umsetzung* im Unterricht konkret aussehen? In welcher Situation ist welche Funktion des Problemlösens angemessen? Wie lassen sich die mit dem Problemlösen verbundenen Ziele mit den Rahmenbedingungen der Anforderungen des Mathematikunterrichts (Heterogenität, Klassenverband, Kompetenzerwartungen in Bildungsstandards und Abschlussprüfungen) verbinden? Hierzu geben die nachfolgenden Kapitel praxisnahe Anregungen.

Alle hier an der konkreten Aufgabe diskutierten Aspekte von Problemlösen sind in der Forschung und Theorieentwicklung zum Problemlösen in den letzten Jahrzehnten beschrieben worden. In den nachfolgenden Abschnitten werden sie in aller Kürze im systematischen Überblick dargestellt.

1.3 Wie kann man Problemlösen definieren?

Was sagt die Wissenschaft, welche sich systematisch mit Problemlösen beschäftigt? Welche hilfreichen Definitionen hat sie zu bieten? Hier gibt es einerseits übergreifende psychologische Forschung und andererseits auf das Fach Mathematik gerichtete fachdidaktische Forschung.

Die bis heute einflussreichsten (nicht mathematikspezifischen) Theorien zum Problemlösen stammen wohl aus der Kognitionspsychologie. Die vermutlich frühesten Ansätze betonen das „produktive Denken" (Duncker, 1935; Wertheimer, 1964) als Kern des Problemlösens:

> Ein ‚Problem' entsteht z. B. dann, wenn ein Lebewesen ein Ziel hat und nicht ‚weiß', wie es dieses Ziel erreichen soll. Wo immer der gegebene Zustand sich nicht durch bloßes Handeln (Ausführen selbstverständlicher Operationen) in den erstrebten Zustand überführen läßt, wird das Denken auf den Plan gerufen. (Duncker, 1935, S. 1)

Hier werden Problemlöseprozesse vor allem als geistige Strukturierungsleistungen, als das Erkennen von „Gestalten", beschrieben. Berühmt ist Wertheimers Beispielproblem der Bestimmung des Flächeninhaltes eines Parallelogramms durch Umstrukturieren – hier schließt sich der Kreis zu unserem obigen Schulbuchbeispiel:

> Als ihr [einem 5 1/2-jährigen Mädchen] das Parallelogramm-Problem gegeben wurde, nachdem ihr kurz gezeigt worden war, wie man die Fläche des Rechtecks findet, sagte sie: „Das ist nicht gut hier", indem sie auf die Gegend am linken Ende zeigte, „und nicht gut hier", indem sie auf die Gegend rechts zeigte. „Es ist ungeschickt, da und da." Zögernd sagte sie: „Ich könnte es hier richtig machen … aber …" Plötzlich rief sie: „Kann ich eine Schere haben? Was hier schlecht ist, ist genau, was dort gebraucht wird. Es paßt." Sie nahm die Schere, schnitt senkrecht durch und setzte das linke Stück rechts an. (Wertheimer, 1964, S. 55 f.)

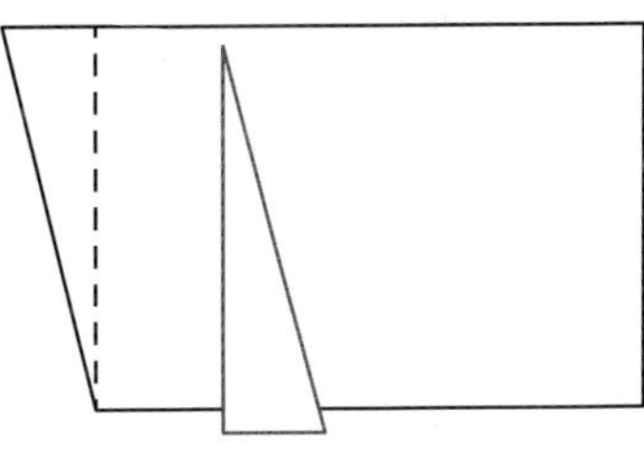

Weitere bedeutsame Impulse gaben Newell und Simon (1972) oder Dörner (1976), die menschliches Denken allgemein und Problemlösen im Besonderen als Prozesse der Informationsverarbeitung beschreiben. Die entscheidenden Elemente des Problemlösens sind oben bereits angedeutet worden: (1) Übergang von einem Ausgangs- zu einem Endzustand, (2) Überwindung von Barrieren, die unterschiedlicher Art sein können. (3) Einsatz von Strategien zur Überwindung von Barrieren (z. B. Ziel-Mittel-Analyse, Analogien, Rückwärtsarbeiten ...). Die Barrieren können darin bestehen, dass zwar Ausgangs- und Zielzustand bekannt sind, und sogar die Mittel verfügbar sind, diese aber erst aus einem größeren Inventar ausgesucht und kombiniert werden müssen (Interpolationsbarriere). Es kann aber auch sein, dass die Mittel erst konstruiert werden müssen (Synthesebarriere). Schließlich ist es auch möglich, dass der Zielzustand noch offen ist (dialektische Barriere).

In den letzten Jahrzehnten wird das Problemlöseverhalten von Menschen in eher komplexen Situationen von Interesse, da man davon ausgehen muss, dass Problemlösesituationen in der Realität eher vernetzt, komplex und intransparent sind, und dass Problemlösen hier mit uneindeutigen Zielen (und sich verändernden Bedingungen) verbunden ist (Dörner, 1976; Funke, 1991). Diese fachübergreifende Sicht auf Problemlösen findet man auch in den neueren Schulstudien wie den PISA-Erhebungen wieder (s. Beispiel im nachfolgenden Exkurs).

Exkurs: Problemlösen in fachübergreifender Sicht

Im PISA-Test 2003 (Leutner et al., 2004, S. 164) fand sich zum Bereich „Problemlösen im Alltag" ein Beispiel, an dem deutlich wird, was Problemlösen bedeuten kann. Probieren Sie doch einmal Ihre eigenen Problemlösefähigkeiten daran aus.

GEFRIERSCHRANK

Jennifer hat sich einen neuen Gefrierschrank gekauft. Die Bedienungsanleitung enthält die folgenden Anweisungen:

- Schließen Sie das Gerät an das Netz an und schalten Sie es ein.
  - Sie hören den Motor anlaufen.
  - Eine rote Kontrolllampe (LED) leuchtet.
- Drehen Sie den Temperaturregler auf die gewünschte Position. Position 2 ist normal.

Position	Temperatur
1	–15° C
2	–18° C
3	–21° C
4	–25° C
5	–32° C

  - Die rote Kontrolllampe leuchtet, bis die Temperatur des Gefrierschranks niedrig genug ist. Dies dauert 1 bis 3 Stunden, je nach Temperatur, die Sie eingestellt haben.
- Legen Sie nach vier Stunden Lebensmittel in den Gefrierschrank

Jennifer befolgt diese Anweisungen, stellt aber den Temperaturregler auf Position 4. Nach 4 Stunden legt sie Lebensmittel in den Gefrierschrank

Nach 8 Stunden leuchtet die rote Kontrolllampe immer noch, obwohl der Motor läuft und der Innenraum des Gefrierschranks kalt ist.

Jennifer fragt sich, ob die Kontrolllampe richtig funktioniert. Welche der folgenden Handlungen und Beobachtungen weist/weisen darauf hin, dass die Lampe richtig funktioniert?

- Sie dreht den Regler auf Position 5 und die rote Lampe geht aus.
- Sie dreht den Regler auf Position 1 und die rote Lampe geht aus.
- Sie dreht den Regler auf Position 1 und die rote Lampe bleibt an.

Jennifer liest die Bedienungsanleitung noch einmal, um zu sehen, ob sie etwas falsch gemacht hat. Sie findet die folgenden sechs Warnhinweise:

1. Schließen Sie das Gerät nicht an eine Steckdose an, die nicht geerdet ist.
2. Stellen Sie den Gefrierschrank nicht auf eine niedrigere Temperatur als nötig ein (die normale Temperatur beträgt 18 °C).
3. Die Lüftungsgitter sollten frei gehalten werden, sonst kann die Kühlleistung des Geräts verringert werden.
4. Frieren Sie grünen Salat, Rettich, Trauben, ganze Äpfel und Birnen oder fettes Fleisch nicht ein.
5. Öffnen Sie die Tür des Gefrierschranks nicht zu häufig.

Die Nichtbeachtung welcher Warnhinweise führt dazu, dass die Lampe länger leuchtet?

Jedes Mal, wenn wir versuchen, optimale Entscheidungen zu treffen, wenn wir Situationen analysieren oder auf Fehlersuche gehen, sind wir aufs Neue herausgefordert, uns einen möglichst rationalen Lösungsweg selbst zu suchen. Dies ist also auf jeden Fall eine Form des Problemlösens, wie wir sie zur erfolgreichen Alltagsbewältigung benötigen.

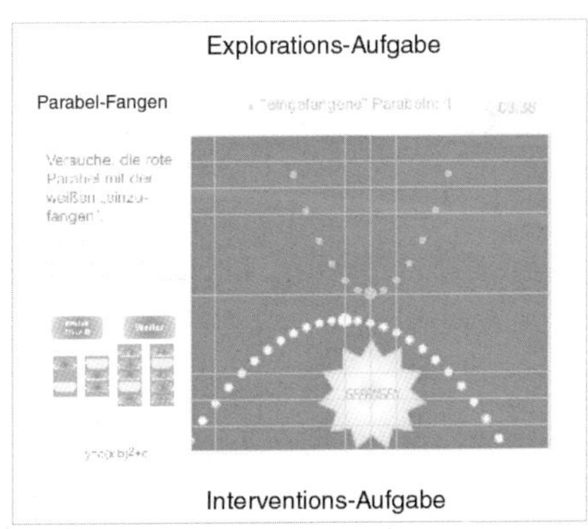

Problemlösen im Alltag unterscheidet sich allerdings noch von Aufgaben wie den obigen. In der Regel setzen wir uns nicht in Ruhe hin und analysieren eine Situation systematisch, sondern probieren aus und experimentieren. Bei einem Kühlschrankproblem wie dem obigen oder bei einem neuen Handy testen wir aus, wie das System auf uns reagiert. Im Laufe einer solchen Exploration lernen wir die Funktionsweise immer besser kennen, das System verändert und erweitert sich, und schließlich erreichen wir unser Problemlöseziel. Im Rahmen der PISA-Studie 2003 (Leutner et al., 2004, S. 168) wurde diese Form des „dynamischen Problemlösens" mithilfe von Computeraufgaben getestet. Die dargestellte Parabel veränderte sich, je nach Stellung der Regler und die Schülerinnen und Schüler mussten versuchen, die Parabel mit einer anderen zur Deckung zu bringen (auch ohne dass sie diese Änderung mathematisch präzise erfassen mussten).

Ist nun so ein dynamisches Problemlösen etwas anderes als das analytische Problemlösen von Alltagssituationen? Und in welcher Beziehung steht das zum Problemlösen bei Mathematikaufgaben? Und ist vielleicht all diese Problemlösekompetenz letztlich nichts anderes als Intelligenz? In der Abbildung unten findet man das Ergebnis der PISA-Studie von 2003 anschaulich dargestellt: Hier liegen die verschiedenen Fähigkeiten der Schülerinnen und Schüler umso näher beieinander positioniert, je besser die Testwerte bei den deutschen Schülern korrelierten.

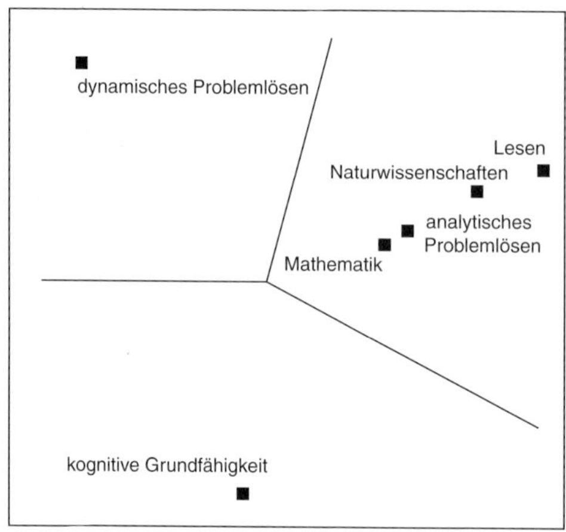

Was kann man aus diesem Ergebnis lernen? Zumindest kann man sagen, dass Problemlösen bei Mathematikaufgaben (ein großer Teil der PISA-Aufgaben) und alltägliches Problemlösen durchaus nahe beieinanderliegen. Die Fähigkeit des flexiblen, dynamischen Explorierens und Problemlösens scheint doch noch etwas ganz anderes zu sein, das man mit einem Papier und Bleistift-Test nicht erfassen kann. Übrigens findet man je nach Land unterschiedliche Ausprägungen, mal sind die mathematischen, mal die allgemeinen Problemlösefähigkeiten eher hoch. In Deutschland gilt vor allem für die mathematisch schwächeren Lernenden, dass sie eher besser im Lösen alltäglicher Probleme sind, als im Schnitt zu erwarten ist. Hier gibt es also offensichtlich noch Potenzial für den Mathematikunterricht. Viele Lehrpersonen, die einen Problemlöseunterricht auch in leistungsschwächeren Klassen durchführen, bestätigen die Wahrnehmung, dass Lernende beim Problemlösen mitunter unerwartet gute Leistungen zeigen.

Soweit die allgemeine Sicht auf das Problemlösen – es ist plausibel, dass man nun, wenn man auf die speziellen Probleme und Denkweisen eines Faches wie Mathematik blickt, noch einmal konkreter werden kann. Hier seien exemplarisch drei Sichten auf Problemlösen benannt, die zeitlich ihren

Ausgangspunkt in den 1950er-Jahren, den 1980er-Jahren und in der letzten Zeit nahmen, die aber alle noch bis heute theoretisch wie praktisch relevant sind.

George Pólya (1887–1985) hat mit seinem millionenfach verkauften Buch „How to solve it" (Pólya, 1945) (deutsch: „Schule des Denkens", 1949) das Nachdenken über Problemlösen weltweit angestoßen, weil er als einer der ersten Autoren *didaktische* Fragen – „Wie unterstütze ich Lernende beim Problemlösen" – in den Vordergrund stellte. Pólya betont ebenfalls, dass der genauere Blick auf das Problemlösen die dynamische, experimentelle Seite der Mathematik (im Gegensatz zur systematischen und deduktiven) betont. Interessanterweise findet man in seinem Buch keine explizite Definition von Problemlösen, dafür aber Beschreibungen von mathematischen Problemlöseprozessen, von immer wiederkehrenden Problemlösestrategien und zahlreiche Hinweise, wie man sich als Lehrperson verhalten sollte. Diese Ideen werden in den nachfolgenden Kapiteln wieder aufgegriffen.

Abb.1.6: George Pólya

Zu den wichtigsten Impulsgebern für das Verständnis von mathematischem Problemlösen gehört der Mathematikdidaktiker Alan Schoenfeld (geb. 1947). In seiner Forschung hat er über viele Jahre ein differenziertes Bild vom Problemlösen gezeichnet. In seinem Buch „Mathematical Problem Solving" (Schoenfeld, 1985) findet man allerdings auch keine klare Abgrenzung von Problemlösen, sondern eine Beschreibung der wichtigsten Faktoren, die einen Einfluss auf Problemlöseprozesse haben (mehr dazu in Kap. 4). Schoenfeld betont auch den engen Zusammenhang zwischen problemlösendem Arbeiten im Mathematikunterricht und dem Verstehen von Mathematik (Schoenfeld, 1992).

Abb. 1.7: Alan Schoenfeld

Heutzutage hat sich die Sicht auf Problemlösen im Mathematikunterricht noch einmal erheblich ausgeweitet. Lesh schreibt in einem Überblicksartikel: Eine Aufgabe oder eine zielgerichtete Aktivität wird zu einem Problem (bzw. „problematisch"), wenn der

> Problemlöser [...] eine produktivere Weise entwickeln muss, um über die Situation nachzudenken. [...] Problemlösen ist der Vorgang, bei dem eine Situation mathematisch interpretiert wird. Diese umfasst üblicherweise mehrere schrittweise Kreisläufe, bei denen mathematische Interpretationen formuliert, überprüft und revidiert werden, bei denen man aussortiert, integriert, modifiziert, überarbeitet und Gruppen von Begriffen auf Mathematik und darüber hinausgehenden Bereichen verfeinert.
>
> (Lesh & Zawojewski, 2007, S. 782, Übersetzung von Leuders)

Eine solche, immer breitere Sicht will der Komplexität von mathematischem Problemlösen in allen Phasen des Lernens gerecht werden. Es wird deutlich, welche zentrale Rolle Problemlösen im Mathematikunterricht spielt und wie eng Problemlösen auch mit anderen Bereichen wie dem Begründen oder dem Modellieren zusammenhängt (dazu mehr in Kap. 2).

1.4 Problemlösen als Ziel allgemeinbildenden Mathematikunterrichts

Bildungsstandards, Bildungspläne, Lehrpläne, Kerncurricula ... wie auch immer die Textsorten genannt werden, die festlegen, welches die Bildungsziele im Mathematikunterricht sind, alle enthalten sie klare Hinweise auf die Bedeutung des Problemlösens. Schon in den Lehrplänen vor dem Jahr 2000 wurde vor allem in den Präambeln und allgemeinen Texten darauf hingewiesen, dass im Mathematikunterricht das problemlösende Lernen und das Lernen von Problemlösen jeweils eine große Rolle spielen – gelesen und genutzt wurden diese Texte allerdings in der Praxis nur wenig. Neu ist seit dem PISA-Schock, dass Bildungsstandards nicht mehr nur Inhalte aufzählen, sondern erwartete Kompetenzen beschreiben und dabei auch die sogenannten „allgemeinen Kompetenzen" oder auch „prozessbezogenen Kompetenzen" mit einbeziehen. Neben dem Modellieren, Argumentieren und Beweisen und Kommunizieren ist Problemlösen eine der zentralen allgemeinen Kompetenzen. An den verschiedenen Beschreibungen, welche Problemlösefähigkeiten Schülerinnen und Schüler erwerben sollen, kann man gut erkennen, dass hier die wichtigsten Aspekte des mathematischen Problemlösens aufgenommen wurden (s. die nachfolgenden vier Kästen).

Die NCTM-Standards zum Problemlösen

Die Standards der amerikanischen NCTM (National Council of Teachers of Mathematics) haben schon seit den 1990er-Jahren Problemlösen als zentralen Kompetenzbereich beschrieben. Anders als die deutschen Standards der letzten Jahre, die ausschließlich Kompetenzen als Lern*ergebnisse* beschreiben, wird hier auch erläutert, wie Lern*prozesse* aussehen sollen (NCTM, 2000).

Instructional programs from prekindergarten through grade 12 should enable all students to

- build new mathematical knowledge through problem solving;
- solve problems that arise in mathematics and in other contexts;
- apply and adapt a variety of appropriate strategies to solve problems;
- monitor and reflect on the process of mathematical problem solving.

Problem solving means engaging in a task for which the solution method is not known in advance. In order to find a solution, students must draw on their knowledge, and through this process, they will often develop new mathematical understandings. Solving problems is not only a goal of learning mathematics but also a major means of doing so. Students should have frequent opportunities to formulate, grapple with, and solve complex problems that require a significant amount of effort and should then be encouraged to reflect on their thinking. By learning problem solving in mathematics, students should acquire ways of thinking, habits of persistence and curiosity, and confidence in unfamiliar situations that will serve them well outside the mathematics classroom. In everyday life and in the workplace, being a good problem solver can lead to great advantages.

Problem solving is an integral part of all mathematics learning, and so it should not be an isolated part of the mathematics program. Problem solving in mathematics should involve all the five content areas described in these Standards. The contexts of the problems can vary from familiar experiences involving students' lives or the school day to applications involving the sciences or the world of work. Good problems will integrate multiple topics and will involve significant mathematics.

Problemlösen in den Bildungsstandards der KMK

Maßgeblich für den deutschen Mathematikunterricht sind die Kompetenzen, die in den Bildungsstandards der KMK formuliert werden (KMK, 2004, S. 8 und 14). Die zusätzliche Unterteilung in drei Anforderungsbereiche ist allerdings nicht besonders prägnant, sie beschränkt sich auf die folgenden Ausführungen:

(K 2) Probleme mathematisch lösen. Dazu gehört:

- vorgegebene und selbst formulierte Probleme bearbeiten,
- geeignete heuristische Hilfsmittel, Strategien und Prinzipien zum Problemlösen auswählen und anwenden,
- die Plausibilität der Ergebnisse überprüfen sowie das Finden von Lösungsideen und die Lösungswege reflektieren.

[...] Zum Lösen mathematischer Aufgaben werden die allgemeinen mathematischen Kompetenzen in unterschiedlicher Ausprägung benötigt. Diesbezüglich lassen sich drei Anforderungsbereiche unterscheiden [...]:

Reproduzieren	Zusammenhänge herstellen	Verallgemeinern und Reflektieren
• Routineaufgaben lösen („sich zu helfen wissen“) • einfache Probleme mit bekannten – auch experimentellen – Verfahren lösen	• Probleme bearbeiten, deren Lösung die Anwendung von heuristischen Hilfsmitteln, Strategien und Prinzipien erfordert • Probleme selbst formulieren • die Plausibilität von Ergebnissen überprüfen	• anspruchsvolle Probleme bearbeiten • das Finden von Lösungsideen und die Lösungswege reflektieren

(KMK, 2004, S. 8 und 14)

Problemlösen in den Luxemburger Bildungsplänen

Fähigkeiten Schülerinnen und Schüler können • Problemstellung analysieren und verstehen, • in inner- und außermathematischen Situationen Fragen stellen (z. B. „Was passiert, wenn ...?“), • Problemstellungen mit eigenen Worten und Fachbegriffen präzisieren, • Lösungswege planen und ihren Plan und Lösungsprozess schriftlich festhalten (z. B. in einem Forschungstagebuch), • Problemlösestrategien auswählen und anwenden (z. B. Beispiele untersuchen, Darstellung wechseln, Hilfsgrößen bestimmen, Vorwärts- und Rückwärtsarbeiten), • über Lösungswege und verwendete Strategien reflektieren und diese bewerten.	**Fertigkeiten** Schülerinnen und Schüler können • mit Zirkel und Geodreieck konstruieren, • mit dynamischen Geometriesystemen geometrische Situationen erkunden, • elementare Berechnungen im Kopf, schriftlich und mit Taschenrechner ausführen, • Skizzen anfertigen, • Berechnungsformeln in einer Formelsammlung auffinden. **Einstellungen** Schülerinnen und Schüler zeigen • Bereitschaft unbekannte Situationen zu erkunden, • Durchhaltevermögen, um eine Vielzahl von Beispielen zu untersuchen.

Neben den Fähigkeiten und Fertigkeiten bezogen auf das Problemlösen wird in den Luxemburger Bildungsplänen auch auf die Einstellungen Bezug genommen. Insbesondere die Aspekte des Durchhaltevermögens und der Bereitschaft, unbekannte Situationen zu erkunden, sind hier hervorzugeben.

(Bildungsministerium Luxemburg, 2006, S. 9)

Problemlösen in Bildungsstandards der Schweiz

In der Schweiz wird unter dem Titel „HarmoS" ein Modell für die Lehrplanentwicklung genutzt, welches neben den Inhaltsbereichen, sogenannte „Kompetenzaspekte" als typische mathematische Handlungsmöglichkeiten beschreibt. Diese sind: Wissen, Erkennen und Beschreiben, Operieren und Berechnen, Instrumente und Werkzeuge verwenden, Darstellen und Formulieren, Mathematisieren und Modellieren, Argumentieren und Begründen, Interpretieren und Reflektieren der Resultate, Erforschen und Explorieren. Interessanterweise kommt „Problemlösen" hier gar nicht als eigener Aspekt vor, sondern liegt quer zu allen Kompetenzaspekten. Problemlösen im bisher beschriebenen Sinn findet man dabei besonders beim Mathematisieren und Modellieren und beim Erforschen und Explorieren wieder (hierzu siehe die folgende Tabelle).

Niveau I	Niveau II	Niveau III	Niveau IV
Zu einer Aussage oder einem Sachverhalt ausgehend von einem Beispiel weitere Beispiele finden. Systeme mit wenigen Elementen und einfacher Struktur durch Variieren einzelner Elemente untersuchen.	Zu Aussagen oder Sachverhalten Beispiele finden und daraus Vermutungen gewinnen bzw. Vermutungen bestärken oder widerlegen. Die Struktur von Systemen durch systematisches Variieren einzelner Elemente untersuchen, dabei wird die Methode der Untersuchung durch die Aufgabenstellung oder durch Beispiele angeregt.	Einen Sachverhalt durch systematisches Ausprobieren und Durchspielen mehrerer oder gar aller Möglichkeiten explorieren. Strukturen durch systematisches Variieren verschiedener Elemente untersuchen und daraus situativ gültige Aussagen gewinnen.	Zu einem Sachverhalt Hypothesen aufstellen und durch geeignete Verfahren testen. Strukturen durch systematisches Variieren verschiedener Elemente untersuchen, optimale Lösungen identifizieren und aufgrund der gewonnenen Ergebnisse Vermutungen über allgemeine Gesetzmässigkeiten formulieren.

(Linneweber-Lammerskitten, 2009, S. 39)

2 Welches sind Gelegenheiten für das Problemlösen?

Im vorigen Kapitel stand im Vordergrund, was Problemlösen generell und speziell im Mathematikunterricht ausmacht. Es wurde deutlich, dass Problemlösesituationen sehr unterschiedlich aussehen können – sowohl *zwischen* den verschiedenen Schulfächern, als auch innerhalb des Faches Mathematik. Ist das Beweisen eigentlich auch Problemlösen? Ist Schätzen und Überschlagen bei sogenannten Fermi-Aufgaben Problemlösen? Oder eher Modellieren? Oder beides? Ist jede Aufgabe, für die Schülerinnen und Schüler kein Verfahren an der Hand haben, eine Problemlöseaufgabe?

In diesem Kapitel geht es darum, einen Blick auf die große Vielfalt von Situationen zu werfen, bei denen man in der Mathematik und im Mathematikunterricht von Problemlösen sprechen kann. Dies soll dabei helfen, die Problemlösegelegenheiten im Unterricht zu erkennen und variantenreich zu gestalten.

Natürlich unterscheiden sich Problemlösesituationen ganz konkret darin, um welchen *mathematischen Inhaltsbereich* es sich handelt: Problemlösen in der Geometrie oder in der Algebra greift auf sehr unterschiedliches Wissen zurück. Die mathematischen Konzepte und Verfahren sind so unterschiedlich, dass sich auch die Problemtypen, die Problemlösewege und die Strategien unterscheiden. Problemlösen ist in diesem Sinne bereichsspezifisch.

Aber es gibt auch übergreifende Qualitäten des Problemlösens, welche gar nicht so sehr die mathematischen Inhaltsbereiche unterscheiden, sondern die *mathematischen Prozesse und Arbeitsweisen:* Geht es beim Problemlösen eher um das Finden oder das Begründen von Zusammenhängen? Geht es um innermathematische Probleme oder um Realitätsnähe? Soll ein unbekannter Wert bestimmt oder soll ein Objekt mit bestimmten Eigenschaften konstruiert werden? All dies sind typische mathematische Tätigkeiten, die jeweils einen eigenen Problemlösecharakter haben können. Die nachfolgende Einteilung ist dabei pragmatisch auf die Nützlichkeit für das Unterrichten ausgerichtet und sicherlich nicht die einzig mögliche (für andere Einteilungen siehe z. B. Pólya, 1949, 1979; Heinrich, Bruder & Bauer, 2015).

Unterscheiden kann man folgende Typen mathematischer Probleme:

Typ	Wann liegt er vor?	Was ist typisch?
Bestimmungsprobleme	*Berechnen* von Zahlen und Größen; *Konstruieren* einer Figur	Am Ende steht ein konkretes *Ergebnis*
Modellierungsprobleme	Bewältigen einer *Realsituation*	Konstruieren, Auswählen oder Bewerten einer passenden mathematischen *Beschreibung*/eines *Modells*
Entdeckungsprobleme	Aufstellen einer *Vermutung* über einen Zusammenhang; Formulieren eines interessanten *Problems*	Dem Lösen oder Beweisen kann zunächst das *Finden* und Formulieren einer *Frage* vorausgehen
Begründungsprobleme	*Überprüfen* einer Vermutung; Finden eines *Beweises*	Diese Art von Problemen der *Deduktion* ist typisch für die Wissenschaft Mathematik
Begriffsbestimmungsprobleme	Finden eines Objektes mit bestimmten gegebenen *Eigenschaften*; Finden einer geeigneten Definition; *Verallgemeinerung* eines Begriffs	Eine spezielle Form der Bestimmung, an deren Ende ein tieferes *Begriffsverständnis* am Ende steht

Tab. 2.1: Typen mathematischer Probleme

Alle diese Situationen sind Problemlösesituationen, weil ihnen die bereits im vorigen Kapitel genannte Eigenschaft gemein ist (s. S. 6 f.).

Bei den genannten Problemtypen ist also weniger die psychologische Qualität des Problems das entscheidende Merkmal, sondern die *Art des Ziels* und in der Folge die *Art der mathematischen Tätigkeiten*, die zur Lösung des Problems ausgeführt werden müssen. Das wirkt sich stark auf die Qualität der Problemlösesituationen aus, wie die nachfolgenden Beispiele deutlich machen werden.

NACHDENK-AUFGABE

Welches mathematische Problem finden Sie besonders faszinierend?
Zu welchem Problemtyp gehört es? Bevorzugen Sie diesen Problemtyp?
Überlegen Sie, welches Ihr liebstes Bestimmungs-, Modellierungs-, Entdeckungs-, Begründungs- und Begriffsbestimmungsproblem im Mathematikunterricht ist.

2.1 Bestimmungsprobleme

Hier geht es typischerweise um das Berechnen von Zahlen und Größen oder das Konstruieren einer Figur. Das Ziel ist erreicht, wenn die gesuchte Größe oder die Figur vorliegt. Typische Tätigkeiten beim Lösen von Bestimmungsproblemen sind:

- Identifizieren aller gegebenen Größen: Welche Größen sind gegeben?
- Analyse aller möglichen Verfahren (Operatoren): Welche Ansätze sind denkbar?
- Identifizieren von Lücken: Was fehlt mir noch, um das Ziel zu erreichen?
- Einschätzen der Differenz zum Zielzustand: Bin ich auf einem guten Weg?
- Prüfen, ob das Ziel erreicht ist: Habe ich das Problem tatsächlich gelöst?

Oft beginnen Bestimmungsprobleme mit Formulierungen wie

- Löse die Gleichung ...
- Bestimme den Flächeninhalt ...
- Finde die unbekannte Größe ...
- Berechne die Wahrscheinlichkeit ...

Nachfolgend handelt es sich um eine Übungsaufgabe, bei der Lernende Zahlen in Faktoren zerlegen sollen. Statt immer wieder vorgegebene Päckchen von Zahlen zu zerlegen, sind hier unterschiedlich schwierige Probleme zu lösen – Sicherheit im Zerlegen von Zahlen und produktives Denken werden gleichzeitig geübt (s. Kap. 8.6, „produktives Üben").

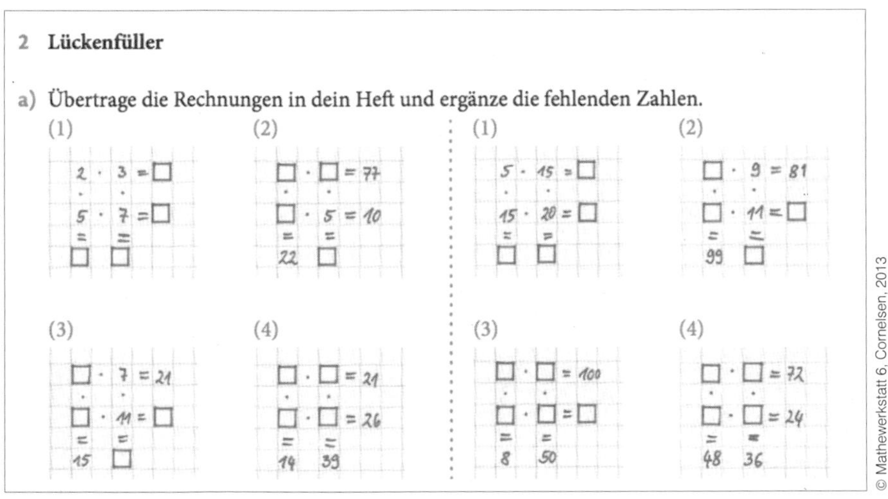

Abb. 2.1: Aufgabe „Lückenfüller" (Leuders, 2013, S. 36)

Die folgende Aufgabe ist eine Übung in einem Kapitel, das Proportionalität behandelt. Hier sollen Lernende einen Lösungsweg entwickeln, bei dem die bisher gelernten Strategien (Hoch- und Runterrechnen) nicht ausreichen. Diese Aufgabe kann auch den Start für eine systematische Erarbeitung linearer Funktionen bilden.

15 Einheiten für Temperatur vergleichen

Temperaturen werden in den USA in Grad Fahrenheit (geschrieben: °F) angegeben. In seinem Reiseführer findet Till die folgende Tabelle zum Umrechnen:

Temperatur USA	Temperatur Deutschland
32 °F	0 °C
50 °F	10 °C
68 °F	20 °C
86 °F	30 °C

a) Entscheide, ob die Temperaturen in Grad Celsius zu den Temperaturen in Grad Fahrenheit proportional sind. Begründe deine Antwort.

b) Till notiert sich die Temperaturwerte für einen Tag und rechnet sie um:
- Wie könnte Till die Werte berechnet haben, die nicht in der Tabelle aus a) stehen?
- Finde einen Ansatz, um jede Temperatur von Grad Fahrenheit in Grad Celsius umzuwandeln.

Uhrzeit	Temperatur USA	Temperatur Deutschland
12 Uhr	50 °F	10 °C
18 Uhr	64 °F	18 °C
21 Uhr	54 °F	12 °C

Abb. 2.2: Aufgabe „Einheiten für Temperaturen vergleichen“ (Holzäpfel et al., 2014, S. 246)

Solche Aufgabenstellungen kommen aus ganz verschiedenen mathematischen Gebieten. Eines ist ihnen aber gemeinsam: Der Endzustand (und meist auch der Ausgangszustand) ist klar umrissen. Damit weiß der Problemlöser auch, wann er fertig ist, nämlich dann, wenn die gesuchte Größe vorliegt. Das ist es auch, was Schülerinnen und Schüler vom Mathematikunterricht (und interessanterweise eben nicht vom Deutschunterricht) erwarten: Jede Aufgabe (ob nun eine Routineaufgabe oder ein anspruchsvolles Problem) sollte eine klare Lösung haben. Aufgaben, die hier eine größere Offenheit erlauben, z. B. indem sie die Zielgröße nicht nennen, erscheinen ungewohnt und erst einmal scheinbar schwieriger. Es ist eine wichtige Frage, wie weit man im Mathematikunterricht dieser Erwartung entgegenkommen soll, denn damit nimmt man den Schülerinnen und Schülern die Möglichkeit, die offenere, kreativere Seite der Mathematik kennenzulernen.

2.2 Modellierungsprobleme

Wenn Probleme nicht nur innermathematisch sind, sondern ein Übersetzen zwischen der realen Welt und der Mathematik erfordern, ändert sich ihr Charakter. Die mathematischen Objekte, mit denen die Lernenden arbeiten, bekommen dann die Funktion von Modellen, also von Beschreibungen der Realität, die nicht mehr allein mit rechnerischen Überlegungen behandelt werden können.

Typische Tätigkeiten beim Lösen von Modellierungsproblemen sind:
- Identifizieren aller Ausgangsgrößen: Was ist alles gegeben?
- Identifizieren der Zielgröße: Was ist eigentlich gesucht? Und warum?
- Identifizieren relevanter Größen: Welche Angaben brauche ich dazu noch?
- Schätzen, Überschlagen, Recherchieren von Angaben
- Konstruieren oder Auswählen eines geeigneten mathematischen Modells
- Reflektieren der Vereinfachungen, der getroffenen Annahmen und der Grenzen eines Modells
- Überprüfen der Plausibilität und Relevanz von Ergebnissen: Kann das Ergebnis stimmen? Was bedeutet es?

Modellierungsaufgaben sind auch Bestimmungsprobleme und viele der oben beschriebenen Tätigkeiten finden auch hier statt. Es kommt aber eine ganze Reihe von Tätigkeiten hinzu, die „weicher" bzw. „unsicherer" sind, weil sie ein Umgehen mit Mehrdeutigkeiten und eine Interpretation und Vereinfachung von Realität benötigen.

Bei Problemen, die mit der Realität zu tun haben, sind häufig auch Anfangs- oder Endzustand nicht eindeutig gegeben.

Oft enthalten Modellierungsprobleme daher Formulierungen wie
- Beschreibe die Situation mithilfe von …
- Bestimme die ungefähre …
- Überschlage …
- Entscheide dich, ob … und begründe deine Entscheidung.
- Welche Annahmen machst du?

Das folgende Beispiel ist wieder aus dem Bereich des proportionalen Denkens. Schülerinnen und Schüler werden an einen Problemlöseplan, den sie schon früher genutzt haben, erinnert. Die einzelnen Schritte sind so formuliert, dass sie besonders auf Modellierungsprobleme passen. In den Aufgaben treten Barrieren auf, die typisch für Modellierungsprobleme sind: Die Zielgröße ist nicht explizit gegeben (die Frage muss selbst gestellt werden), es fehlen Ausgangsgrößen (Länge der Einheit Fuß), die Grenzen der Anwendung des bekannten Verfahrens und der Interpretation des Ergebnisses müssen mitbedacht werden. Die Aufgabe zeigt, wie schon ganz einfache Textaufgaben, wenn sie nicht schematisch gestellt sind, als Modellierungsprobleme genutzt werden können.

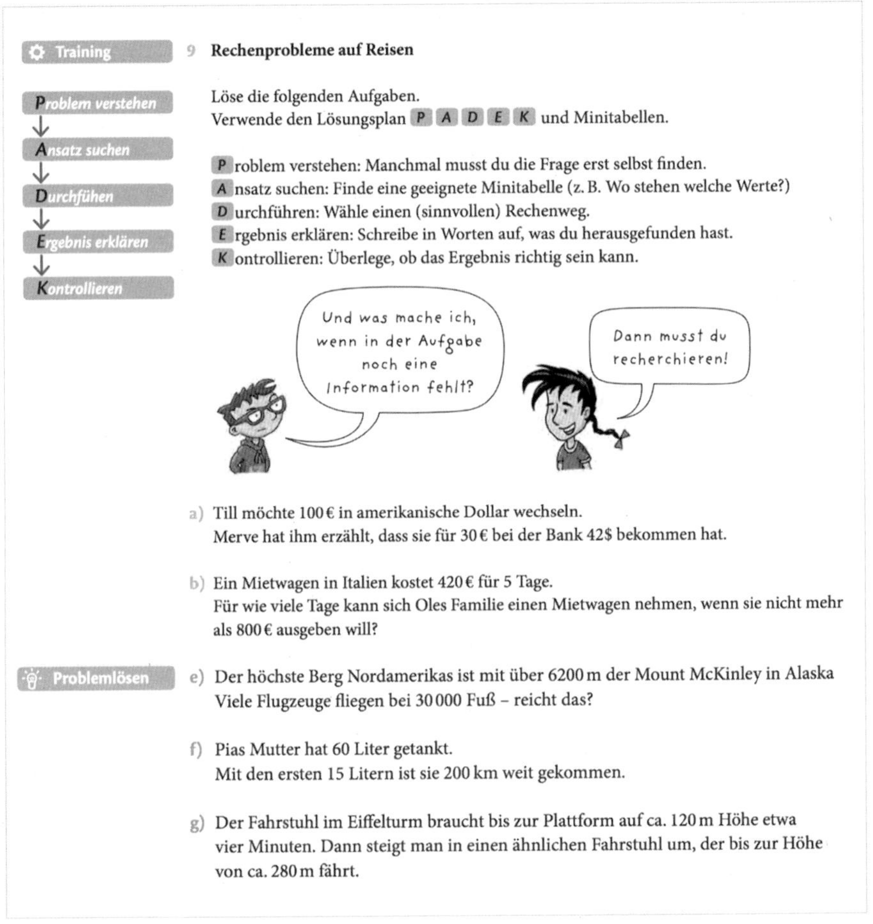

Training

9 **Rechenprobleme auf Reisen**

Problem verstehen → Ansatz suchen → Durchführen → Ergebnis erklären → Kontrollieren

Löse die folgenden Aufgaben.
Verwende den Lösungsplan P A D E K und Minitabellen.

P roblem verstehen: Manchmal musst du die Frage erst selbst finden.
A nsatz suchen: Finde eine geeignete Minitabelle (z. B. Wo stehen welche Werte?)
D urchführen: Wähle einen (sinnvollen) Rechenweg.
E rgebnis erklären: Schreibe in Worten auf, was du herausgefunden hast.
K ontrollieren: Überlege, ob das Ergebnis richtig sein kann.

a) Till möchte 100 € in amerikanische Dollar wechseln.
Merve hat ihm erzählt, dass sie für 30 € bei der Bank 42$ bekommen hat.

b) Ein Mietwagen in Italien kostet 420 € für 5 Tage.
Für wie viele Tage kann sich Oles Familie einen Mietwagen nehmen, wenn sie nicht mehr als 800 € ausgeben will?

Problemlösen

e) Der höchste Berg Nordamerikas ist mit über 6200 m der Mount McKinley in Alaska
Viele Flugzeuge fliegen bei 30 000 Fuß – reicht das?

f) Pias Mutter hat 60 Liter getankt.
Mit den ersten 15 Litern ist sie 200 km weit gekommen.

g) Der Fahrstuhl im Eiffelturm braucht bis zur Plattform auf ca. 120 m Höhe etwa vier Minuten. Dann steigt man in einen ähnlichen Fahrstuhl um, der bis zur Höhe von ca. 280 m fährt.

Abb. 2.3: Aufgabe „Rechenprobleme auf Reisen“ (Holzäpfel et al., 2014, S. 243)

Darüber hinaus gibt es viele weitere Typen von Modellierungsproblemen, wie z. B. Fermi-Aufgaben, bei denen ein besonderes Gewicht auf das Schätzen und Überschlagen gelegt wird (s. nachfolgendes Beispiel), oder Aufgaben, die einen Schwerpunkt auf die Entwicklung oder die Auswahl eines Modells legen.

Bei dem folgenden Modellierungsproblem geht es besonders um das Schätzen und Überschlagen, man kann es den sogenannten „Fermi-Problemen" zuordnen (viele weitere bei Büchter et al., 2008, 2011). Wieder gibt es eine Unterstützung für das Bearbeiten solcher Probleme durch ein Problemlöseschema, wie bei der folgenden Aufgabe.

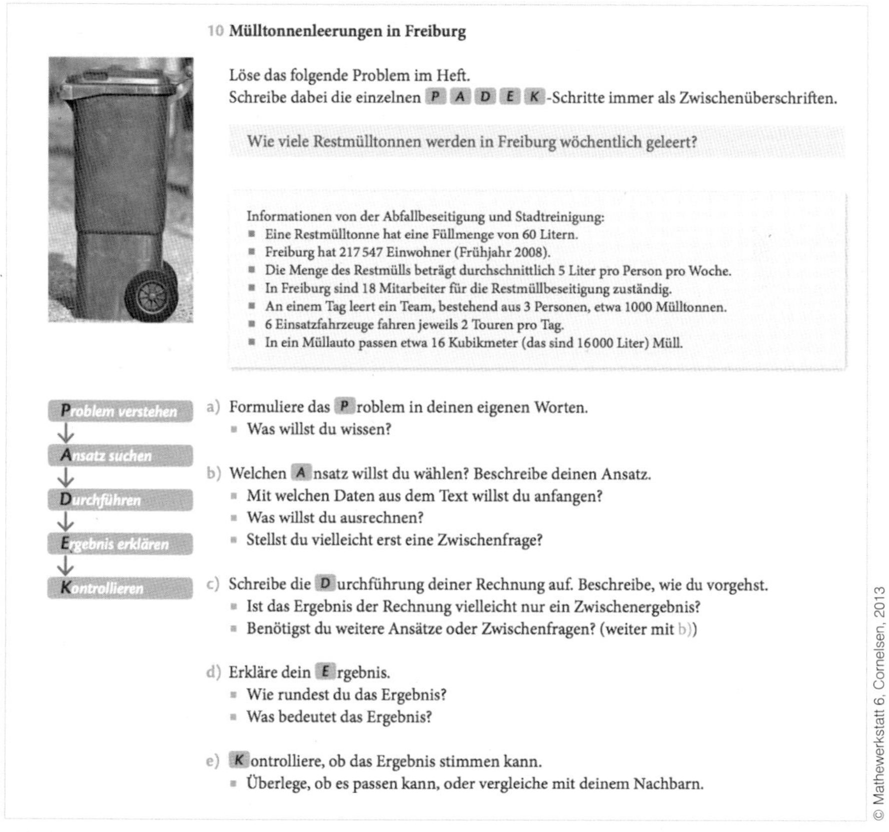

10 **Mülltonnenleerungen in Freiburg**

Löse das folgende Problem im Heft.
Schreibe dabei die einzelnen P A D E K -Schritte immer als Zwischenüberschriften.

Wie viele Restmülltonnen werden in Freiburg wöchentlich geleert?

Informationen von der Abfallbeseitigung und Stadtreinigung:

- Eine Restmülltonne hat eine Füllmenge von 60 Litern.
- Freiburg hat 217 547 Einwohner (Frühjahr 2008).
- Die Menge des Restmülls beträgt durchschnittlich 5 Liter pro Person pro Woche.
- In Freiburg sind 18 Mitarbeiter für die Restmüllbeseitigung zuständig.
- An einem Tag leert ein Team, bestehend aus 3 Personen, etwa 1000 Mülltonnen.
- 6 Einsatzfahrzeuge fahren jeweils 2 Touren pro Tag.
- In ein Müllauto passen etwa 16 Kubikmeter (das sind 16 000 Liter) Müll.

a) Formuliere das P roblem in deinen eigenen Worten.
- Was willst du wissen?

b) Welchen A nsatz willst du wählen? Beschreibe deinen Ansatz.
- Mit welchen Daten aus dem Text willst du anfangen?
- Was willst du ausrechnen?
- Stellst du vielleicht erst eine Zwischenfrage?

c) Schreibe die D urchführung deiner Rechnung auf. Beschreibe, wie du vorgehst.
- Ist das Ergebnis der Rechnung vielleicht nur ein Zwischenergebnis?
- Benötigst du weitere Ansätze oder Zwischenfragen? (weiter mit b))

d) Erkläre dein E rgebnis.
- Wie rundest du das Ergebnis?
- Was bedeutet das Ergebnis?

e) K ontrolliere, ob das Ergebnis stimmen kann.
- Überlege, ob es passen kann, oder vergleiche mit deinem Nachbarn.

Abb. 2.4: Aufgabe „Mülltonnenleerungen in Freiburg" (Greefrath & Leuders, 2013, S. 20)

2.3 Begründungsprobleme

Das Finden bzw. Konstruieren von Begründungen und Beweisen ist eine für die Mathematik wohl zentrale Problemlösesituation. Sehr grob gesprochen könnte man die vorigen beiden Problemtypen als typisch für die *Anwendung* von Mathematik, z. B. in den Ingenieur- oder Naturwissenschaften, auffassen: Man benötigt eine bestimmte Größe oder eine bestimmte Konstruktion und ist fertig, wenn man diese erzeugt hat. Ein völlig anderes Ziel besteht hingegen bei einem Begründungsproblem: Benötigt wird eine in allen Schritten überzeugende Argumentationskette, die die Richtigkeit einer Aussage erklärt und absichert, kurz: ein Beweis.

Der Zielzustand beim Beweisen ist allerdings oft weniger klar definiert, als man das zunächst vermuten würde. Wann ist eine Begründung schlüssig? Bei formalen Beweisen ist recht klar, was zu tun ist: Jeder einzelne Schritt muss nachvollziehbar aus den Voraussetzungen (einschließlich den Axiomen) und dem vorigen Schritt folgen. In der Schule (und in der Praxis) führt man aber in der Regel keine formalen Beweise, hier ist gar nicht so klar, auf welche Voraussetzungen (Argumentationsbasis) man zurückgreifen kann und ob ein Argument überzeugend ist.

Typische Tätigkeiten bei Begründungsaufgaben sind:

- Klären der Voraussetzungen und der Argumentationsbasis: Was kann man alles als Begründung heranziehen?
- Vorwärtsargumentieren: Was kann man aus den Voraussetzungen alles folgern?
- Rückwärtsdenken und Verknüpfen: Welche Aussagen folgen aus welchen anderen?
- Zusammenstellen und Überprüfen einer Argumentationskette

Das mathematische Beweisen als systematische Form des Begründens stellt hohe Anforderungen. Während Lernende früh an das Begründen herangeführt werden können – schlicht dadurch, dass sie immer wieder ihr Vorgehen beschreiben und begründen sollen –, ist das Lösen von Begründungsproblemen anspruchsvoller: Die Barriere besteht darin, geeignete Schritte für eine schlüssige Argumentationskette zu finden, kann eine höhere Abstraktion erfordern und wird erst in den Jahrgangsstufen 7–10 systematischer beschritten. Ein Schritt, der diese Tätigkeit vorbereitet, ist das Finden und Kombinieren rechnerischer Begründungen, z. B. um in geometrischen Figuren unbekannte, aber konkrete Winkel aus gegebenen Winkeln zu berechnen. Eine Aufgabe an diesem Übergang ist die folgende Abbildung 2.5. In Teilaufgabe a) wird dazu die Argumentationsbasis noch einmal geklärt, damit in Aufgabe b) eine Vermutung und auch schon ein Beweis für einen Satz über Außenwinkel gefunden werden kann.

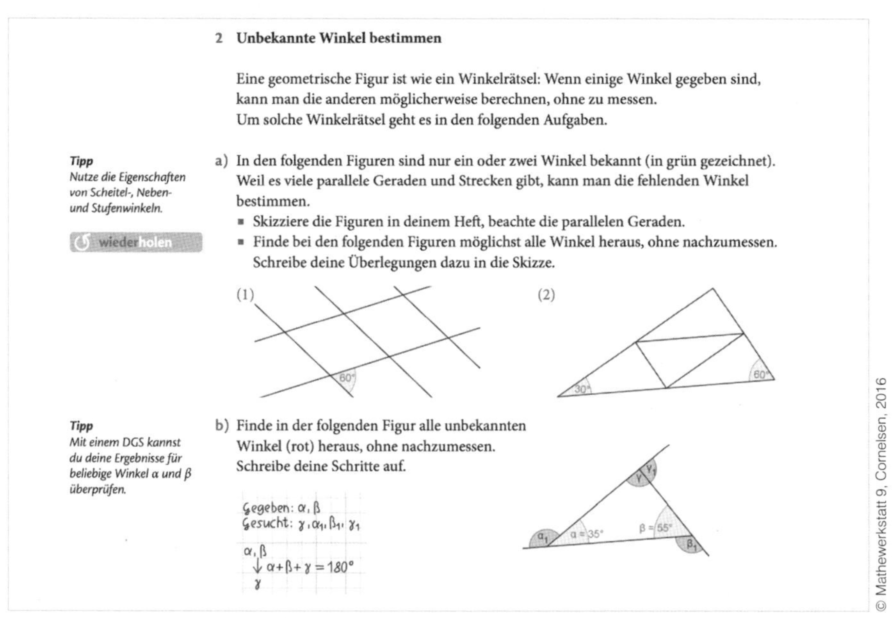

2 Unbekannte Winkel bestimmen

Eine geometrische Figur ist wie ein Winkelrätsel: Wenn einige Winkel gegeben sind, kann man die anderen möglicherweise berechnen, ohne zu messen.
Um solche Winkelrätsel geht es in den folgenden Aufgaben.

Tipp
Nutze die Eigenschaften von Scheitel-, Neben- und Stufenwinkeln.

wiederholen

a) In den folgenden Figuren sind nur ein oder zwei Winkel bekannt (in grün gezeichnet). Weil es viele parallele Geraden und Strecken gibt, kann man die fehlenden Winkel bestimmen.
- Skizziere die Figuren in deinem Heft, beachte die parallelen Geraden.
- Finde bei den folgenden Figuren möglichst alle Winkel heraus, ohne nachzumessen. Schreibe deine Überlegungen dazu in die Skizze.

Tipp
Mit einem DGS kannst du deine Ergebnisse für beliebige Winkel α und β überprüfen.

b) Finde in der folgenden Figur alle unbekannten Winkel (rot) heraus, ohne nachzumessen. Schreibe deine Schritte auf.

Abb. 2.5: Aufgabe „Unbekannte Winkel bestimmen" (Leuders & Storz, 2016, S. 9)

Bei der nachfolgenden Aufgabe sollen Lernende gleich eine allgemeine Begründung mit allgemeinen Winkeln finden. Dazu werden ihnen die Strategien „Vorwärtsarbeiten", „Rückwärtsarbeiten" und „Verknüpfen" nahegelegt und die möglichen Argumentationsketten sogar schon vorstrukturiert.

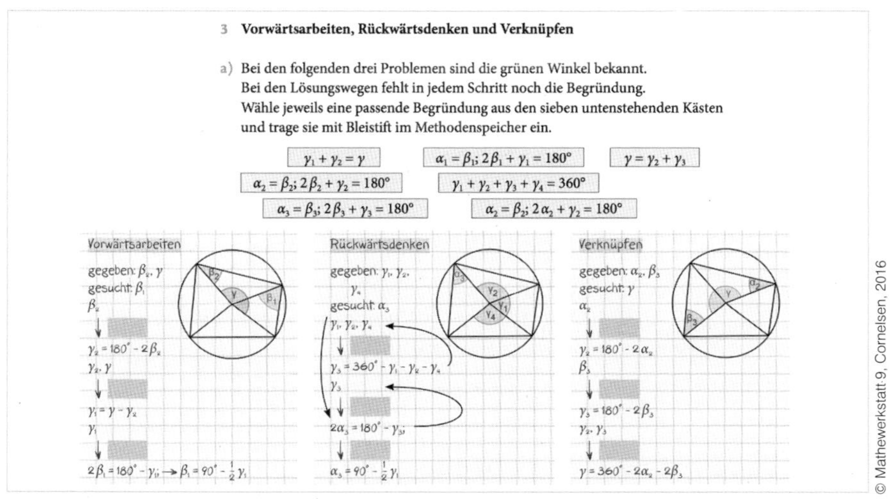

3 Vorwärtsarbeiten, Rückwärtsdenken und Verknüpfen

a) Bei den folgenden drei Problemen sind die grünen Winkel bekannt.
Bei den Lösungswegen fehlt in jedem Schritt noch die Begründung.
Wähle jeweils eine passende Begründung aus den sieben untenstehenden Kästen und trage sie mit Bleistift im Methodenspeicher ein.

$\gamma_1 + \gamma_2 = \gamma$ | $\alpha_1 = \beta_1; 2\beta_1 + \gamma_1 = 180°$ | $\gamma = \gamma_2 + \gamma_3$
$\alpha_2 = \beta_2; 2\beta_2 + \gamma_2 = 180°$ | $\gamma_1 + \gamma_2 + \gamma_3 + \gamma_4 = 360°$
$\alpha_3 = \beta_3; 2\beta_3 + \gamma_3 = 180°$ | $\alpha_2 = \beta_2; 2\alpha_2 + \gamma_2 = 180°$

Abb. 2.6: Aufgabe „Vorwärtsarbeiten, Rückwärtsdenken und Verknüpfen" (Leuders & Storz, 2016, S. 13)

2.4 Entdeckungsprobleme

Das Ziel der drei vorhergehenden Problemtypen war immer das Lösen eines (Bestimmungs- / Modellierungs- / Begründungs-)Problems. Dabei waren die Ziele jeweils mehr oder weniger bereits vorgegeben. Beim Modellieren kam es bereits vor, dass Lernende die Frage selbst formulieren mussten. Weitaus seltener anzutreffen sind allerdings Probleme, bei denen das Problem, die Frage, die Vermutung durch die Lernenden selbst gefunden und formuliert werden muss. (In der Mathematik als Wissenschaft ist das hingegen der Normalfall.) Solche Entdeckungsprobleme sind vor allem durch die Offenheit des Zielzustands gekennzeichnet.

Zwei Untertypen des Entdeckungsproblems sollen hier am Beispiel dargestellt werden: die Probleme zum „Suchen und Finden von Vermutungen" und das „Problem Posing". Der erste Problemtyp kommt sehr häufig in der Erkundungsphase des Unterrichts vor und begleitet das entdeckende Lernen (vgl. Kap. 8). Der zweite Typ ist eher selten anzutreffen, ihm ist das Kapitel 11 gewidmet.

Typische Tätigkeiten beim „Suchen von Vermutungen" sind (vgl. Pólya, 1979; Leuders, Naccarella & Philipp, 2011):

- Erzeugen von Beispielen (unsystematisch oder systematisch): Welche Beispiele passen alle zur Situation?
- Erkennen und Beschreiben von Strukturen in Beispielen: Welches Muster wird erkennbar?
- Formulieren von interessanten Vermutungen: Welcher Zusammenhang könnte bestehen?
- Überprüfen von Vermutungen an Beispielen: Wie plausibel ist die Vermutung?
- Generieren von Beispielen, Identifizieren aller Ausgangsgrößen: Was ist alles gegeben?

Ein solches Vermutungsfindungsproblem stellt die nachfolgende Aufgabe dar, die aus einem Schulkapitel für die 6. Klasse stammt, in dem Schülerinnen und Schüler einerseits das Thema Teiler und Vielfache erarbeiten, zugleich aber auch in das Umgehen mit Vermutungen eingeführt werden. Aus diesem Grund sind hilfreiche „Problemfindungsstrategien" explizit formuliert:

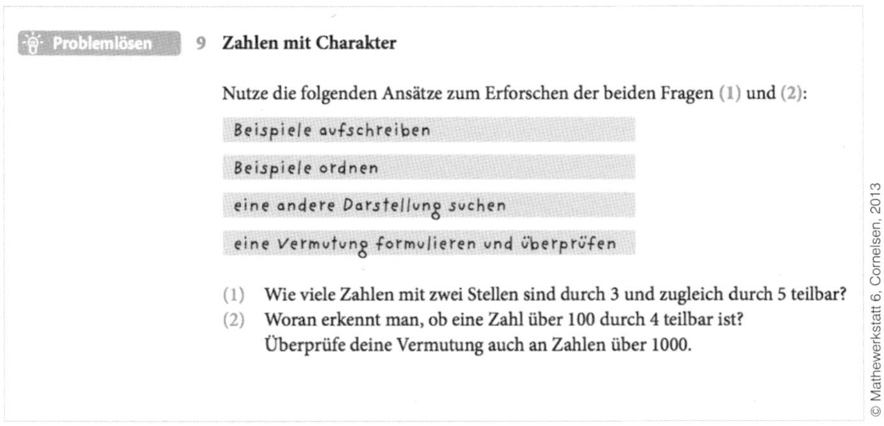

Problemlösen

9 Zahlen mit Charakter

Nutze die folgenden Ansätze zum Erforschen der beiden Fragen (1) und (2):

Beispiele aufschreiben

Beispiele ordnen

eine andere Darstellung suchen

eine Vermutung formulieren und überprüfen

(1) Wie viele Zahlen mit zwei Stellen sind durch 3 und zugleich durch 5 teilbar?
(2) Woran erkennt man, ob eine Zahl über 100 durch 4 teilbar ist?
Überprüfe deine Vermutung auch an Zahlen über 1000.

Abb. 2.7: Aufgabe „Zahlen mit Charakter" (Leuders, 2013, S. 38)

Das Aufstellen von Vermutungen muss nicht unbedingt zu neuen mathematischen Erkenntnissen führen, es kann auch genutzt werden, um bereits bekannte Begriffe operativ zu durchdenken, wie in der nachfolgenden Aufgabe.

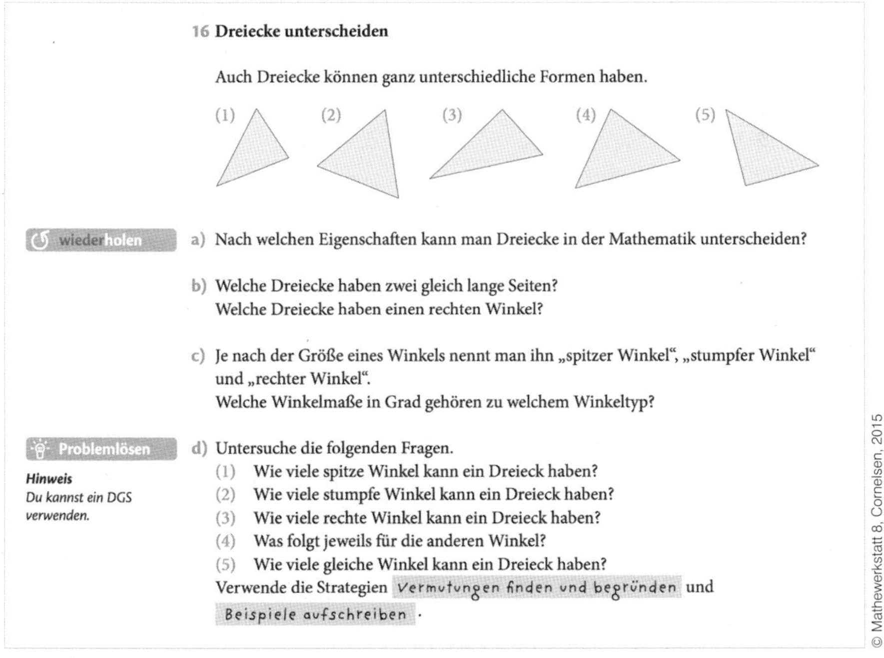

16 Dreiecke unterscheiden

Auch Dreiecke können ganz unterschiedliche Formen haben.

(1) (2) (3) (4) (5)

wiederholen

a) Nach welchen Eigenschaften kann man Dreiecke in der Mathematik unterscheiden?

b) Welche Dreiecke haben zwei gleich lange Seiten?
Welche Dreiecke haben einen rechten Winkel?

c) Je nach der Größe eines Winkels nennt man ihn „spitzer Winkel", „stumpfer Winkel" und „rechter Winkel".
Welche Winkelmaße in Grad gehören zu welchem Winkeltyp?

Problemlösen

Hinweis
Du kannst ein DGS verwenden.

d) Untersuche die folgenden Fragen.
(1) Wie viele spitze Winkel kann ein Dreieck haben?
(2) Wie viele stumpfe Winkel kann ein Dreieck haben?
(3) Wie viele rechte Winkel kann ein Dreieck haben?
(4) Was folgt jeweils für die anderen Winkel?
(5) Wie viele gleiche Winkel kann ein Dreieck haben?
Verwende die Strategien Vermutungen finden und begründen und Beispiele aufschreiben.

Abb. 2.8: Aufgabe „Zahlen mit Charakter" (Leuders & Jaschke, 2015, S. 84)

2.5 Begriffsbestimmungsprobleme

Bei den Problemtypen „Bestimmungsproblem", „Modellierungsproblem" oder „Begründungsproblem" werden meist mathematische Begriffe und Verfahren, die bereits bekannt sind, angewendet (z. B. Proportionalitäten berechnet, Funktionsterme aufgestellt, Punkte mit bestimmten Eigenschaften konstruiert usw.). In Einführungsphasen können die Probleme auch genutzt werden, um die Konstruktion neuer mathematischer Begriffe oder Verfahren anzuregen oder zu motivieren (z. B. Begriff des Flächeninhalts, Verfahren zu seiner Bestimmung in neuen Situationen). Bei einem solchen problemgenetischen Vorgehen (s. auch Kapitel 1 und Kap. 8) hängen Problemlösen und Begriffsbilden eng zusammen. Es gibt aber auch noch andere Problemtypen, bei denen noch stärker auf das Verständnis mathematischer Begriffe fokussiert wird. Unter einem Begriff versteht man dabei nicht etwa die Bezeichnung, sondern das Konzept mit all seinen Aspekten: Definition (möglicherweise verschiedene Definitionen), Bezüge zu anderen Begriffen, Beispiele und Gegenbeispiele, Anwendungen u. v. m. Um einen solchen Begriff auszuloten, können auch verschiedene Problemsituationen genutzt werden.

Typische Tätigkeiten in solchen Situationen sind dann z. B.:

- Finden eines Objektes mit gegebenen Eigenschaften: Wie sieht ein ... aus?
- Finden mehrerer Beispiele oder auch Gegenbeispiele: Wie sehen Beispiele aus, die kein ... sind?
- Formulieren einer geeigneten Definition, Weiterentwickeln einer vorläufigen Definition: Ist es nützlich, wenn man fordert, dass ...?
- Vergleich verschiedener Definitionen: Was passiert, wenn man es so definiert?
- Verallgemeinern eines Begriffs: Was passiert, wenn man diese Eigenschaft weglässt?

Diese Tätigkeiten können sehr konkret sein („Finde ein Beispiel"), aber auch sehr abstrakt („Welche Eigenschaften müssen nicht gefordert werden, weil sie automatisch folgen?"). Begriffsbestimmungsaufgaben können sich dabei sehr darin unterscheiden, welcher Art das auftretende Problem ist. Das problemorientierte Umgehen mit Definitionen („Was passiert, wenn man es so definiert?") beispielsweise findet man eher selten in Aufgabenform für die individuelle Bearbeitung durch Schülerinnen und Schüler, eher ist hier die Lehrperson für die Moderation eines Klassengesprächs gefragt.

Daher sei als Problem(unter)typ der Begriffsbestimmungsprobleme einer betrachtet, der am ehesten für das individuelle Problemlösen geeignet ist: *Finden eines Objektes mit gegebenen Eigenschaften.* Abstrakt gesehen ist dieser Typ von Problemlösesituation ähnlich wie Bestimmungsprobleme – man kann auch eine gesuchte Größe als gesuchtes Objekt mit bestimmten Eigenschaften auffassen (z. B. die Länge der Diagonalen in einem Rechteck). Die Problemlösesituation ist aber dann etwas anders geartet, wenn das Objekt komplexer ist bzw. wenn es eine ganze Reihe von Eigenschaften auf sich versammelt. Wann das Ergebnis erreicht ist, ist wiederum klar definiert: Wenn das Objekt konkret vorliegt und alle gewünschten Eigenschaften hat, ist man fertig. Die Kontrolle, ob der Zielzustand wirklich erreicht, also alle Eigenschaften wirklich erfüllt sind, ist bei dieser Art von Problemen allerdings meist anspruchsvoller, wie die nachfolgenden Aufgaben verdeutlichen.

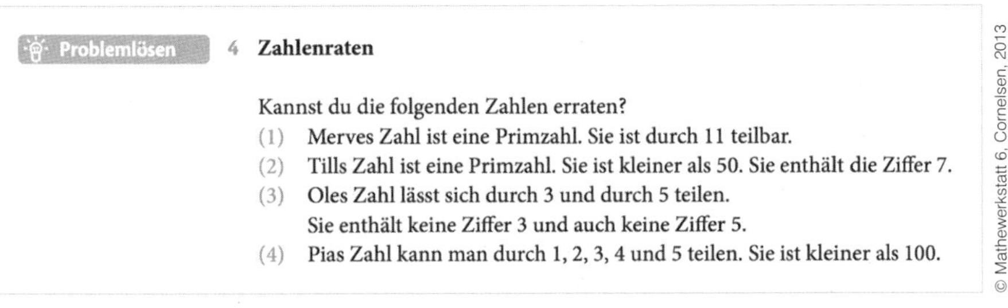
Problemlösen

4 **Zahlenraten**

Kannst du die folgenden Zahlen erraten?

(1) Merves Zahl ist eine Primzahl. Sie ist durch 11 teilbar.
(2) Tills Zahl ist eine Primzahl. Sie ist kleiner als 50. Sie enthält die Ziffer 7.
(3) Oles Zahl lässt sich durch 3 und durch 5 teilen.
Sie enthält keine Ziffer 3 und auch keine Ziffer 5.
(4) Pias Zahl kann man durch 1, 2, 3, 4 und 5 teilen. Sie ist kleiner als 100.

Abb. 2.9: Aufgabe „Zahlenraten" (Leuders, 2013, S. 36)

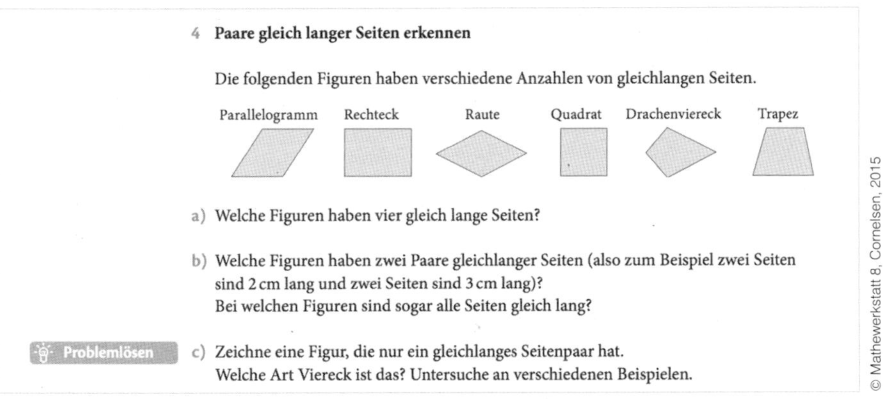
4 **Paare gleich langer Seiten erkennen**

Die folgenden Figuren haben verschiedene Anzahlen von gleichlangen Seiten.

a) Welche Figuren haben vier gleich lange Seiten?

b) Welche Figuren haben zwei Paare gleichlanger Seiten (also zum Beispiel zwei Seiten sind 2 cm lang und zwei Seiten sind 3 cm lang)?
Bei welchen Figuren sind sogar alle Seiten gleich lang?

Problemlösen

c) Zeichne eine Figur, die nur ein gleichlanges Seitenpaar hat.
Welche Art Viereck ist das? Untersuche an verschiedenen Beispielen.

Abb. 2.10: Aufgabe „Paare gleich langer Seiten erkennen" (Leuders & Jaschke, 2015, S. 79)

2.6 Knobelaufgaben – auch ein Problemlösetyp?

Bei der Frage nach der Bedeutung von Problemlösesituationen im Mathematikunterricht stößt man immer wieder auf bestimmte Problemtypen, die den Eindruck von „Fremdkörpern" machen. Es handelt sich dabei oft um

Aufgaben, die als sogenannte Klassiker in der Problemlöseforschung immer wieder herangezogen werden, weil sich an ihnen bestimmte Prinzipien gut verstehen lassen.

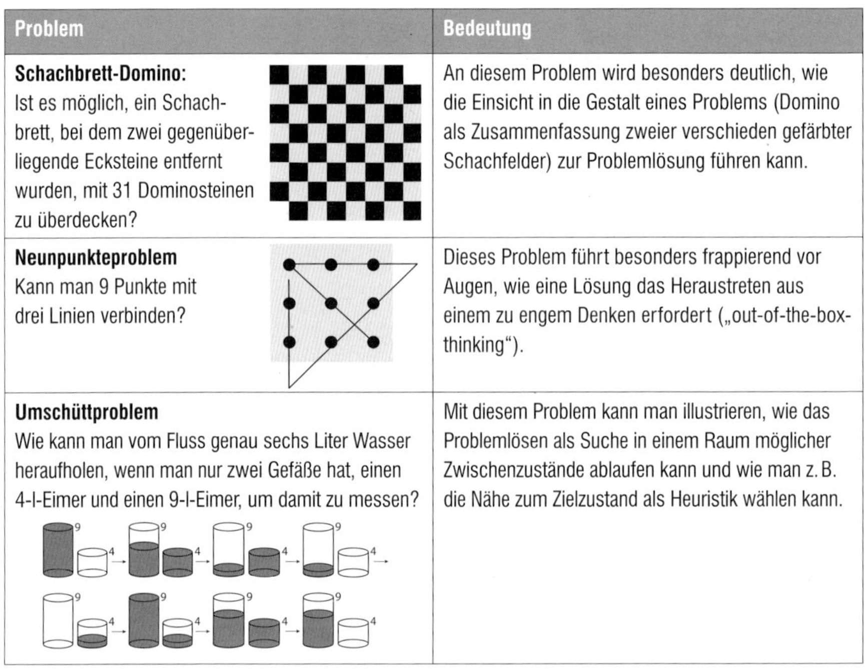

Problem	Bedeutung
Schachbrett-Domino: Ist es möglich, ein Schachbrett, bei dem zwei gegenüberliegende Ecksteine entfernt wurden, mit 31 Dominosteinen zu überdecken?	An diesem Problem wird besonders deutlich, wie die Einsicht in die Gestalt eines Problems (Domino als Zusammenfassung zweier verschieden gefärbter Schachfelder) zur Problemlösung führen kann.
Neunpunkteproblem Kann man 9 Punkte mit drei Linien verbinden?	Dieses Problem führt besonders frappierend vor Augen, wie eine Lösung das Heraustreten aus einem zu engem Denken erfordert („out-of-the-box-thinking“).
Umschüttproblem Wie kann man vom Fluss genau sechs Liter Wasser heraufholen, wenn man nur zwei Gefäße hat, einen 4-l-Eimer und einen 9-l-Eimer, um damit zu messen?	Mit diesem Problem kann man illustrieren, wie das Problemlösen als Suche in einem Raum möglicher Zwischenzustände ablaufen kann und wie man z. B. die Nähe zum Zielzustand als Heuristik wählen kann.

Tab. 2.2: Knobelaufgaben

All diese Probleme (und viele weitere) sind gute Beispiele, um über die Theorie des Problemlösens ins Gespräch zu kommen. Sie illustrieren jeweils zentrale Aspekte besonders nachdrücklich, wie z. B. das Vorwärts- oder Rückwärtsarbeiten. Insofern sind sie geeignet, ein Lernen *über* Problemlösen anzustoßen.

Allerdings ist ihr Bezug zum Problemlösen *in der Mathematik* und insbesondere im Mathematikunterricht oft nur recht willkürlich. Sie befassen sich mit Gegenständen, die nicht zu den zentralen Themen der Mathematik gehören. Insbesondere kann man an ihnen nicht immer gut sehen, wie sich Problemlöseprozesse bei konkreten mathematischen Inhalten abspielen, da diese Aufgaben bewusst auf inhaltliches Wissen verzichten.

Wenn ein Schulbuch den Eindruck vermitteln will, vornehmlich durch solche Knobelaufgaben Problemlösekompetenzen zu vermitteln, so greift es in zweierlei Weise zu kurz: Erstens können Schülerinnen und Schüler ihre Erfahrungen bei diesen Aufgaben nicht unbedingt auf mathematische

Probleme übertragen, die Anwendung von Problemlösestrategien muss auch an den regulären Inhalten erfolgen. Zweitens wird hier zusätzliche Unterrichtszeit genutzt, die dann nicht für eine problemlösende Erarbeitung oder Übung von curricular zentralen Inhalten genutzt werden kann.

2.7 Problemlösen, Argumentieren, Modellieren – wie hängt das zusammen?

Die Beispiele haben deutlich gemacht, dass es große Verwandtschaften zwischen den unterschiedlichen mathematischen Prozessen wie Problemlösen, Modellieren, Problemfinden, Beweisen und Begriffsbilden gibt. Alle fünf mathematischen Tätigkeiten zeichnen sich gleichermaßen durch diese Merkmale aus:

- Sie sind hinsichtlich des Weges (der Werkzeuge, der Schritte, der Strategien) offen und können auch hinsichtlich der Ziele offen sein, denn das ist typisch für mathematisches Denken im Gegensatz zum „Rechnen".
- Sie sind Teil zyklisch verlaufender Erkenntnisprozesse: Am Ende einer Problemlösung steht in der Regel nicht nur der Rückbezug auf das Ausgangsproblem, sondern wieder ein neues Problem. Dies gilt insbesondere für solche Situationen, in denen das mathematische Tun authentisch ist (und nicht nur das Erledigen von schulischen Aufgaben, vgl. Büchter & Leuders, 2005). Dieser Prozess kann durch Spiralen (siehe Abb. 2.11) anschaulich dargestellt werden.
- Sie benötigen den Einsatz von Strategien (Lösungsstrategien, Argumentationsstrategien, Modellierungsstrategien usw.), Prozesssteuerung (planvolles Vorgehen) sowie fachliches Wissen im jeweils behandelten Bereich.

Weiter oben wurde schon angedeutet, dass sich das mathematische Problemlösen im letzten Jahrzehnt erweitert hat: „Modellieren" hat eine zunehmend bedeutende Rolle eingenommen und aufgrund der Analogie kann man die Frage stellen, welcher Unterschied eigentlich zwischen „Problemlösen" und „Modellieren" besteht. Auch beim Modellieren geht es darum, Probleme zu lösen. Nur dass diese Probleme nicht ausschließlich in der mathematischen Welt liegen, sondern in der realen Welt. Damit kommen zusätzliche Herausforderungen auf den Problemlöser zu, die mit der Beziehung zwischen realer Welt und mathematischer Welt zusammenhängen.

Beispielsweise muss ein reales Problem erst in ein mathematisches übersetzt werden und dazu muss man meist passende Vereinfachungen vornehmen – dieser Schritt wird als „Mathematisieren", manchmal auch als „Mo-

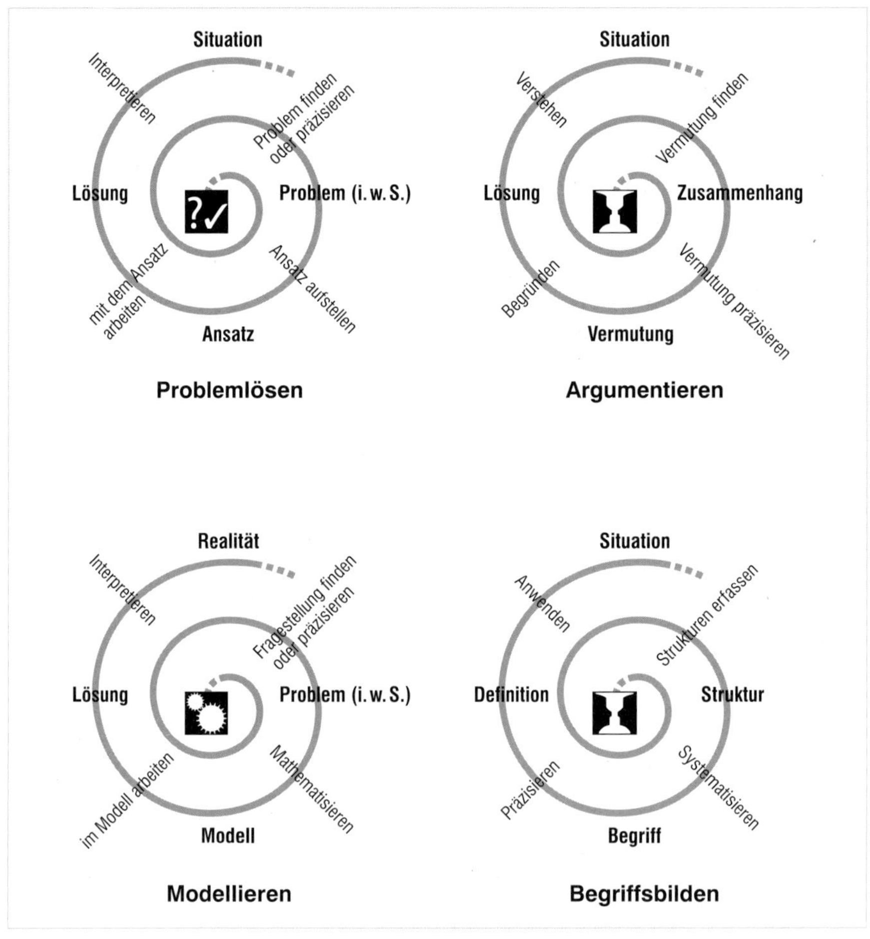

Abb. 2.11: Modellierungsspiralen nach Büchter & Leuders, 2005, S. 76 ff.

dellbilden" bezeichnet. Das mathematische Ergebnis wiederum muss in der realen Welt interpretiert werden und dabei muss man klären, ob man das reale Problem überhaupt gelöst hat. Dieser Schritt benötigt ein „Interpretieren", insgesamt geht es um das „Validieren" des Modellierungsansatzes oder auch nur des Ergebnisses. Sind all diese zusätzlichen Schritte und Denkprozesse überhaupt noch „Problemlösen" oder handelt es sich bei dem, was man übergreifend auch als „Modellieren" bezeichnet, um etwas ganz anderes? Dazu kann man unterschiedlicher Auffassung sein, und in der Tat ist der Umgang mit den Begriffen oft etwas verwirrend, weil sie an unterschiedlicher Stelle verschieden aufgefasst werden. Hier ein Versuch der Klärung (nach Büchter & Leuders, 2005):

- *Problemlösen im engen Sinne* ist ein rein innermathematischer Vorgang und findet erst dann statt, nachdem das mathematische Modell aufgestellt ist. In diesem Sinne ist Problemlösen ein Teilschritt des Modellierens.
- In der anfänglichen Charakterisierung (s. Kap. 1) wurde von *Problemlösen im weiten Sinne* gesprochen, wenn kein Lösungsverfahren auf der Hand liegt. Das kann auch auf Modellierungsaufgaben zutreffen.

In beiden Fällen liegt natürlich nur dann Problemlösen vor, wenn der Mathematisierungsschritt bzw. der Lösungsschritt nicht durch ein Standardverfahren erledigt werden kann.

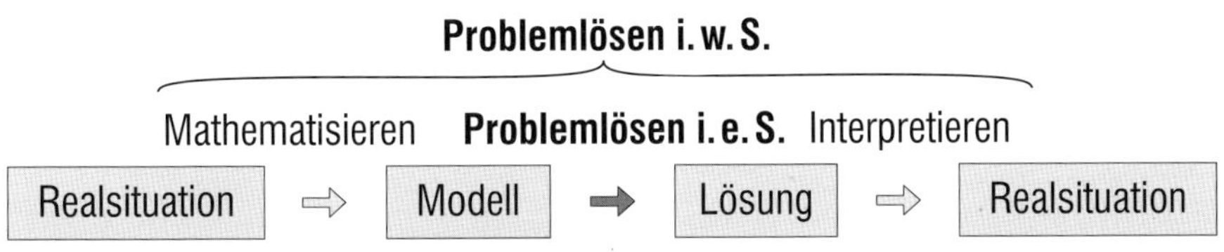

Abb. 2.12: Problemlösen als *Teilschritt* beim Modellieren

Neben diese beiden Auffassungen kann man nun aber noch eine weitere stellen, indem man das Bearbeiten einer rein innermathematischen Aufgabe als Aufstellen, Bearbeiten und Interpretieren eines Ansatzes beschreibt. Diese Schrittfolge erscheint analog zum Modellbildungsprozess, aus Sicht einer Psychologie des Aufgabenlösens laufen hier dieselben Prozesse ab: Das Aufstellen eines Ansatzes in einer innermathematischen Situation entspricht dem Aufstellen eines Modells in einer Realsituation, in beiden Fällen müssen die Lösungen der Bearbeitung wieder in der Ausgangssituation interpretiert und der Ansatz gegebenenfalls revidiert werden.

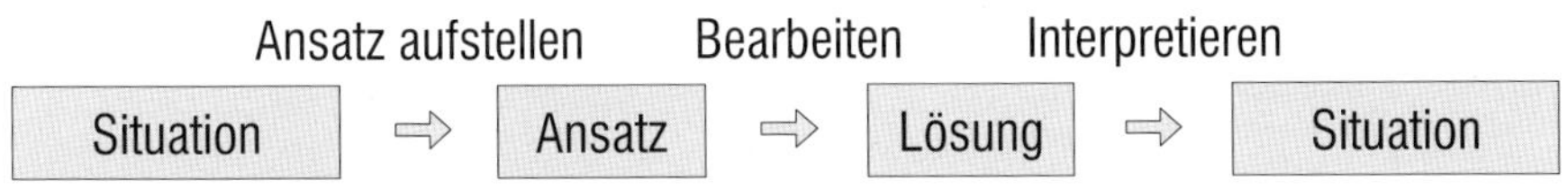

Abb. 2.13: Aufgabenlösen (inner- oder außermathematisch) aus psychologischer Sicht

Sofern man also nicht unterscheidet, ob der Aufgabe eine Realsituation oder eine innermathematische Situation zugrunde liegt, kann man die Prozesse mit denselben Begrifflichkeiten beschreiben, z. B. als Problemlösen im weiten Sinne.

Diese integrierende Sicht übernimmt auch der Referenzrahmen für die PISA-Studie (vgl. Neubrand, 2004; Niss, 2003) und mit ihm viele neue Veröffentlichungen. Auch unabhängig davon wird von einigen Autoren Problemlösenlernen im Mathematikunterricht erst dann als sinnvoll angesehen, wenn damit auch reale Probleme angegangen werden (Lester & Kehle, 2003). Allerdings wird als Bezeichnung für den Prozess des Aufgabenlösens nicht etwa „Problemlösen", sondern „Modellieren" gewählt. Konsequenterweise wird auch das Aufstellen eines Ansatzes in einer innermathematischen Situation als Modellieren, nämlich als „innermathematisches Modellieren" oder „begriffliches Modellieren" bezeichnet. Diese Sicht könnte man als *Modellieren im weiten Sinne* bezeichnen.

Wir haben also die verwirrende Situation, dass die Bezeichnungen „Modellieren" und „Problemlösen" beide in wechselnden Bedeutungen verwendet werden – ein steter Quell für Irritationen.

In vielen Lehrplänen und Bildungsstandards findet man es so:
- **Modellieren**: Arbeiten in außermathematischen Kontexten (Realitätsbezügen)
- **Problemlösen**: Arbeiten in innermathematischen Situationen

Bei PISA (und bei anderen Autoren, z.B. Greefrath, 2010, oder Büchter & Leuders, 2005) findet man es so:
- **Modellieren**: „Begriffliches Modellieren", also das Nutzen mathematischer Begriffe bzw. Konzepte zur Lösung von Problemen, die inner- oder außermathematisch sein können
- **Problemlösen**: Anwenden von Strategien

Pólya (1949) vertritt eher die Sicht eines „reinen Mathematikers":
- **Problemlösen**: Arbeiten in inner- und außermathematischen Situationen
- **Modellieren**: Spezialfall des Problemlösens in Realitätsbezügen und viel komplexer (und daher betrachtet Pólya es auch nicht genauer)

Sollten Sie also bemerken, dass in Schulbüchern, Bildungsstandards oder Praxiszeitschriften die Begriffe nicht immer scharf getrennt sind, so ist das angesichts der fließenden Übergänge und Verwandtschaft der mathematischen Prozesse nicht verwunderlich. Fermi-Aufgaben heißen zu Recht also auch Fermi-Probleme, auch ein Problem zu finden, ist ein Problem, und ob der erste Schritt einer Problemlösung als *Ansatz* oder als *Strategie* bezeichnet wird, ist auch eine Geschmackssache. Damit Schülerinnen und Schüler hier nicht in Verwirrung geraten, ist es günstiger, eine flexible Umgangsweise mit der „Problemlösesprache" zu pflegen, als vermeintlich präzise Definitionen ins Klassenzimmer zu tragen.

3 Wie findet man Problemlöseaufgaben?

Wie findet man gute mathematische Probleme? Eine Mathematikerin oder ein Mathematiker würde diese Frage anders verstehen als ein Mathematiklehrer oder eine Mathematiklehrerin. Der Arbeitsalltag eines Mathematikers *besteht* gewissermaßen aus mathematischen Problemen, seine besonderen Fähigkeiten liegen nicht nur in der Lösung von Problemen, sondern auch darin, zu erkennen, welche Probleme hinreichend interessant, herausfordernd und dennoch lösbar sind.

Paul Erdős war einer der produktivsten Mathematiker unseres Jahrhunderts. Er lebte von Kaffee, trieb 19 Stunden am Tag und 7 Tage die Woche Mathematik. Erdős arbeitete mit mehr Mathematikern zusammen und publizierte mehr Artikel als jeder andere, Leonard Euler eingeschlossen. Zu seinen Eigenarten gehörte, dass er Probleme erfand und dann eine Bezahlung auf deren Lösung aussetzte. Er hatte einen guten Riecher dafür, ob ein Problem einfach nur aktuell noch nicht direkt lösbar war (dann zahlte er 25 $) oder ob es ein besonders schwieriges und bedeutsames Problem war (dann konnte er mehrere tausend Dollar für die Lösung aussetzen). Noch heute, 20 Jahre nach Erdős Tod, kann man sich die Belohnung auszahlen lassen (vgl. Hofmann, 1999).

Abb. 3.1: Paul Erdős

Als Lehrperson braucht man ebenfalls ein Gespür für gute Probleme. Diese Situation ist aber etwas anders geartet, denn es geht eher um die Fähigkeit, mathematische Situationen oder Fragen als geeignet für die *Lernenden* zu erkennen. Auch wenn die Suche nach Problemen für den Mathematikunterricht nicht dasselbe ist, wie Mathematik an der Forschungsfront, so gelten doch einige derselben Kriterien: Ein Problem sollte für den Problemlösenden interessant, herausfordernd, aber lösbar sein. Die Problembearbeitung sollte anstrengend aber lustvoll sein und am Ende sollten eine mathematische Erkenntnis und vielleicht weitere interessante Probleme stehen.

Anders als ein Mathematiker wählen Lehrpersonen ihre Probleme (in der Regel) nicht danach aus, welches Forschungsinteresse sie haben oder was sie gerade anspricht. Vielmehr haben sie eine Lehrabsicht, die wiederum in Bezug zu curricularen Vorgaben steht. Wie trotzdem auch im Mathematikunterricht Probleme spontan außerhalb des Lehrplans entstehen können und wie auch *Lernende* eigene Probleme kreieren können, wird in Kapitel 11 unter dem Stichwort „problem posing" (Probem*stellen* statt Problem*lösen*) wieder aufgenommen.

Für dieses Kapitel lautet die Kernfrage: Wo und wie findet man als Lehrperson geeignete mathematische Probleme für seine Lernenden? „Geeignet" bedeutet dabei sowohl, dass das Problem einerseits zu den Voraussetzungen und Möglichkeiten der Lernenden passt, andererseits dass es die ihr zugedachte didaktische Funktion erfüllt (z. B. Anregen von Begriffsbildungen, Anwenden und Üben von Strategien usw.). Man kann dazu

- in Schulbüchern suchen,
- in Datenbanken und Aufgabensammlungen recherchieren,
- in Büchern und Zeitschriften, insbesondere zum Problemlösen, nachlesen
- oder Aufgaben zielgerichtet selbst (allein oder im Team) konstruieren.

Meistens wird man kombiniert vorgehen: Sich von bestehenden Aufgaben, die man findet, inspirieren lassen und diese für den eigenen Unterricht anpassen.

Das Kapitel möchte für diese Arbeit zweierlei liefern: Zum einen Kriterien für die Analyse von Aufgaben in Hinsicht auf ihre Eignung als (gute) Probleme und zum anderen Techniken für eine systematische Konstruktion oder Optimierung von Problemaufgaben.

3.1 Woran erkennt man (gute) Problemlöseaufgaben?

Nicht alle Aufgaben, die die Bezeichnung „Problem" tragen, verdienen diese. Vor allem im anglo-amerikanischen Mathematikunterricht hat sich über Jahrzehnte der Gebrauch des Worts *problem* für jede Art von Mathematikaufgaben entwickelt (Stanic & Kilpatrick, 1988). Das führt zu so schönen Stilblüten wie dieser (echten!) Aufgabe aus einem Test zum Problemlösen:

> Andy löst bei seinen Mathematikübungen Problem 74 bis einschließlich 125. Wie viele Probleme löst er? A: 53, B: 52, C: 51, D: 50, E: 49

Hier wird offensichtlich unter „Problem" jede einzelne Rechenaufgabe verstanden. Auch die Testaufgabe selbst gilt als Problem. Natürlich enthält die Testaufgabe eine gewisse Barriere, denn die Routinelösung 125–74 funktioniert hier nicht. Man kann allerdings davon ausgehen, dass dieser Aufgabentyp vielfach geübt wurde und damit auch kein Problem mehr darstellt.

Wie sehen nun aber „gute" Problemlöseaufgaben aus? In der konkreten Problemlöseliteratur findet man dazu eher wenige Informationen. Wälti (2001) listet einige Merkmale für eine gute Problemlöseaufgabe auf, in denen man wichtige Elemente des Problemlösens aus den vorigen beiden Kapiteln wiedererkennt:

- Es gibt mehrere mögliche (enaktive, ikonische und/oder symbolische) Lösungsansätze. Einige davon sollten auch eher schwachen Schülerinnen und Schülern offen stehen.
- Teillösungen und/oder Lösungen auf verschiedenen Niveaus sind möglich. Erste (Zwischen-) Resultate sind schon nach kurzer Arbeitszeit absehbar.
- Sie fördert die Freude an der Beschäftigung mit mathematischen Lerninhalten.
- Sie ist einfach und gut verständlich formuliert bzw. dargestellt.
- Sie kann in einen größeren Gesamtkontext gestellt werden und regt zu weiteren Fragestellungen an.
- Sie kann zu entdeckendem Lernen führen, auch wenn keine Lösung gefunden wird.
- Sie ist in keinem direkten, offensichtlichen Bezug zum aktuellen Stoff.
- Sie gibt keine Hinweise in Bezug auf Darstellungsform oder Lösungstechnik.
- Die Aufgabenstellung soll anregen zum: Hypothesen aufstellen, Experimente durchführen, mit Beispielen rechnen, Skizzieren oder Zeichnen, Diskutieren und Argumentieren und/oder Ausprobieren. (Wälti, 2001, S. 10)

Man trifft bei der Suche nach einer Charakterisierung guter Problemaufgaben auch auf andere Bezeichnungen, wie z.B. reichhaltige Aufgaben, offene Aufgaben oder produktive Aufgaben. Hierbei kommen viele weitere Kriterien zur Sprache:

Flewelling und Higginson (2003, S. 86 ff.) bezeichnen gute Problemaufgaben als *reichhaltige Lernaufgaben* (rich learning tasks) und nennen als ein weiteres wichtiges Qualitätskriterium das der Sinnstiftung (sense making). Damit meinen sie, dass eine Aufgabenstellung den Lernenden die Möglichkeit bieten soll, ihr Wissen in integrierter, kreativer, zweckvoller Weise anzuwenden, um Nachforschungen, Untersuchungen, Experimente und Problembearbeitungen durchzuführen, dabei ein nachhaltiges Verständnis der Inhalte zu entwickeln, sowie Überzeugungen und Haltungen für ein lebenslanges, sinnstiftendes Mathematiktreiben aufzubauen.

Als *offene Aufgaben* werden Aufgaben bezeichnet, die Lernenden auf unterschiedliche Weise Entscheidungsspielräume geben:

> „Aufgaben öffnen" kann sich beziehen auf die Form und Interpretation der Fragestellung, kann sich beziehen auf die verschiedenen akzeptablen Antworten, auf die möglichen akzeptablen Lösungswege – aber auch auf mögliche Variationen, Erweiterungen, Fortset-

> zungen, Verallgemeinerungen, auf ein weiteres „Öffnen" bezüglich der zunächst vielleicht eher eng gefassten Fragestellung.
>
> (Herget, 2001, S. 14, vgl. auch Bruder, 2000; Blum & Wiegand, 2000; Herget, 2000; Büchter & Leuders, 2005)

Noch weiter geht das Konzept der *produktiven Aufgaben*:

> Ziel der Beschäftigung, der Auseinandersetzung mit produktiven Aufgabenstellungen sind nicht möglichst schnelle oder kurze Lösungen, sondern diese Aufgaben sollen den Schülerinnen und Schülern Gelegenheit geben, Erfahrungen zu machen und Erfahrungen zu sammeln. Dafür müssen die Aufgaben komplex und reichhaltig sein, dürfen also nicht den fertig filetierten Fall dem Schüler vorlegen, sondern Fallunterscheidungen, verschiedene Untersuchungen und verschiedene Blickrichtungen, verschiedene Herangehensweisen und Standpunkte provozieren und zulassen. Sie müssen aber nicht notwendig außermathematische Themen und Bezüge beinhalten. Hier sollte man zunächst eher bescheiden sein: also keine Projektaufgaben, die zu größeren Zusammenhängen gehören oder in solche führen, sondern Aufgaben, die dem curricularen Stoff nahe sind, diesen öffnen und erschließen helfen, stofflich eher begrenzt als in allen Richtungen offen, offen aber in ihrer Anlage. Ob eine Aufgabe produktiv ist beziehungsweise wird, hängt vom Kontext, vom Unterricht und insbesondere von der Reaktion der Schülerinnen und Schüler, ihrem Vorwissen und dem Geschick der Lehrkraft ab. (Herget et al., 2001, S. 14)

All diese Beschreibungen haben zweierlei gemeinsam:

1. Hervorgehoben wird immer, dass Problemaufgaben sich von Routineaufgaben dadurch unterscheiden, dass sie produktive Problemlöseprozesse auslösen, also die grundlegende Definition von Problemlösen erfüllen müssen. Hier erscheint das Kriterium der *Offenheit* besonders relevant.
2. Es geht nicht nur um die Aufgabe, sondern um den mit ihr stattfindenden Unterricht, der einerseits ein breites und authentisches Bild davon vermitteln soll, was Mathematiktreiben ist und der andererseits die Vielfalt der Lernenden berücksichtigen soll. Dies wird auf der Seite der Aufgaben durch die Kriterien des *Differenzierungsvermögens* und der *Authentizität* ausgedrückt.

Es kristallisieren sich hier also drei Anforderungen an Aufgaben heraus (Offenheit, Differenzierungsvermögen, Authentizität), die sich besonders eignen, um gute Problemlöseaufgaben zu erkennen oder zu erstellen. Wie sie dazu beitragen können, wird im Folgenden an verschiedenen Beispielen erläutert.

3.2 Kriterium für Problemlöseaufgaben: Offenheit

Wie schon eben angeklungen, kann Offenheit unterschiedlich aussehen. Entsprechend unterschiedlich sind die möglichen Entscheidungen, die Lernende bei der Bearbeitung treffen können und müssen, und entsprechend unterschiedliche Qualität hat die Barriere, die sie überwinden müssen.

3.2.1 Barrieretypen

Wenn Sie nun die verschiedenen Barrieren erleben möchten, so bearbeiten Sie die folgenden vier Aufgabenvarianten. Die Zahl 10 000 soll die Aufgabe auch für Sie zu einer Herausforderung machen. Mit der kleineren Zielzahl 100 können diese Aufgaben ebenso bei Sechstklässlern eingesetzt werden.

NACHDENK-AUFGABE

Lösen Sie die verschiedenen Aufgaben.

(1) Wie lautet die Primfaktorzerlegung von 10 000?
(2) Wie viele Teiler hat die Zahl 10 000?
(3) Welche Zahl unter 10 000 hat die meisten Teiler?
(4) Welche Zahlen unter 10 000 können als besonders teilerreich angesehen werden?

Überlegen Sie anschließend für jede Teilaufgabe: Wie genau war die Barriere beschaffen, die Sie von der unmittelbaren Lösung abgehalten hat?

(1) Wie lautet die Primfaktorzerlegung von 10 000?

Die erste Aufgabe hat Ihnen wahrscheinlich keinerlei Probleme bereitet. Hier gibt es eigentlich überhaupt keine Barriere: Wenn man die Primfaktorzerlegung kennt, kann man diese im vorliegenden Fall ohne viel Mühe durchführen, indem man sukzessive auf Teilbarkeit durch steigende Primzahlen prüft – bei Zahlen dieser Größenordnung ein einfacher Algorithmus. Wer ihn beherrscht, für den liegt hier kein Problem vor: $100 = 2 \cdot 50 = 2 \cdot 2 \cdot 25 = 2 \cdot 2 \cdot 5 \cdot 5$. Natürlich kann man auch geschicktere Wege gehen, indem man flexible Zerlegungsstrategien verwendet: $10\,000 = 10 \cdot 10 \cdot 10 = 2 \cdot 5 \cdot 2 \cdot 5 \cdot 2 \cdot 5 \cdot 2 \cdot 5 = 2^4 \cdot 5^4$. Vielleicht haben Sie diese Situation aber auch schon so oft bearbeitet, dass

Sie das Ergebnis schlicht auswendig hinschreiben konnten, auch das ist eine Lösung durch Routine.

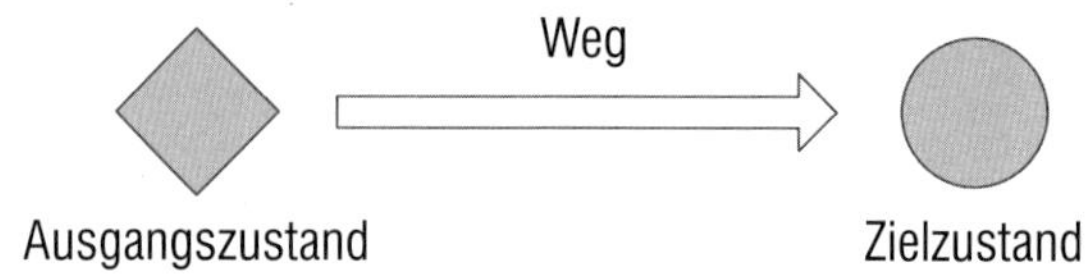

A

(2) Wie viele Teiler hat die Zahl 10 000?

Die zweite Aufgabe hat Sie möglicherweise kurz innehalten lassen und Sie haben sich einen Moment gefragt, wie Sie vorgehen wollen. Vielleicht haben Sie begonnen, alle Teiler der Größe nach aufzuzählen: $T_{10\,000} = \{1, 2, 5, 10, 20, \ldots\}$ um sich so vorwärts durchzuarbeiten. Vielleicht haben Sie aber auch einen anderen Weg gewählt: Da Sie die Primfaktorzerlegung schon kannten, konnten Sie die Teiler systematisch durchzählen: Die 2 kann kein bis viermal auftreten, die 5 ebenfalls, sodass alle Teiler die Form $2^n \cdot 5^m$ haben können. Das führt auf 5 mal 5 also 25 Teiler.

Welche Barrieren hatte diese Aufgabe zu bieten? Ist es überhaupt eine Problemlöseaufgabe? Für jemanden, der solche Teileranzahlbestimmungen systematisch geübt hat, ist es sicher auch nur eine Routinetätigkeit: „Teilerpotenzen zählen, plus 1 und multiplizieren.“ Die meisten Menschen (Lehrpersonen wie Lernende) werden aber innehalten müssen und sich fragen: Mit welchem Werkzeug kann ich zum Ziel gelangen? Und: Wie setze ich meine Werkzeuge geschickt ein? Das passende Werkzeug (aber natürlich nicht das einzige) hier ist die Primfaktorzerlegung und die zündende Idee, dass die Teiler einer Zahl aus ihren Primfaktoren bestehen. Eine solche Barriere, bei denen die „überbrückenden“ Werkzeuge vorhanden sind, aber erst passend ausgewählt werden müssen, nennt man auch *Interpolationsbarriere*.

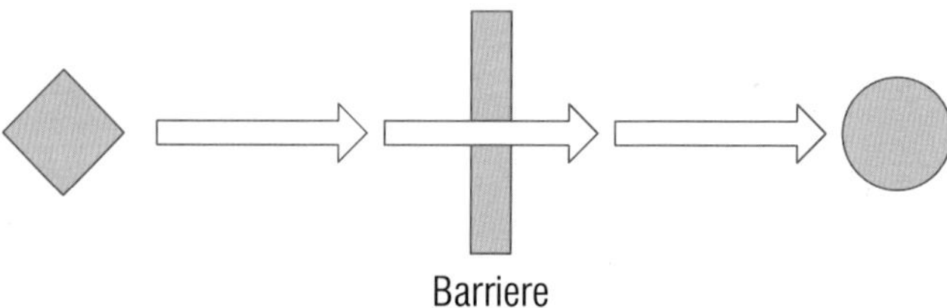

Möglicherweise sind aber die Werkzeuge beim Problemlöser nicht unbedingt vorhanden, sondern müssen erst „hergestellt" werden. Ein solcher „kreativer" Akt muss gar nicht komplex sein, das Werkzeug kann beim Arbeiten entstehen, der Weg beim Gehen: Wenn man immer neue Teiler erzeugt, wird man nach und nach feststellen, dass man neue Teiler aus alten Teilern durch Multiplikation mit 2 und mit 5 erhält – bis man alle „aufgebraucht" hat. Bei dieser Form der Überwindung einer Barriere ist man bereits beim nächsten Typ.

(3) Welche Zahl unter 10 000 hat die meisten Teiler?

Bei der Aufgabe war Ihnen sicherlich sofort klar: Hierzu kenne ich kein einfaches Verfahren. Wenn man die Werkzeuge wählt, die noch bei der vorigen Aufgabe einsetzbar waren, kann es lange dauern, wenn man alle Möglichkeiten der Reihe nach durchgeht (die sogenannte Strategie der „brute force" also „rohe Gewalt"). Wenn Sie sich entscheiden, diesen Weg *nicht* zu gehen, brauchen Sie eine neue Idee, ein Werkzeug, das sie vorher vielleicht noch nicht besessen hatten oder bisher auf eine solche Weise noch nicht verwendet hatten.

Spätestens jetzt ist es günstig, wenn man nicht fertige Werkzeuge aus seiner Werkstatt sucht, sondern sich auf den Weg macht, neue Werkzeuge zu erstellen oder alte Werkzeuge abzuwandeln. Nützlich hierbei sind Strategien, wie z. B. erst einmal einen einfacheren Fall untersuchen, oder mit einem Extrembeispiel beginnen. Strategien sind also so etwas wie „Metawerkzeuge", d. h. Werkzeuge, die beim Erstellen neuer Werkzeuge helfen. Oder um in der „Problemlösen-als-Wege-gehen"-Metapher zu sprechen: Strategien sind Vorgehensweisen, die es ermöglichen, sich in einem unbekannten Gelände zu bewegen.

Möglicherweise haben Sie mit einer Zahl begonnen, von der Sie bereits eine hohe Zahl von Teilern erwartet haben, z. B.: $7! = 1 \cdot 2 \cdot 3 \cdot 4 \cdot 5 \cdot 6 \cdot 7 = 5040 = 2^4 \cdot 3^2 \cdot 5 \cdot 7$, ein guter Kandidat mit $5 \cdot 3 \cdot 2 \cdot 2 = 60$ Teilern. Möglicherweise kann man aber auch $4 \cdot 4 \cdot 2 \cdot 2 = 64$ Teiler erhalten, wenn man die Form $a^3 \cdot b^3 \cdot c \cdot d$ nimmt, z. B. mit der Zahl $2^3 \cdot 3^3 \cdot 5 \cdot 7 = 7560$. Nun beginnt sich ein möglicher Weg abzuzeichnen: Man betrachtet Produkte der Form $2^a \cdot 3^b \cdot 5^c \cdot 7^d$ mit $(a+1)(b+1)(c+1)(d+1)$ ... Teilern und bestimmt zu jeder Form jeweils die größtmögliche Zahlen dieser Form.

Man sieht: Die Bemühungen zur Überwindung der Barriere haben es erforderlich gemacht, ein neues Werkzeug zu entwickeln, bzw. ein altes – die Anzahlbestimmung über die Primfaktorzerlegung – weiterzuentwickeln zu einer Systematik der Primfaktortypen. Eine solche Barriere, deren Überwindung durch die Herstellung neuer Werkzeuge (man sagt auch: „Operatoren") gelingt, nennt man daher zu Recht auch Synthesebarriere.

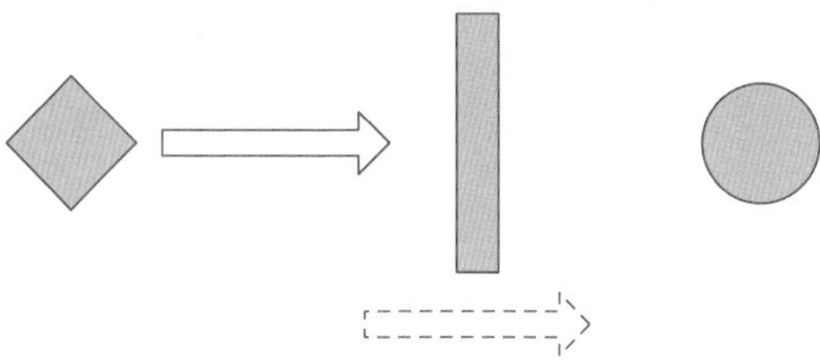

A

(4) Welche Zahlen unter 10 000 können als besonders teilerreich angesehen werden?

Das letzte Aufgabenbeispiel bietet schließlich noch eine ganz andere Herausforderung. Diese Aufgabe ist Ihnen zu Recht vielleicht etwas merkwürdig vorgekommen: Wer soll hier überhaupt entscheiden, was „teilerreich" ist? Ist eine Zahl ab fünf Teilern etwa teilerreich? Oder muss man das relativ zu ihrer Größe sehen? In welcher Weise soll man diese Relation herstellen? Wie viele Teiler darf man von einer Zahl wie 10 000 denn zu Recht erwarten? Vielleicht haben Sie sich eine der folgenden Möglichkeiten überlegt: Teilerreich ist eine Zahl, die mehr Teiler hat als alle ihre Vorgänger. In der Mathematik kennt man auch diese Auffassung: Teilerreich ist eine Zahl, deren Summe aller Teiler außer ihr selbst, mindestens so groß ist wie die Zahl. Welche Auffassung ist nun passend? In der Mathematik stellt sich die Frage eher so: Welche Auffassung ist *interessant*, d. h. führt zu neuen nicht-trivialen Fragen?

Die Barriere hat bei diesem Problem offensichtlich eine ganz andere Qualität: Der Zielzustand ist noch offen, zur Problemlösung gehört es, einen geeigneten Zielzustand festzulegen. Weil dies eher offen argumentativ geschieht, und man auch zu verschiedenen Ergebnissen kommen kann, nennt man diese Barriere auch eine *dialektische Barriere*.

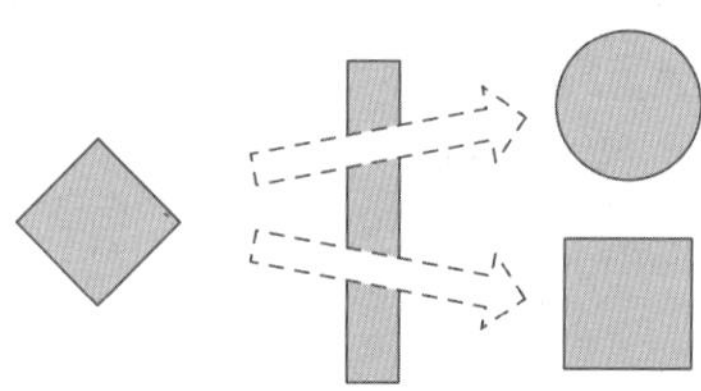

Hier noch einmal zusammengefasst: Eine Aufgabe, für die der Weg vom Ausgangszustand bis zum Ziel auf der Hand liegt, besitzt keine Barriere, es handelt sich nicht um ein Problem. Wenn aber ein Problem vorliegt, so kann die Barriere unterschiedlich aussehen:

Aufgaben/Problemtypen	Start	Weg	Ziel	Beispiele
Kein Problem	×	×	×	Wie lautet die Primfaktorzerlegung von 10 000?
Problem mit Interpolationsbarriere	○	(×)	×	Wie viele Teiler hat die Zahl 10 000?
Problem mit Synthesebarriere	×	○	×	Welche Zahl unter 10 000 hat die meisten Teiler?
Problem mit dialektischer Barriere	×	○	○	Welche Zahlen unter 10 000 können als besonders teilerreich angesehen werden?
Problem mit dialektischer und Synthesebarriere	×	○	○	Finde verschiedene Zahleigenschaften und überlege dir, für welche Zahlen unter 10 000 sie zutreffen.

Tab. 3.1: Aufgabentypen

Welche Art von Barriere man wahrnimmt, hängt natürlich wieder vom einzelnen Problemlöser und seinen Werkzeugen ab. Diese (bereits etwas vereinfachte) Einteilung von Problemtypen geht auf Dörner (1976) zurück und ist eine eher psychologische Sicht auf das Problemlösen. Sie unterscheidet *nicht* nach den unterschiedlichen mathematischen Tätigkeiten wie Modellieren, Beweisen, Entdecken und ist daher eine ergänzende Perspektive auf eine Aufgabe, die sich gut eignet, um ihre Offenheit zu charakterisieren.

3.2.2 Systematik offener Aufgaben

Man kann diesen „Barriereblick" noch einmal weiter schärfen und für das systematische Variieren von Aufgaben verwenden. Dazu nimmt man die Qualität der drei Elemente: Start – Weg – Ziel in den Blick und fragt sich, wie hier Problemlösequalitäten entstehen können. Die Art der Problemlösebarriere ist dann direkt verbunden mit der Art der *Offenheit* einer Aufgabe. In Kapitel 1 wurde festgestellt:

> Bei manchen Problemlösesituationen können nicht nur die Wege, sondern auch das Ziel („Was genau ist eigentlich gesucht?") und sogar auch der Ausgangszustand noch unklar sein („Was genau ist eigentlich gegeben?").

Die Frage „Ist die Aufgabe ein Problem?" ist also ganz eng verwandt mit der Frage „Ist die Aufgabe offen – bezüglich Ausgangszustand, Weg oder

Ziel?". In einer Weiterentwicklung der Einteilung von Newell und Simon (1972) und Dörner (1976) kann man Offenheit danach unterscheiden, inwieweit Anfangssituation, Lösungsweg und Ziel einer Aufgabe vorgegeben sind (Zimmermann, 1991; Wiegand & Blum, 1999; Bruder, 2000; Greefrath, 2004; Büchter & Leuders, 2005):

Aufgaben/Problemtypen	Start	Weg	Ziel	Beispiele
Gelöste Aufgabe, *worked problem*	×	×	×	$F = \frac{1}{2}\,2\,\text{cm} \cdot 1\,\text{cm} = 1\,\text{cm}^2$
(geschlossene) Aufgabe, Routineaufgabe	×	×	○	F = ?
Problem (mit bekanntem Ziel)	×	○	×	$F_{\text{gleichseitiges Achteck}} = ?$
Umkehrproblem	○	×	×	Zeichne ein Trapez mit $F = 5\,\text{cm}^2$.
Problem (mit unklaren Voraussetzungen)	○	○	×	Wie groß ist die Oberfläche eines Menschen?
Anwendungssuche	○	×	○	Was kann man mit $F = \frac{1}{2}\,a \cdot b$ berechnen?
Problem (mit offenem Ziel), *open ended problem*	×	○	○	Was kann man hier alles berechnen?
offene Situation	○	○	○	Wie viele Maße benötigt man, um eine Fläche zu berechnen?

Tab. 3.2: Systematik offener Aufgaben (vgl. Zimmermann, 1991; Wiegand & Blum, 1999; Bruder, 2000; Greefrath, 2004; Büchter & Leuders, 2005, Leuders 2003a)

Nachfolgend werden kurze Beispiele gegeben für die einzelnen Zeilen dieser Tabelle.

Problemtyp: Gelöste Aufgabe

Aufgaben/Problemtypen	Start	Weg	Ziel
Gelöste Aufgabe, *worked problem*	×	×	×

Bei einer *gelösten Aufgabe* sind Ausgangssituation (Start), Weg und Ergebnis (Ziel) vollständig angegeben. Solche Aufgaben können durchaus sinnvolle didaktische Funktionen haben, beispielsweise als Lösungsbeispiel, das Lernende analysieren und verstehen sollen (vgl. Reiss et al., 2006). Damit wird aus der gelösten Aufgabe allerdings eine gehaltvolle Nachdenk-Aufgabe:

Betrachte die folgende gelöste Aufgabe. Was ist gegeben? Was kann man daraufhin bestimmen? Was kann man so nicht bestimmen? Welcher Weg wurde gewählt? Wie wurde genau vorgegangen? Warum funktioniert dieser Weg? Wann würde der Weg nicht funktionieren?

Problemtyp: Geschlossene Aufgabe

Aufgaben/Problemtypen	Start	Weg	Ziel
(geschlossene) Aufgabe, Routineaufgabe	×	×	○

Eine *geschlossene Aufgabe* ist gemäß Definition gerade kein Problem. Hier wird erwartet, dass Schülerinnen und Schüler ein zuvor gelerntes Verfahren anwenden, zum Beispiel, um sicherer in der Anwendung zu werden oder es besser zu behalten. Typischerweise lauten die Anweisungen in solchen Aufgaben:

Bestimme/Berechne mithilfe von …

Problemtyp: Problem mit bekanntem Ziel

Aufgaben/Problemtypen	Start	Weg	Ziel
Problem (mit bekanntem Ziel)	×	○	×

Sofern die Mittel zur Lösung nicht direkt verfügbar sind, liegt die einfachste Form eines *Problems* vor. Das Ausmaß des Problems, sozusagen die Höhe der Barriere, kann dabei stark unterschiedlich ausfallen und durch die Aufgabenstellung bewusst variiert werden. Probleme sehen daher oft ungefähr so aus:

Gegeben ist: …
Gesucht ist: …

- Finde einen Weg …
- Überlege, wie du könntest …
- Nutze die Strategie(n) …
- Du kannst … probieren

Problemtyp: Umkehrproblem

Aufgaben/Problemtypen	Start	Weg	Ziel
Umkehrproblem	○	×	×

Ein *Umkehrproblem* entsteht oft (aber nicht immer) dann, wenn man eine geschlossene, gelöste Aufgabe umgekehrt liest: Dies ist das Ergebnis – welches sind die Ausgangsdaten? Zu einem Problem wird es vor allem dann, wenn ein Rechenweg nicht ohne Weiteres umkehrbar ist, z.B. weil aus *mehreren* Ausgangsdaten ein Ergebnis folgt. Umkehraufgaben sehen daher typischerweise so aus:

Das Ergebnis einer Berechnung/eines Verfahrens ist: …
Welche Ausgangswerte führen/Welche Ausgangssituation führt zu diesem Ergebnis?

Die folgenden Aufgabenformen sind tendenziell offener als die bisherigen, da Lernende hier meist in zweierlei Hinsicht Entscheidungen treffen müssen.

Problemtyp: Problem mit unklaren Voraussetzungen

Aufgaben/Problemtypen	Start	Weg	Ziel
Problem (mit unklaren Voraussetzungen)	○	○	×

Eine inzwischen recht verbreitete Aufgabenform ist das Problem mit *unklaren Voraussetzungen*. Besonders vertraut ist es uns in der Form von sogenannten Fermi-Aufgaben (Büchter et al., 2008, 2011) oder auch Foto-Aufgaben (Herget & Klika, 2003) geworden. Hier gilt es, Größen oder Maße aus der Realität zu bestimmen, wofür nicht nur der Lösungsweg erst gefunden werden muss, sondern zuvor relevante Größen geschätzt oder überschlagen werden müssen:

Das Flusspferdbaby im Bild wiegt 140 kg und ist 1,20 m lang.
Wie schwer ist wohl die Mutter?

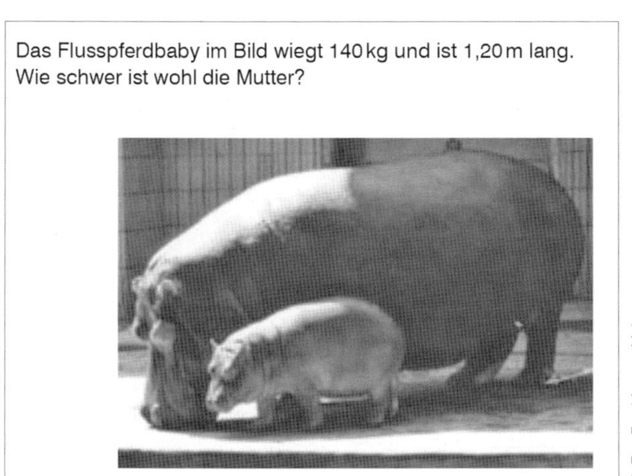

Flusspferdaufgabe (Büchter et al., 2008, Karte C)

Bestimme/Finde heraus ... und überlege, welche Daten du dazu erst schätzen/überschlagen/recherchieren musst.

Problemtyp: Problem mit offenem Ziel

Aufgaben/Problemtypen	Start	Weg	Ziel
Problem (mit offenem Ziel), *open ended problem*	×	○	○

Eine andere Form von Offenheit entsteht, wenn bei einer Aufgabe das Ziel nicht klar vor Augen liegt, dies wurde weiter oben bereits als „dialektische Barriere" bezeichnet. Eine solche, oft „offene Situation" genannte Aufgabe sollte vielleicht besser *zieloffenes Problem* heißen und ist in der internationalen Mathematikdidaktik auch unter dem Namen „open ended problem" bekannt (Becker & Shimada, 1997). Das Ausmaß und die Art der Zieloffenheit kann natürlich ganz verschieden sein. Entscheidend aber ist es, dass Lernende darüber entscheiden müssen, welche Ziele sie erreichen wollen und wann sie „fertig" sind. Dieses Format ist im Mathematikunterricht eher unüblich. Daher hier ein Aufgabenbeispiel:

Falte ein DIN-A4-Blatt einmal, zweimal oder dreimal. Finde dann möglichst viele Beziehungen zwischen den Winkeln.

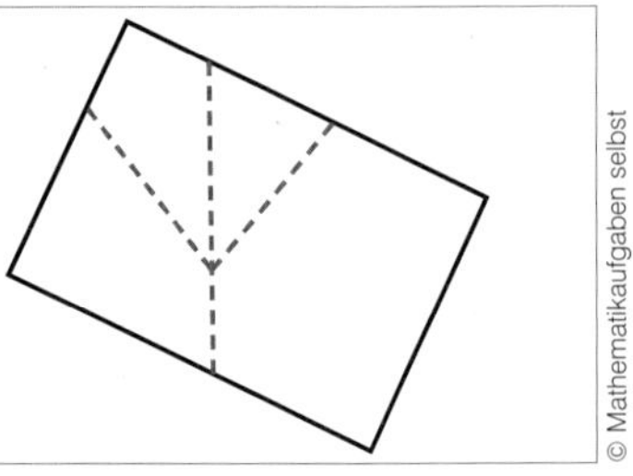

Abb. 3.2: Papierfalten (Büchter & Leuders, 2005, S. 133)

Zieloffene Aufgaben haben oft eines der folgenden Formate:

- Hier ist eine Situation. Finde möglichst viele Muster / Zusammenhänge / Eigenschaften / Aussagen ...
- Hier ist eine Situation. Bestimme möglichst viele Größen ...

Problemtyp: Anwendungssuche

Aufgaben / Problemtypen	Start	Weg	Ziel
Anwendungssuche	○	×	○

Noch ungewöhnlicher für die Schule ist sicher die Anwendungssuche bei der ein Lösungsweg z. B. in Form eines Verfahrens vorliegt, und passende Ausgangssituationen und Ergebnisse gesucht werden sollen. Die Bezeichnung legt nahe, dass sich solche Aufgaben eignen, um Lernende dazu anzuregen, im Nachhinein die Vielfalt möglicher Situationen für ein Verfahren zu reflektieren, z. B. so:

- Du hast ... (z. B. lineare Gleichungen) kennengelernt. Wo überall kann man sie verwenden? Welche Fragen kann man mit ihnen lösen? Welche Ergebnisse kann man bestimmen?
- Erfinde zu dieser Situation (diesem Foto) eine Aufgabe, die man (z. B.) mit dem Dreisatz lösen kann (vgl. Greefrath, 2004).

Problemtyp: Offene Situation

Aufgaben / Problemtypen	Start	Weg	Ziel
offene Situation	○	○	○

In diesem letzten Typ der offenen Situation kulminieren die verschiedenen Typen von Offenheit. Diese Art von Situationen hat Henry Pollak mit dem Satz umrissen (nach Herget & Richter, 2012):

Hier ist eine Situation. Arbeite damit.

An der letzten Formulierung wird deutlich, warum offenen Situationen eine so hohe Bedeutung beigemessen wird: Es ist gerade diese Form der offenen Situationen, die uns im Leben in der Regel begegnet und auf die die Schule nicht genügend vorbereitet, wenn dort ausschließlich klare Ziele vorliegen.

Das Haus soll verputzt werden.
Finde dazu Fragen, zu deren Beantwortung Mathematik benötigt wird.

Haus verputzen (Greefrath, 2004, S. 19)

Mögliche Fragen, die von Schülerinnen und Schülern gestellt und beantwortet werden können, sind: Wie viele Quadratmeter müssen verputzt werden? Wie teuer ist das Verputzen des Hauses? Wie lange dauert das Verputzen des Hauses? (Greefrath, 2004, S. 19)

Derart offene Aufgaben findet man selten in Schulbüchern (z.B. im Lehrmittel mathbuch im Teil „Projekte“, Affolter et al., 2013 ff.), wohl aber in Materialien, wie z.B. den „Materialien für offene Situationen im Mathematikunterricht“ (mosima von Eggenberg und Hollenstein, 1997).

3.2.3 Wie kann ich selbst Problemlöseaufgaben herstellen?

Die zuvor beschriebenen Typen von Offenheit kann man verwenden, um sich bei bestehenden Aufgaben über die Art und das Ausmaß des Problemcharakters bewusst zu werden. Man kann sie aber auch systematisch einsetzen, um bestehende Aufgaben flexibel zu verändern. So ergeben sich einfache Variationsmöglichkeiten, wie z. B. die Folgenden:

Technik: Öffnen durch Umkehren

Auch wenn (oder vielleicht gerade weil) das Grundprinzip der Umkehraufgabe sehr einfach ist, lässt es sich in vielen Situation anwenden. So kann man z. B. aus verfahrensorientierten Aufgaben solche generieren, die auf tieferes Verständnis abzielen (Büchter & Leuders, 2005):

Berechne	Finde passende Nenner:
$\frac{1}{3} + \frac{1}{6} = \square$	$\frac{1}{\square} + \frac{2}{\square} = \frac{1}{2}$

Durch Umkehrung lassen sich ebenfalls Übungsaufgaben gewinnen, mit denen ein Konzept auf vielfältige Weise operativ und problemorientiert durchgearbeitet werden kann (Wittmann, 1985).

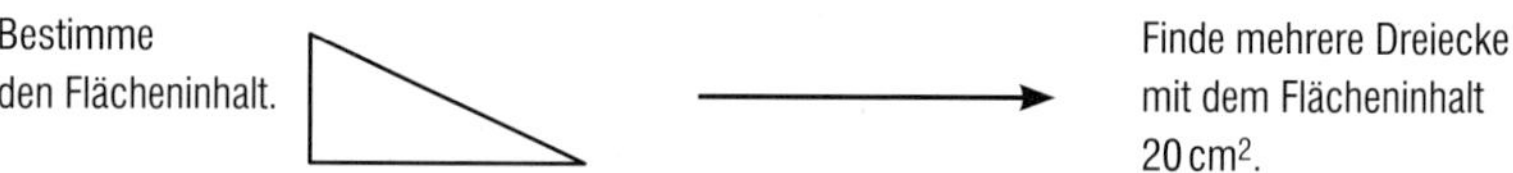

Die durch Umkehrung entstehende Problemorientierung bleibt meist sehr grundlegend, ermöglicht aber eine Konzentration auf die wesentlichen Inhalte. Das Format wird daher oft beim sogenannten „produktiven Üben" angewendet (Winter, 1984; Leuders, 2009).

Technik: Öffnen durch dosiertes Weglassen / Hinzufügen

In allen drei Bereichen einer Aufgabe (Start – Weg – Ziel) kann man eine größere Offenheit erreichen, wenn man hier üblicherweise erwartete Informationen weglässt (Herget & Klika, 2003).

- Das *Weglassen von Informationen zur Ausgangssituation* soll dazu führen, dass Lernende sich nicht schon aufgrund der Angaben der Aufgabe oberflächlich für einen bestimmten Rechenweg entscheiden. Sie müssen zunächst reflektieren, welche Informationen sie für die Lösung benötigen und sich diese auch erst beschaffen. Immer häufiger trifft man auch Aufgaben an, die ihre Offenheit nicht aus dem Mangel, sondern dem Überfluss an In-

formation beziehen. Diese sogenannten überbestimmten Aufgaben zwingen auch erst zum Nachdenken über die Ausgangssituation: Welche der Daten können für eine Problemlösung wichtig sein, welche sind irrelevant?
- Das *Weglassen von Informationen zum Lösungsweg* kann ebenfalls dazu führen, dass zuvor eher geschlossene Aufgaben zu Problemen werden.

Pólya (1949) formuliert schon früh das Prinzip der heuristischen Hilfe: Während des Problemlöseprozesses empfiehlt es sich, inhaltliche Hilfen eher wegzulassen und dafür strategische und motivationale Hilfen anzubieten (ausführlich dazu siehe Kap. 9).

Wälti (2001) fordert in seinen Kriterien für gute Probleme, dass ein Problem nichts mit dem „aktuellen Stoff" zu tun haben soll. Dies ist eine „extreme" Auffassung des Weglassens inhaltlicher Hilfe: Die Lernenden sollen in keiner Weise auf mögliche Lösungswege hingewiesen werden. Viele andere Autoren und auch Lehrmittel (z. B. mathbuch 2, Affolter et al., 2014; Mason, 2006) verorten Problemlöseaufgaben explizit mit Bezug zum aktuellen Unterrichtsthema.

- Das *Weglassen von Informationen zum Ziel* soll Lernende dazu anregen, selbst darüber nachzudenken, ob bzw. wann sie das Ziel einer Aufgabe erreicht haben. Das Weglassen des Ziels erfordert eine stärkere Reflexion („ist das schon ein zufriedenstellendes Ergebnis?"), ermöglicht unterschiedliche Interpretationen („War die Aufgabe so gemeint?") und öffnet die Aufgabe auch für weitergehende Überlegungen („Kann man von hier auch noch weiterkommen?").

Aufgaben verändern ihre Qualität, wenn man diese Prinzipien des Weglassens anwendet. Lernende müssen sich allerdings auch erst daran gewöhnen, dass sie bei solchen Aufgaben stärker gefragt sind. So liegt das Frustrationspotenzial solcher Aufgaben sicher höher als bei Aufgaben mit inhaltlichen Hilfen. Mit dieser (psychologischen) Hürde müssen die Lernenden umgehen lernen und Scheitern als natürlichen Bestandteil des Problemlöseprozesses akzeptieren.

Neben diesen Techniken des Weglassens, gibt es weitere Ansätze, wie man von eher geschlossenen Routineaufgaben zu möglichen Problemlöseaufgaben gelangen kann (vgl. Herget, 2013; Schupp, 2002a, 2002b; Leuders, 2009):

Technik: Vorgezogene Aufgaben

Man kann Aufgaben zu einem Zeitpunkt stellen, zu dem Lernende das mathematische Wissen, welches die Aufgaben zu Routineaufgaben werden lässt, noch nicht besitzen. Damit verändert sich allerdings auch das Ziel der

Aufgabe und man muss sie möglicherweise entsprechend anpassen. Das folgende Beispiel (vgl. auch Kap. 1) zeigt, dass sogar die Formulierung der Aufgabe gleich bleiben kann.

Beispiel	Wie groß ist die Fläche des Krokodilgeheges? Krokodil		
Zeitpunkt	Vor einer systematischen Behandlung	Bei der Einführung	Nach der Erarbeitung
Ziel	Problemlösen, Anwenden von Vorwissen	Erarbeitung neuen Wissens durch Problemlösen	Sichern und Üben von vorhandenem Wissen
Aufgabentyp	Problemlösen	Problemorientierte Lernaufgabe	Routineaufgabe
	Hier wird das Konzept des Flächeninhalts angewendet.	Hier wird ein Verfahren zur Berechnung einer neuen Flächenform erarbeitet.	Hier wird die Kreisformel angewandt und geübt.

Tab. 3.3: Eine Aufgabe – verschiedene Einsatzmöglichkeiten (vgl. Holzäpfel et al., 2012, S. 170)

In den ersten beiden Spalten (vor und bei der Einführung) ist diese Aufgabe eine Problemlöseaufgabe, in der letzten Spalte (nach der Erarbeitung) jedoch nicht (weil hier die Routine zur Lösung besteht, die Verfahren sind bekannt).

Technik: Aufgabenvariation

Aufgaben besitzen oft eine Vielzahl von Parametern, die man verändern kann. Durch die Variation dieser kann man – ohne konkreten Unterricht oder Schüler im Kopf zu haben – ausprobieren, welches Potenzial in der Aufgabe steckt. Dabei kann man sich einer Kreativitätstechnik bedienen, die dabei hilft, erst einmal eine größere Anzahl von Alternativaufgaben zu generieren, um deren Sichtung und Bewertung man sich erst danach kümmern kann.

Für Mathematikaufgaben lautet eine solche Kreativitätstechnik „Aufgabenvariation". Sie wurde von Schupp (2002a, 2002b) ausführlich beschrieben und soll insbesondere auch Lernende zum kreativen Umgang mit Aufgaben anregen. Das Konzept wird im Kapitel 11 ausführlich beschrieben. Es spricht aber nichts dagegen, dass man sie sich auch als Lehrperson zu eigen macht. Sie entspricht eigentlich der Vorgehensweise, wie auch Mathematiker aus bereits beherrschten Situationen, neue, möglicherweise interessante Probleme generieren.

Technik: Gänzliches Freigeben der Aufgabenstellung
Die gewöhnliche Situation im Mathematikunterricht besteht darin, dass Aufgaben von außen an die Lernenden herangetragen werden: Die zu lösenden Probleme findet man im Schulbuch, sie werden durch die Lehrperson „aufgegeben". Im besseren Fall sind die Lernenden in einer Erarbeitungsphase an der Problemfindung und -formulierung aktiv beteiligt. Diese aktive Arbeit an der Aufgabenstellung lässt sich auch als systematische Öffnung von Aufgaben verstehen (Herget, 2001) – ihre ausgeprägteste Form, das „problem posing" bildet das Thema des Kapitels 11.

3.2.4 Chancen und Risiken von Offenheit

Offenheit bringt viele Chancen mit, birgt teilweise aber auch Risiken in sich. Die Chancen liegen darin, dass es keine genaue, einzig richtige Lösung (bzw. einen richtigen Lösungsweg) gibt, sondern viele verschiedene mögliche. Dadurch erfahren die Lernenden einen Wert ihres persönlichen mathematischen Tuns, was zu nachhaltiger, intrinsischer Motivation führt. Verfügen die Lernenden aber noch nicht über die Erfahrung, sich selbst mit offenen Aufgaben herauszufordern, kann deren Verwendung dazu führen, dass sie sich schnell mit der zuerst gefundenen Lösung zufriedengeben. Dadurch gehen komplexere Interpretationen der Aufgabenstellung (und damit auch komplexere Herausforderungen) verloren. Es besteht die Gefahr einer oberflächlichen Bearbeitung einer an sich reichhaltigen Aufgabe, wodurch der Aufbau bzw. die Förderung komplexerer Kompetenzen weitgehend umgangen wird.

3.3 Kriterium für Problemlöseaufgaben: Differenzierungsvermögen

Eine typische Meinung bei Lernenden wie bei Lehrpersonen ist, dass Problemlösen grundsätzlich etwas Schwieriges ist und sich daher nur für starke Lerner eignet. (Vermeintlich) schwächere Lernende zeichnen sich oft gerade dadurch aus, dass sie über geringe heuristische Kompetenzen verfügen oder die eigenen Lernprozesse nicht erfolgreich steuern und deshalb bei Problemen, deren Lösung nicht routinemäßig auf der Hand liegt, nicht erfolgreich sind. Daraus den Schluss zu ziehen, schwächere Lernende nicht an komplexeren Problemstellungen arbeiten, sondern lediglich Routineabläufe einüben zu lassen, ist aber kontraproduktiv. Es ist im Gegenteil gerade für diese Lernenden besonders sinnvoll und lernwirksam, Problemlösen zu betreiben und diese Kompetenzen zu stärken.

In der Regel ist es so, dass insbesondere offenere, problemhaltige und realkontextbasierte Aufgaben schwieriger zu verstehen und häufig auch zu lösen sind. Beim Öffnen von Aufgaben verändert sich der Lernfokus:

- Zum Automatisieren kommt die Mustersuche (produktives Üben), das kann motivierend sein und weiterführende Erkenntnisse erlauben, es kann aber auch das Verständnis und die Lösung der Aufgabe erschweren.
- Zum Erarbeiten kommt das Entdecken, es kann das Lernen spannend machen und die Lernenden dazu bringen, die Lerninhalte besser zu verknüpfen, es kann aber auch frustrieren, wenn man nichts findet.
- Zum Anwenden kommt das Erfinden eigener Aufgabenstellungen, das kann die Freude am Mathematiktreiben und die Authentizität erhöhen; diese Freiheit kann aber auch dazu führen, dass sich die Lernenden nicht selbst herausfordern und sich mit einfachsten Aufgaben- und Lösungsvarianten zufriedengeben oder sich überfordern und keine Lösungen finden.

Daher muss man bei einer Problemlöseaufgabe auch auf folgende Frage eine Antwort haben: Haben alle Lernenden eine Chance, bei dieser Aufgabe sinnvoll mathematisch zu arbeiten?

3.3.1 Konstruktion von differenzierenden Problemlöseaufgaben

Um dies insbesondere in der Konstruktion eigener Problemaufgaben zu gewährleisten, gibt es Aufgabenformate, die dem unterschiedlichen Leistungsvermögen und den unterschiedlichen Arbeitsweisen von Lernenden Rechnung tragen. Je nach Aufgabentyp lassen sich andere Differenzierungsaspekte berücksichtigen, wie z. B. unterschiedliches Lerntempo oder unterschiedliche Selbstregulationsfähigkeiten. Weitergehende Überlegungen zu Möglichkeiten des Differenzierens im Mathematikunterricht findet man bei Leuders und Prediger (2016). Hieraus stammen auch die nachfolgenden Überlegungen, die besonders auch auf Problemlösen zutreffen.

Prototypisch kann man vier differenzierende Aufgabenformate auseinanderhalten. Diese unterscheiden sich in den Strategien, wie durch Anordnung von Teilaufgaben, Aufgaben und Aufgabengruppen Anforderungen über die Lerngruppe verteilt werden und wie ihre Bearbeitung zeitlich und methodisch strukturiert wird.

Paralleldifferenzierende Aufgaben:
Unterschiedliche,
aber analoge Aufgaben

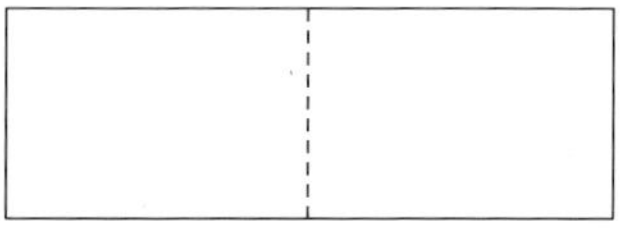

Stufendifferenzierende Aufgaben:
Teilaufgaben mit gestufter Schwierigkeit
oder Offenheit

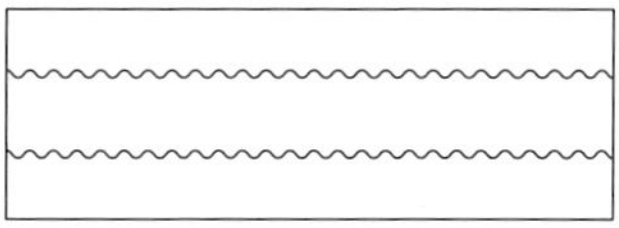

Selbstdifferenzierende Aufgaben:
Gemeinsames Arbeiten auf unterschiedlichen
Niveaus

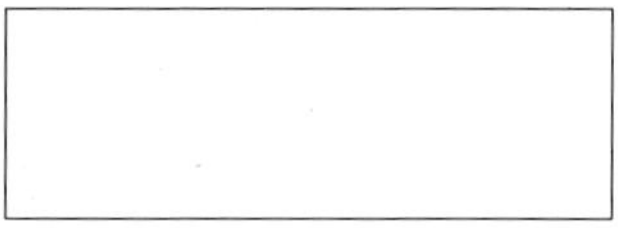

Aufgabengruppen mit Wahl und Pflicht:
Zuteilen/Auswählen verschiedener Lernwege,
ggf. diagnosegeleitet

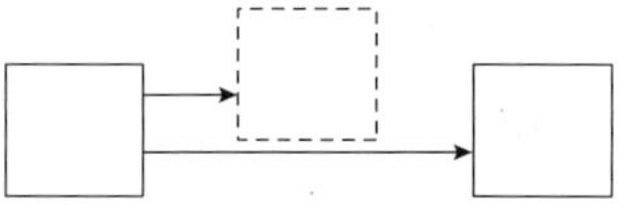

Abb. 3.3: Differenzierende Aufgabenformate

Paralleldifferenzierende Aufgaben

Die Grundidee von Paralleldifferenzierung besteht darin, dass verschiedene Lernende(ngruppen) gleichzeitig mit verschiedenen Aufgaben arbeiten, dabei aber immer noch eine *inhaltliche* Parallelität gewährleistet ist. Dabei gibt es viele Möglichkeiten, worin diese Parallelität genau besteht, wie weit sie geht, und wonach bei der Konstruktion von parallelen Aufgabenvarianten vorgegangen werden kann.

Mögliche Merkmale paralleldifferenzierender Aufgaben	
Aufgabenspalte auf niedrigerem Anspruchsniveau	**Aufgabenspalte auf höherem Anspruchsniveau**
• auf weniger Vorwissen zurückgreifend • Förderung einzelner Grundvorstellungen • Muster erkennen und/oder beschreiben • einschrittig, wenige Verknüpfungen • eher geschlossen • stärker angeleitet • wenig Transfer, vertrauter Kontext • sprachlich vereinfacht • konkrete Beispiele/Veranschaulichungen • mehrfache Wiederholungen	• Voraussetzung von umfassenderem Vorwissen • Zurückgreifen auf mehrere Grundvorstellungen • Muster verallgemeinern und/oder begründen • mehrschrittig, mehrere Verknüpfungen • Lösungsweg offen, über-/unterbestimmte Aufgabe • weniger angeleitet • Transfer auf neue Kontexte • höhere sprachliche Anforderungen • auch formaler, ohne Bezug zu konkretem Beispiel • wenige Wiederholungen

Tab. 3.4: Mögliche Merkmale paralleldifferenzierender Aufgaben

Die hervorgehobenen Bereiche deuten an, dass man den Problemcharakter in paralleldifferenzierenden Aufgaben vor allem nach der Offenheit und der Anleitung variieren kann.

Die folgenden Beispiele sind als zwei Spalten dargestellt, sodass man sie direkt vergleichen kann. Die parallelen Aufgaben könnten aber auch auf verschiedenen Blättern, z. B. in einer A- und einer B-Version, getrennt stehen. Die Spaltendarstellung hat allerdings den Vorteil, dass Lernende die unterschiedlichen Anspruchsniveaus erkennen und auswählen können – und dies sogar bei jeder Aufgabe aufs Neue. Natürlich müssen es nicht immer genau zwei Parallelaufgaben sein, vorstellbar sind auch drei oder sogar mehr. Möglicherweise kann dies auch von Aufgabe zu Aufgabe variieren. Es gibt konkrete Unterrichtsmodelle, die eine konsequente Dreiteilung vorsehen (z. B. die sogenannte tiered instruction – „gedrittelter Unterricht", Kingore, 2004).

Beispiel: Zahlzerlegungen üben – in Paralleldifferenzierung (Kl. 6)

2 **Lückenfüller**

a) **Übertrage die Rechnungen in dein Heft und ergänze die fehlenden Zahlen.**

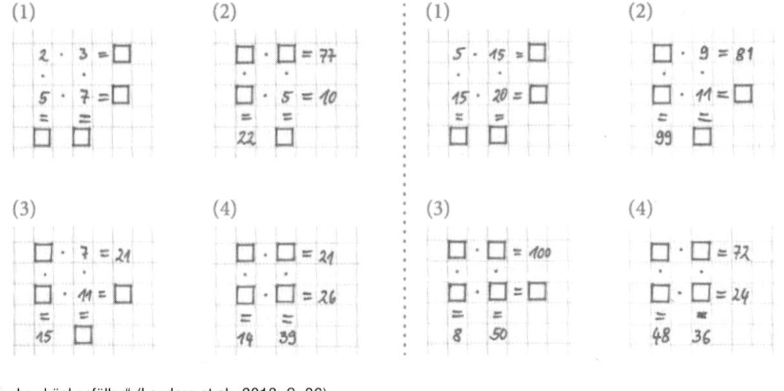

Aufgabe „Lückenfüller" (Leuders et al., 2013, S. 36)

Die linken Aufgaben (1) bis (3) sind eher geschlossen, sie erwarten mehrfaches einschrittiges Vorwärts- oder auch einmal Rückwärtsrechnen. Teilaufgabe (4) ist dagegen offener, bei der mehrere (aber überschaubar viele) Lösungen möglich sind. Die rechten Aufgaben haben ein analoges Bauprinzip, doch wird sowohl nach Kompliziertheit mit größeren Zahlen als auch nach Offenheit und kognitiven Aktivitäten differenziert, sodass mehr Zerlegungsmöglichkeiten zu untersuchen und zu kombinieren sind.

Beispiel: Zahlzerlegung – vielfältig paralleldifferenzierend (Kl. 6)

5 **Zahlen vollständig zerlegen**

a) Übertrage die folgenden Gruppen von Rechnungen in dein Heft.
Finde zu jeder Zahl die vollständige Zerlegung in Primzahlen.

(1)	(2)	(1)	(2)
$2 = 2$	$5 =$	$6 =$	$2 =$
$4 = 2 \cdot 2$	$10 =$	$15 =$	$6 =$
$8 =$	$50 =$	$35 =$	$30 =$
$16 =$	$100 =$	$77 =$	$210 =$
$32 =$	$500 =$	$143 =$	$2310 =$

b) Kannst du jeweils eine Regel formulieren, nach der die Gruppe aufgebaut ist?
Versuche, die Reihe fortzusetzen.

Aufgabe „Zahlen vollständig zerlegen" (Leuders et al. 2013, S. 37)

Auf der linken Seite wird durch beispielhafte Rechnungen die sprachliche Aufgabenstellung konkretisiert. Die Komplexität der Zerlegungen ist hier niedriger gehalten, sodass sowohl die Beschreibung als auch die Fortsetzung der Reihe in Teil b) einfacher zu bewerkstelligen ist. Hinsichtlich des Vorwissens und der Art des mathematischen Denkens, wird hier in beiden Aufgaben jedoch dasselbe verlangt.

Grenzen und Probleme von paralleldifferenzierenden Aufgaben

Weil paralleldifferenzierende Aufgaben einfach herzustellen und im Unterricht zu nutzen sind, sind sie in manchen Lehrwerken beliebt. Die Gefahr besteht darin, dass das Problemlösen nur in einem der parallelen Stränge eine Rolle spielt. So ist es hier aber nicht gemeint: Wann nach welchen Kriterien parallel differenziert wird, hängt von den Inhalten und der Unterrichtsphase ab. Es sollten aber unbedingt in beiden parallelen Strängen Probleme auftreten, denn sonst nimmt man den schwächeren Lernenden die Gelegenheiten für problemlösendes Arbeiten. In den obigen Beispielen wird diese Forderung auf einfache Weise erfüllt.

Materialien, die vorgeben, Paralleldifferenzierung umzusetzen, sollte man also stets gründlich prüfen: Leisten die Aufgaben wirklich eine solche Passung, oder wurden hier einfach nach Belieben verschieden komplizierte Aufgabenvarianten erzeugt (was im Fach Mathematik immer sehr leicht funktioniert)? Findet auch auf dem niedrigeren Niveau Problemlösen statt?

Gestufte Aufgaben

Im Gegensatz zu paralleldifferenzierenden Aufgaben, die unterschiedliche Varianten derselben Aufgabe vorsehen, wird in gestuften Aufgaben innerhalb einer Aufgabe durch gestufte (Anfangs- und) Endpunkte differenziert.

Für Problemlöseaufgaben typisch ist ein (mindestens) dreistufiger Aufbau:

Verständnisklärende Einstiegsaufgabe
Kernaufgabe für alle
Vertiefende Aufgabe(n) für Stärkere / Schnellere

Abb. 3.4: Gestufte Aufgabenformate (Leuders & Prediger 2016, S. 135)

Das eigentliche Problem wird in der Kernaufgabe formuliert. Dieser wird eine Aufgabe vorangestellt, die einigen Schülerinnen und Schülern den Zugang erleichtern kann, die aber für stärkere Schülerinnen und Schüler keine besondere Hürde oder besonderen Aufwand bedeutet. In der bzw. den vertiefenden Aufgaben werden schließlich alle Lernenden individuell gefordert.

B

Beispiel: Summen – gestufte Aufgabe

Hinweis vorab: Das folgende Problem spielt sich nur im Zahlenraum der natürlichen Zahlen („Zählzahlen", 1, 2, 3, 4, ...) ab.

12 lässt sich als Summe von drei aufeinander folgenden Zahlen errechnen: $12 = 3 + 4 + 5$

a) Stelle 100 als Summe von mehreren aufeinander folgenden Zahlen dar (Hinweis: Es müssen nicht zwingenderweise drei Summanden sein). Gibt es mehrere Lösungen?
b) Welche Zahlen kleiner als 100 lassen sich *nicht* als solche Summe berechnen?
c) Welche Zahlen kleiner als 300 lassen sich *nicht* als solche Summe berechnen?
d) Findest du eine allgemein gültige Regel?
e) Erfinde selbst eine ähnliche Frage und beantworte sie.

Wenn man bereits vorhersehen kann, dass eine bestimmte Teilgruppe nicht ohne Hilfe in die Aufgabenbearbeitung einsteigen kann, eignet sich eine solche dreiteilig gestufte Aufgabe, bei der im ersten Aufgabenteil der Einstieg explizit unterstützt wird. Diese Funktion des ersten Teils kann man auch für Lernende kenntlich machen, z. B. durch Textpassagen wie: „Wenn dir die Situation noch unklar ist, erstelle eine Zeichnung". In diesem Sinne kann die Einstiegsaufgabe auch implizit oder sogar explizit Hinweise auf mögliche sinnvolle Heurismen enthalten.

Beispiel: Dreistufige Aufgabe zum Teiler untersuchen (Kl. 5/6)

a) Rechts sind zwei Tafeln mit unterschiedlich vielen Stücken abgebildet.
Gib jeweils an, auf wie viele Personen diese gerecht aufgeteilt werden können.
Wann gibt es Streit beim Verteilen?

b) Vielleicht gibt es ja rechteckige Tafeln mit günstigeren Anzahlen.
Als Zahlenforscher kannst du bei der folgenden Frage helfen:

> Wie viele Stücke sollte eine rechteckige Schokolade haben, damit sie bei möglichst vielen verschiedenen Anzahlen von Personen gerecht aufgeteilt werden kann?

Schreibe – so wie Merve – alle deine Vermutungen und Ideen in dein Heft.

Schoko - Tafeln
Welche Stückchenzahl ist am besten?
Erstmal probiere ich 10 aus
Oder vielleicht breiter?

c) Schreibe zur Frage in b) deine Empfehlung auf und begründe sie.

Aufgabe „Teiler untersuchen" (Prediger et al., 2013b, S. 26)

Würde man hier mit Aufgabenteil b) einsteigen, wären manche Schülerinnen und Schüler möglicherweise nicht in der Lage, die Gesamtsituation zu erfassen. Der Aufgabenteil a) führt auf die allgemeine Situation in b) hin, indem er dazu anleitet, zwei konkrete Situationen zu durchdringen. Aufgabe c) verlangt eine übergreifende, verallgemeinernde Bewertung. Für manche Lernende würde es vielleicht reichen, ihre gefundenen Beispiele aus b) konkret vorzuführen.

Ein weiteres Aufgabenformat, das in die Gruppe der gestuften Aufgaben einzuordnen ist, sind die sogenannten Blütenaufgaben (vgl. Schupp, 2002; Bruder, 2010). Bei ihnen ist vor allem das Merkmal der „Offenheit" leitend für die Konstruktion der erhöhten Anforderungen.

Geschlossene Bestimmungsaufgabe
Einfache Problemaufgabe (z. B. Umkehrung)
Erhöhte Anforderungen (z. B. Mehrschrittigkeit, Begründung)
Offene Problemstellung

Abb. 3.5: Vierstufiges Aufgabenformat (nach Leuders & Prediger, 2016, S. 138)

Ähnlich wie bei einer Blüte ist die „Stammaufgabe" zunächst enger und geschlossener, während die hinteren Teile sich gleich einer Blüte für unterschiedliche Bearbeitungswege „öffnen".

B

Beispiel: Mehrstufige Blütenaufgabe zu Prozenten (Kl. 7)

Jörg und seine Freundin Sara fahren zum Sommerschlussverkauf in die Stadt. Im Einkaufszentrum schlendern sie durch die Geschäfte.

a) Sara findet eine Hose, deren ursprünglicher Preis von 50 € auf 40 € gesenkt wurde. Wie groß ist die Ersparnis? Entscheide: 5 % 10 % 20 % 30 % 40 %.
b) Jörg kauft für Sara eine Sonnenbrille. Ihr Preis wurde um 40 % gesenkt und kostet jetzt nur noch 15 €. Wie teuer war sie ursprünglich?
c) Jörg möchte eine Mütze kaufen, deren Preis um 30 % reduziert ist. Wegen eines Farbfehlers kann er den Preis um zusätzliche 20 % herunterhandeln. Wie viel Prozent vom ursprünglichen Preis wird er insgesamt sparen?
d) Sara liest auf einem Werbeplakat ihres Mobilfunkanbieters, dass die Kosten für SMS um ein Drittel gesenkt werden. Sara freut sich: „Jetzt kann ich für denselben Betrag ein Drittel mehr SMS als bislang verschicken!" Jörg widerspricht: „Das sind sogar zwei Drittel mehr!" Wer hat Recht? (Begründe deine Entscheidung.) (Bruder, 2010)

Wie bei paralleldifferenzierenden Aufgaben stellt sich auch bei gestuft differenzierenden Aufgaben die Frage, wie Lernende über ihren Bearbeitungsweg entscheiden (Auswahl der Aufgaben) und wie man ihnen die Differenzierungsstruktur explizit kenntlich macht. Alle Formen der gestuften Aufgaben gehen davon aus, dass nicht alle Lernenden alle Stufen bearbeiten müssen. Stärkere können beispielsweise über die einfacheren ersten Aufgabenschritte hinwegspringen, ohne dass sie bei der weiteren Bearbeitung Nachteile haben. Langsamere Lernende wissen, dass von ihnen nicht erwartet wird, dass sie zu den hinteren Aufgabenteilen vorstoßen. Daher ist diese Differenzierungsform sehr alltagstauglich.

Da bei gestuften Aufgaben die Struktur der einzelnen Aufgabenteile aber von Aufgabe zu Aufgabe unterschiedlich ausfallen kann, ist es wichtig, dass Lernende wissen, welche Bearbeitungen jeweils von ihnen erwartet werden: Welche Aufgaben sind „freiwilliger Einstieg", welche sind „verpflichtender Kern", welche sollten „verpflichtender Versuch" sein und welche sind „Herausforderung"? Eine Orientierung können dabei wiederkehrende Kennzeichnungen bieten. Diese sollten aber nicht dazu führen, dass Lernende grundsätzlich nur noch „ihre Aufgabenteile" bearbeiten.

Selbstdifferenzierende Aufgaben

Während die Differenzierungstypen der letzten beiden Abschnitte ihren Differenzierungscharakter schon durch ihre äußere Struktur widerspiegeln, verhält es sich bei dem Aufgabentyp dieses Abschnittes anders. Die sogenannten „selbstdifferenzierenden Aufgaben" oder auch „natürlich differenzierenden Aufgaben" (Wittmann, 1992) zeichnen sich dadurch aus, dass allen Lernenden – unabhängig von ihrem Leistungsniveau oder ihren Voraussetzungen und Vorlieben – dieselbe Aufgabe angeboten wird. Alle Schülerinnen und Schüler arbeiten und lernen mit derselben Aufgabe, die Differenzierung soll sich dadurch einstellen, dass die unterschiedlichen Lernwege, die Lernende einschlagen, auf natürliche Weise zu ihren Fähigkeiten und Bedürfnissen passen.

Die Aufgabe im Beispiel (s. Kap. 1, S. 12 ff.) zeigt beispielsweise, wie eine heterogene Lerngruppe das Konzept des Flächeninhalts erarbeiten kann.

B

Beispiel: Selbstdifferenzierende Erkundung zum Flächeninhaltskonzept (Kl. 5)

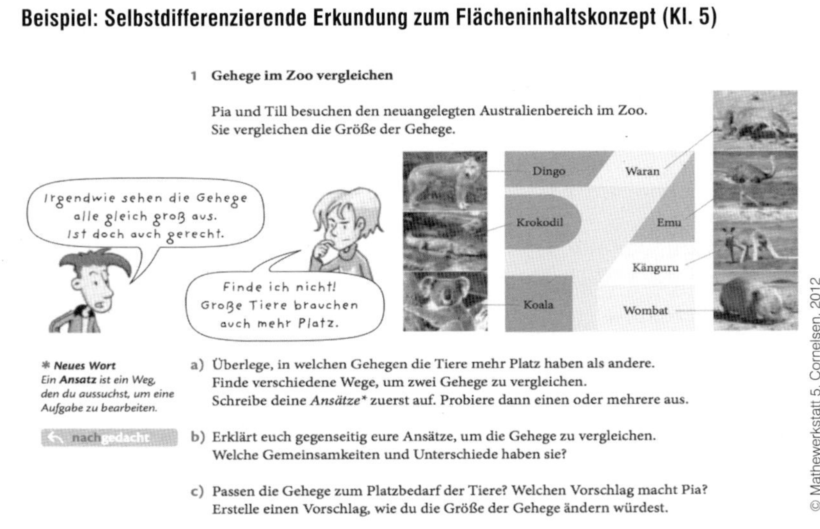
1 Gehege im Zoo vergleichen

Pia und Till besuchen den neuangelegten Australienbereich im Zoo. Sie vergleichen die Größe der Gehege.

*** Neues Wort**
*Ein **Ansatz** ist ein Weg, den du aussuchst, um eine Aufgabe zu bearbeiten.*

a) Überlege, in welchen Gehegen die Tiere mehr Platz haben als andere. Finde verschiedene Wege, um zwei Gehege zu vergleichen. Schreibe deine *Ansätze** zuerst auf. Probiere dann einen oder mehrere aus.

nachgedacht

b) Erklärt euch gegenseitig eure Ansätze, um die Gehege zu vergleichen. Welche Gemeinsamkeiten und Unterschiede haben sie?

c) Passen die Gehege zum Platzbedarf der Tiere? Welchen Vorschlag macht Pia? Erstelle einen Vorschlag, wie du die Größe der Gehege ändern würdest.

Aufgabe „Flächen vergleichen" (Barzel et al., 2012, S. 170)

Zur Aufgabe gehört eine Karte, aus der man die verschiedenen Gehegeformen ausschneiden kann. Aufgabenteil a) lässt den Lernenden alle Möglichkeiten des Flächenvergleichs, sie können sich einfache und schwierigere Beispiele aussuchen. Sie können die konkreten Flächen zur Hilfe nehmen, oder auch abstrakt argumentieren. In Aufgabenteil b) tauschen sich die Lernenden über ihre Ansätze aus – hier besteht die Chance, dass einige Schülerinnen und Schüler Ansätze der anderen aufgreifen.

In einer Unterrichtsphase des Erarbeitens neuer mathematischer Inhalte kann es völlig ausreichen, wenn die Lernenden unterschiedlich weit kommen, es muss nur gesichert sein, dass alle Lernenden ein grundlegendes Verständnis des Gegenstands erreicht haben. Selbstdifferenzierende Aufgaben wie diese können also für das Differenzierungsziel „Unterschieden gerecht werden" genutzt werden. Sie können aber auch dem Differenzierungsziel „Vielfalt erzeugen und nutzen" dienen, wenn die entstehende Vielfalt von der ganzen Lerngruppe genutzt werden soll. Dazu sind im Anschluss aber auch Aufgaben oder Methoden notwendig, welche die Lernenden dazu anleiten und Ordnung in die Vielfalt bringen. Geeignete Methoden dazu werden in Kapitel 9 erläutert.

Gute Beispiele für selbstdifferenzierende Aufgaben in der Sekundarstufe findet man z. B. bei Büchter und Leuders (2005), Schelldorfer (2007), Hengartner et al. (2008) und in den Lehrwerken mathbuch (Affolter et al., 2013 ff.) und mathewerkstatt (Barzel et al., 2012 ff.) sowie in vielen anderen Schulbüchern.

Grenzen und Schwierigkeiten von selbstdifferenzierenden Aufgaben

Selbstdifferenzierende Aufgaben bieten eine Chance für gemeinsames Lernen, für das Nutzen von Vielfalt und für die Kommunikation im Mathematikunterricht. Sie haben aber auch ihre Grenzen, vor allem dann, wenn die Inhalte und Lernziele für verschiedene Lerngruppen weit auseinandergehen – dies gilt vor allem für die höheren Klassen der Mittelstufe: Eine gemeinsame Erarbeitung von Funktionstermen für Parabeln macht beispielsweise keinen Sinn, wenn ein Teil der Lernenden das Thema laut Lehrplan gar nicht behandeln muss.

Oft werden selbstdifferenzierende Aufgaben als „automatisch differenzierend" betrachtet. Das suggeriert, dass allein durch die Aufgabenanlage, Lernende im „Blindflug" das für sie günstige Bearbeitungsniveau finden. Das ist eine starke Behauptung, die weder in der Praxis noch von der Forschung untermauert werden kann (Prediger & Scherres, 2012). Man muss davon ausgehen, dass Lernende zum Arbeiten auf einem individuell (jeweils) möglichst hohen Niveau immer wieder durch geeignete Impulse angeregt werden müssen. Erst mittelfristig entsteht so eine Unterrichtskultur, bei der die Lernenden eine hohe Anstrengungsbereitschaft beim Lernen entwickeln.

Bevor man diese Kritik an dem Aufgabenformat aber als Argument gegen den Einsatz selbstdifferenzierender Aufgaben ins Feld führt, sollte man einen ehrlichen Vergleich zur Wirkung von geschlossenen Differenzierungsformaten in der Praxis anstellen. Auch eine Aufgabe, die Lernenden genaue Vorgaben macht, was auf welchem Niveau zu tun ist, wird nicht

„automatisch" den Lernbedürfnissen der Lernenden gerecht. Im Gegenteil: Allzu oft stellen Lehrpersonen Aufgaben für alle, die uns die Illusion der Kontrolle über die Lernprozesse vermittelt, während bei den Lernenden ganz andere Prozesse entstehen. Schwächere sind überfordert, fallen aber nicht auf, weil sie sich die Lösung der Aufgabe durch unverstandene Nachahmung von Regeln (im Buch oder vom Nachbarn) zurechtlegen. Stärkere sind nach wenigen Aufgaben demotiviert, lernen auch nicht mehr dazu und beginnen – im ungünstigen Fall –, sich dem Mathematikunterricht zu verweigern.

Das Differenzierungspotenzial selbstdifferenzierender Aufgaben kann durch den unterrichtlichen Rahmen noch unterstützt werden. Als Lehrperson kann man die Bearbeitungsprozesse beobachten und auf verschiedene Weise eingreifen:

- Lernende, die der Bearbeitung ausweichen, z. B. indem sie das Bearbeiten von hinreichend vielen Beispielen vermeiden und Reflexionsfragen durch oberflächliche Antworten „erledigen", können einen einengenden Auftrag erhalten („Schreibe erst einmal drei weitere Beispiele in a) auf.").
- Lernende, die offensichtlich schnell die wesentlichen Probleme gelöst haben, können zu weiteren Erkundungen oder Begründungsversuchen angeregt werden: Kannst du mehrere Lösungen angeben? Kannst du alle Lösungen finden? Kannst du begründen, warum das alle Lösungen sind? (vgl. Prediger, 2009)

3.4 Kriterium für Problemlöseaufgaben: Authentizität

Wenn „Authentizität" für Mathematikaufgaben gefordert wird, ist dies häufig mit der Forderung verbunden, die Aufgabe müsse einer realen, alltäglichen Situation entspringen. Man denkt daher zunächst eher an Modellierungsprobleme. Man kann Authentizität im Mathematikunterricht aber auch anders verstehen:

3.4.1 Was bedeutet „Authentizität" im Mathematikunterricht?

Mathematikaufgaben sind authentisch, wenn sie Lernende zu mathematischen Tätigkeiten anregen, die typisch für die Entstehung und Anwendung von Mathematik sind (vgl. Büchter & Leuders, 2005). Herget, Jahnke und Kroll führen diesen Gedanken folgendermaßen aus:

> Authentisch von der Sache her ist eine Problemstellung, wenn sie inner- oder außermathematisch relevant ist; dies setzt auch voraus, dass es sich tatsächlich um originäres

> mathematisches Denken – auf welcher Niveaustufe auch immer – handelt und nicht um dessen curriculare Simulation oder formale Imitation, nicht um dessen Verschleifung in Plantagenaufgaben, die ihren mathematischen Sinn längst ausgehaucht haben. Authentisch von den Lernenden her, also für die Lernenden, ist eine Problemstellung, wenn diese sich ihrer tatsächlich annehmen, sich auf sie einlassen, wobei dieser zweite Punkt unterrichtlich der entscheidende ist. (Herget, Jahnke & Kroll, 2001, S. 7 ff.)

In diesem Sinne sind also auch Problemlöseaufgaben, die nicht mit realen Situationen verbunden sind, authentisch, sobald Lernende sie zu „ihrem Problem" machen. Im Rahmen von Problemlösesituationen können Schülerinnen und Schüler – auf einem ihnen angemessenen Niveau – erfahren und wertschätzen, was Mathematik ausmacht.

Die Konsequenzen eines Unterrichts, dessen Aufgaben mehrheitlich keinen Problemcharakter haben, schildert Schoenfeld (1992): Schülerinnen und Schüler „lernen, dass die Ergebnisse und die Methoden zur Aufgabenlösung ihnen geliefert werden und sie sie nicht selbst finden müssen. Sie akzeptieren ihre passive Rolle und nehmen an, die Mathematik werde ihnen von Experten zum Auswendiglernen übergeben." So bezeugen neun von zehn Schülern, dass es „für das Lösen von Mathematikaufgaben immer eine Regel gibt, die man befolgen muss" (NAEP, 1983, nach Schoenfeld, 1992). Die Überzeugung, dass jede Aufgabe genau einen Lösungsweg besitzt, der durch die Lehrperson oder das Buch vorgegeben wird, führt dann dazu, „dass Lernende eine Aufgabe gar nicht erst beginnen, wenn sie keinen Lösungsweg zur Hand haben oder dass sie nach wenigen Minuten ohne direkten Erfolg ihre Bemühungen einstellen" (ebd.).

Da das Bild von Mathematik von Lernenden nahezu ausschließlich durch die Tausenden von Aufgaben, die sie in ihrer Schullaufbahn erleben, geprägt ist, ergibt sich fast zwangsläufig, dass die stetige Arbeit mit echten Problemen unabdingbar ist.

Fasst man diese Überlegungen zusammen, so kann man die folgenden beiden Kriterien für die Authentizität von Problemlöseaufgaben formulieren.

1. Eine Aufgabe ist nur dann ein authentisches Problem, wenn sie wirklich Problemcharakter hat, d.h. wenn sie Lernende vor eine Situation stellt, in der sie aktiv eine Barriere überwinden müssen, um zur Lösung zu gelangen.

Dieses zentrale Kriterium kann man auch für Lernende plausibel und fühlbar machen, wie die folgende Reflexionsaufgabe zeigt. Hier wird – etwas vereinfachend – zwischen „Aufgaben" und „Problemen" unterschieden und als zentrale Metapher die Qualität des Lösungswegs als „Schiffsreise" angeboten (Leuders, 2006):

Manchmal ist das Lösen einer Mathematikaufgabe wie eine Flussfahrt. Man muss immer nur den Fluss entlang fahren, dann kommt man irgendwann ans Ziel.

Berechne $7 + ((12 + 3) \cdot 97 + 20) \cdot 5 - 100.$

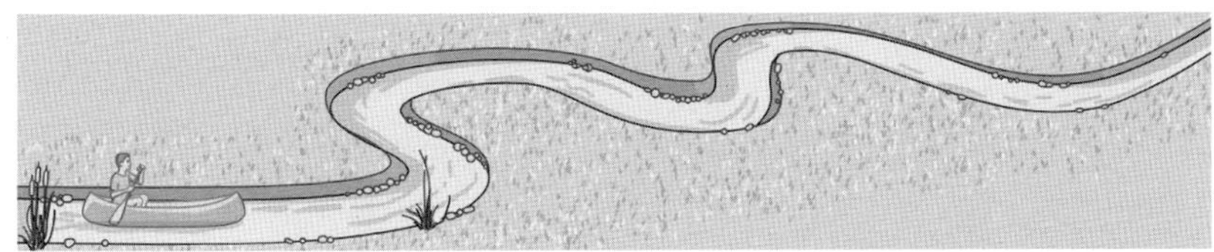

Manchmal ist das Lösen einer Mathematikaufgabe aber auch aufregender. Man weiß gar nicht genau, wohin man fährt und entdeckt auf dem Weg Unerwartetes. Dann fühlt man sich eher wie die frühen Seefahrer, die auszogen, um unbekannte Meere zu erkunden und neue Kontinente zu entdecken. Das ist ein ganz anderes Gefühl. Man weiß nie ganz genau, wo man gerade ist und wann man neues Land sichtet. Trotzdem ist man nicht ganz verloren, denn man kann sich nach der Sonne und den Sternen richten, man kann günstige Winde ausnutzen und manchmal kann man sich von Insel zu Insel vorarbeiten.

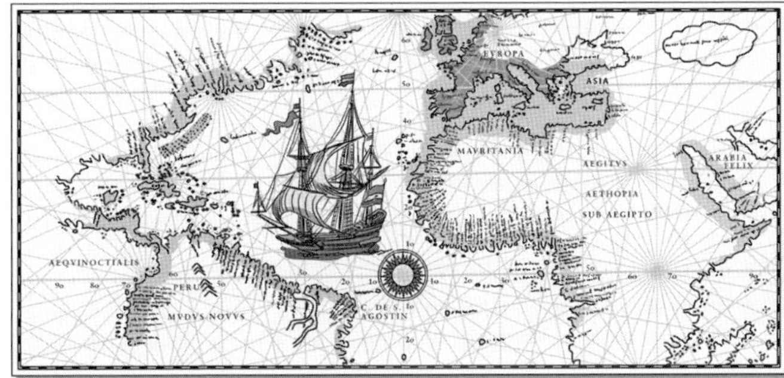

Papagei Polly weiß davon Bescheid und wird euch begleiten.

Solche Mathematikaufgaben nennt man auch „Probleme". Ihr habt in diesem Mathebuch auf den Seiten „Erkundungen" schon viele Probleme gelöst und dabei schon manches Neuland selbst entdeckt. In diesem Kapitel sollt ihr nun zu erfahrenen Seeleuten auf dem Meer des Problemlösens werden. Dazu gehört vor allem, dass ihr zunächst noch einige Reisen unternehmt und dabei mathematische Erkundungen durchführt. Polly wird euch dabei helfen. Also los geht's …

Abb. 3.6: Flussreise (Leuders, 2006, S. 100)

Dies ist sozusagen ein unabdingbares Kriterium. Das zweite Kriterium trägt dazu bei, die Authentizität eines Problems zu steigern, es muss nicht bei jedem einzelnen Problem erfüllt sein.

2. Eine Aufgabe wird dadurch als Problem authentisch(er), dass sie die Lernenden dazu anregt, originäre mathematische Tätigkeiten auszuführen, also solche typisch für mathematisches Denken sind, wie z. B.:
   - beim Erkunden mathematischer Situationen selbst Probleme, Vermutungen und Fragestellungen zu finden,
   - unterschiedliche Ansätze auswählen und Wege beschreiten können und dabei echte Entscheidungen treffen,
   - die Ergebnisse und Lösungen zu interpretieren und weiter zu fragen.

Das authentische Problemlösen (einschließlich Modellieren und Argumentieren) gibt also Gelegenheiten, nicht nur den einen Schritt in der Spirale (von 6 Uhr nach 9 Uhr) zu gehen, sondern eine oder gar mehrere Runden zu durchlaufen (vgl. Büchter & Leuders, 2005).

3.4.2 Nicht-authentische Problemlöseaufgaben – nicht grundsätzlich schlecht!

Abschließend seien noch drei Typen von Aufgaben genannt, die eher den „nicht-authentischen Problemen" zuzurechnen sind, die aber dennoch eine sinnvolle Funktion im Mathematikunterricht erfüllen können.

Die schon oben angesprochenen Fermi-Aufgaben entstammen einem sehr authentischen Anwendungskontext. Der Physiker Enrico Fermi hat diesen Aufgabentyp aus seiner täglichen Praxis entnommen und in der Ausbildung von Physikern verwendet, um deren Kreativität im Umgang mit Schätzen und Überschlagen zu fördern (vgl. Büchter et al., 2008). Im Mathematikunterricht findet man zunehmend attraktive Fragestellungen – die allerdings auch ein hohes Maß an Künstlichkeit aufweisen: „Wie viele Menschen stecken in einem 100 km langen Stau fest?", mag man sich als Journalist fragen. „Wie viele Tennisbälle passen in einen Airbus?" dient eher mittelbar dem Aufbau von Strategien und Größenvorstellungen, ist aber eine Frage, die im realen Kontext wohl nicht gestellt würde. In dem Maß, wie solche kreativen und freudvollen Schätzaktivitäten immer wieder angeregt und geübt werden sollen, kann man Fermi-Aufgaben durchaus einsetzen, sollte aber explizit machen, dass es sich hier um Übungssituationen handelt, nicht um reale, zu lösende Probleme.

Des Weiteren findet man natürlich eine große Zahl von eingekleideten Aufgaben, bei denen ein mathematisches Problem in einem erkennbaren Pseudokontext präsentiert wird: „10 Kinder nehmen nacheinander immer die verbleibende Hälfte einer Pizza weg. Wie viel bleibt übrig?" Wenn allen erkenntlich ist, dass die dargestellten Situationen nicht eine echte Modellierung erfordert („Die Mathematik wird benötigt um die Welt zu verstehen"), sondern, dass hier die Situation dazu dient, eine mathematische Situation vorstellbar zu machen („Die Welt wird benötigt, um die Mathematik zu ver-

Abb. 3.7

stehen"), ist an eingekleideten Aufgaben nichts auszusetzen (Jahnke, 2005; Jablonka, 1999). Man muss in der Konstruktion und Präsentation von eingekleideten Aufgaben allerdings genau auf diese Forderung achten, sonst führen diese Aufgaben schnell zur Bildung unerwünschter Einstellungen zur Mathematik („Mathematik braucht man nur für komische Aufgaben.").

Schließlich kommen im Zusammenhang mit Problemlösen immer wieder Knobelaufgaben in die Diskussion. Ihr Problem kann darin bestehen, dass sie zwar Problemlöseprozesse auslösen, aber diese nicht so aufgegriffen werden, dass ein Transfer auf das Problemlösen in mathematischen Situationen stattfinden könnte. Auch hier muss man aber immer den Einzelfall betrachten: Sicherlich kann auch an einer außermathematischen Aufgabe bei guter Reflexion beispielsweise das Prinzip des Vorwärts- und Rückwärtsarbeitens thematisiert und so potenziell die Problemlösekompetenz gefördert werden (z. B. bei Sudokus). Es gibt aber auch Rätselaufgaben, die für den Mathematikunterricht Fremdkörper bleiben, wie z. B. diese (nach Wälti, 2001):

62 – 1 = 63. Verschiebe eine Ziffer, damit die Rechnung stimmt.

Das Problem dieser Knobel- oder Rätselaufgaben ist, dass sie gar keine echten Prozesse auslösen: Entweder man erkennt die Lösung sofort oder man sieht sie nicht (die Lösung lautet: $2^6 - 1 = 63$).

4 Welche Kompetenzen benötigen Lernende für das Problemlösen?

Was ist eigentlich ein guter Problemlöser? Was genau können Schülerinnen und Schüler, von denen wir sagen würden, dass sie fit im mathematischen Problemlösen sind? Sind sie sichere Rechner? Haben sie Durchhaltevermögen, wenn es einmal schwieriger wird? Sind es Kinder mit einem besonderen mathematischen Blick, die in ihrer Umwelt oft mathematische Muster erkennen (dies wurde von Krutetskii, 1976, als eine wichtige Komponente mathematischer Begabung identifiziert)? Oder haben sie einfach viel Routine beim mathematischen Problemlösen? Alle diese Eigenschaften entsprechen unseren Erfahrungen und sind auch alle „ein bisschen wahr". Allerdings ist eine Annahme, die man auch oft antrifft, jedenfalls falsch: Gute Problemlöser sind nicht nur diejenigen Kinder mit einer besonderen mathematischen Begabung. Die eine Richtung dieser Aussage mag wahr sein: Begabten Kindern fällt das Problemlösen leichter, aber – wie so oft in der Mathematik – die Umkehrung dieser Aussage ist nicht richtig, denn die Kompetenzen, die zum Problemlösen gebraucht werden, sind erlernbar und alle Schülerinnen und Schüler können und sollen sie erreichen.

4.1 Was zeichnet erfolgreiche Problemlöser aus?

Darüber, was alles als Bestandteil von Problemlösekompetenz angesehen werden kann, ist in der fachdidaktischen und psychologischen Lehr-Lernforschung bereits viel gearbeitet worden, und man kann sagen, dass es hierzu einen gewissen Konsens gibt – der sich übrigens auch in Bildungsstandards niederschlägt (siehe etwa die Kästen in Kap. 1, S. 6 ff.). Im Folgenden wollen wir die verschiedenen Komponenten (man sagt auch Facetten, Dimensionen oder Aspekte) von Problemlösekompetenz im Einzelnen betrachten.

Besonders plastisch erkennt man, was *Problemlösekompetenz* ausmacht, wenn man erfolgreichen Problemlösern über die Schulter schaut. Das wollen wir anhand zweier konkreter, in keiner Weise außergewöhnlicher Schülerlösungen zum Inselproblem (siehe Aufgabe: Rundwanderung) tun.

Rundwanderung

In den letzten Herbstferien wanderte ich die Küste entlang um das Inselchen Linosa südlich von Sizilien. Ich machte mich bei Punta Calcarella im Uhrzeigersinn auf den Weg. Unterwegs begegnete ich bloß einem Ehepaar, das die Insel offensichtlich im Gegenuhrzeigersinn umwanderte. Das mir fremde Paar traf ebenso wie ich Punkt 18:00 Uhr in Punta Calcarella ein, rechtzeitig jedenfalls, um die letzte Fähre um 18:30 nach Lampedusa zu erreichen. Wir kamen ins Gespräch und rätselten, wann wir uns gekreuzt hatten. Wir konnten uns jedoch nur erinnern, wann wir zur Wanderung aufgebrochen waren. Das Ehepaar, das sich mit Egger vorstellte, war um 15:00 Uhr gestartet, ich hatte meine Wanderung um 16:00 Uhr aufgenommen. Wir alle hatten den Eindruck, mit konstanter Geschwindigkeit gewandert zu sein. Wann haben wir uns gekreuzt? (Wälti, 2001, S. 88)

Bevor Sie sich die Schülerlösungen anschauen, kann es ganz lehrreich sein, wenn Sie die Aufgabe selbst bearbeiten.

NACHDENK-AUFGABE

Lösen Sie die Aufgabe Rundwanderung.

- Schreiben Sie dabei Ihren Lösungsweg möglichst ausführlich auf, auch mit Zwischenschritten, wie Ihre Schülerinnen und Schüler ihn aufschreiben würden.
- Beschreiben Sie insbesondere Stellen, an denen Sie nicht weiterkommen.
- Reflektieren Sie Ihr Ergebnis! Sind Sie sicher, dass es korrekt ist? Finden Sie andere Möglichkeiten, zu diesem Ergebnis zu gelangen?

Nun können Sie die Schülerbearbeitungen zur Hand nehmen.

- Was erkennen Sie? Was haben die beiden ähnlich oder anders gemacht? An welchen Stellen treten welche Komponenten der Problemlösekompetenz zu Tage?

Die Lösungen stammen von Peter (14 Jahre) und Tina (13 Jahre) aus einer 8. Klasse einer Gesamtschule. Beide gehören zu einem mittleren Leistungsbereich. Sie lösen hier nicht das erste Mal Probleme, das Umgehen mit Problemsituationen, Barrieren und Problemlösestrategien haben sie bereits in den beiden Schuljahren zuvor oft erlebt, umgesetzt und weiterentwickelt. Sie verfügen also bereits über einige Komponenten der Problemlösekompetenz. Die beiden Lernenden haben mit einer Einheit zu linearen Funktionen begonnen: Sie können noch keine Funktionsgleichungen der Form $f(x) = mx + b$ aufstellen, kennen aber lineare Modelle (z. B. proportionale Zuordnungen etc., ohne dass sie hierfür bereits symbolische Schreibweisen benutzt haben).

Die beiden Lösungen werden zunächst rein beschreibend dargestellt und erst im Anschluss als Problemlösekompetenzen gedeutet.

Peters Bearbeitung des Inselproblems

Peter wurde bei der Bearbeitung des Inselproblems beobachtet. Seine Gedanken hält er auf einem Blatt Papier fest. Relativ schnell stellt Peter fest (und schreibt auf): „Die Länge des Rundwegs ist nicht gegeben." Er entscheidet sich, der Strecke selbst eine Länge zuzuordnen und wählt 12 km, was er wie folgt begründet: „Wenn man zügig geht, schafft man etwa 6 km pro Stunde. Dass das Ehepaar Egger langsamer geht und nur 4 km/h schafft, ist realistisch. Außerdem ist 12 eine schöne Zahl, da sie durch 2, 3, 4 und 6 teilbar ist."

Diese Zuordnung hilft ihm allerdings nicht sofort weiter. Nach einiger Überlegung wählt Peter einen Zugang mithilfe linearer Graphen: Die Familie Egger bewegt sich zwischen 15 und 18 Uhr von 0 bis 12 km, der Erzähler zwischen 16 und 18 Uhr von 12 bis 0 km. Am Schnittpunkt der beiden Graphen kann Peter ablesen, dass sich die Wandernden um kurz nach 16:45 Uhr getroffen haben müssen.

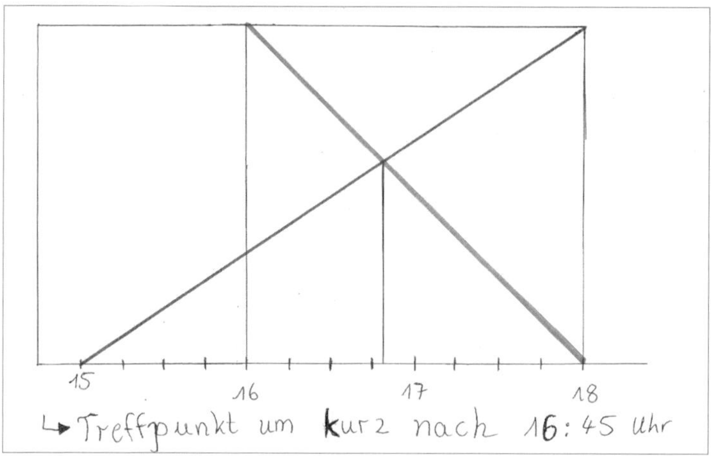

Abb. 4.1: Peters Graphen

Dieses Ergebnis reicht Peter allerdings nicht aus. „Ich will's genauer wissen", schreibt er unter sein Zwischenergebnis. Peter legt eine Wertetabelle an, um präzise bestimmen zu können, wo sich die beiden Wandergruppen jeweils befinden.

Zeit	Ich	Eggers
15:00	12,0	0,0
16:00	12,0	4,0
17:00	6,0	8,0
18:00	0,0	12,0
16:30	8,0	6,0
16:45	7,5	7,0
16:46	7,4	7,066
16:47	7,3	7,133
16:48	7,2	7,2
16:49	7,1	7,266
16:50	7,0	7,333

Ich: $6 \frac{km}{h} = \frac{6\ km}{60\ min} = \frac{1\ km}{10\ min} = 0{,}1 \frac{km}{min}$

Eggers: $4 \frac{km}{h} = \frac{4\ km}{60\ min} = \frac{\frac{2}{3} km}{10\ min} = 0{,}066 \frac{km}{min}$

Abb. 4.2: Peters Tabelle

Mithilfe dieser Tabelle kann er das Ergebnis genau bestimmen: Sie treffen sich um 16.48 Uhr. Dank seiner Vorarbeit kann er seine Tabelle auf ein paar Einträge nach 16.45 Uhr beschränken (s. Abb. 4.2).

Tinas Bearbeitung des Inselproblems

Auch Tina bemerkt schnell: „Die Länge fehlt. Wie lang ist der Weg um die Insel?" Ihre Lösung: „Ich arbeite mit Bruchteilen des Weges."

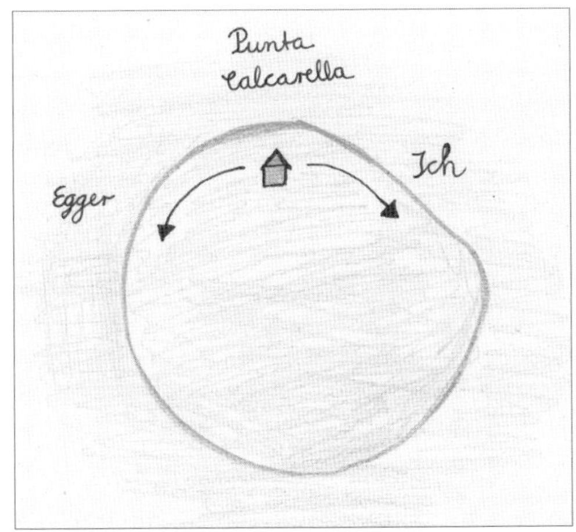

Abb. 4.3: Tinas Zeichnung

Dann fertigt Tina eine Skizze der Insel in der Form eines Kreises an und trägt die Bewegungsrichtungen ein (s. Abb. 4.3).

Zur Bestimmung des Treffpunktes legt Tina eine Tabelle an (Abb. 4.4). Die Zeiten zwischen 15 und 18 Uhr unterteilt sie in 15-Minuten-Intervalle; sie trägt dann die jeweils zurückgelegte Strecke in Bruchteilen der Inselumrundung ein: Der Ich-Erzähler bewegt sich zwischen 15 und 16 Uhr noch nicht und umrundet danach zwischen 16 und 18 Uhr die Insel. Das bedeutet, dass um 18 Uhr die Strecke „1" erreicht wurde und um 17 Uhr demzufolge die Strecke „$\frac{1}{2}$", was „$\frac{1}{8}$" der Strecke pro Viertelstunde bedeutet.

	Ich	Egger	
15^{00}	0	1	
^{15}	0	$\frac{11}{12}$	
^{30}	0	$\frac{5}{6}$	
^{45}	0	$\frac{3}{4}$	
16^{00}	0	$\frac{2}{3}$	
^{15}	$\frac{1}{8}$	$\frac{7}{12}$	
^{30}	$\frac{1}{4}$	$\frac{1}{2}$	Treffpunkt zwischen 16^{30} und 17^{00}
^{45}	$\frac{3}{8}$	$\frac{5}{12}$	
17^{00}	$\frac{1}{2}$	$\frac{1}{3}$	
^{15}	$\frac{5}{8}$	$\frac{1}{4}$	
^{30}	$\frac{3}{4}$	$\frac{1}{6}$	
^{45}	$\frac{7}{8}$	$\frac{1}{12}$	
18^{00}	1	0	
	Im Uhrzeigersinn von 0 nach 1 in 2 Stunden	Gegen den Uhrzeigersinn von 1 nach 0 in 3 Stunden	

Abb. 4.4: Erste Tabelle von Tina

Familie Egger beginnt bei „1" und kommt um 18 Uhr bei „0" an. Pro Viertelstunde ändert sich ihre Position um „$\frac{1}{12}$".

Tina stellt schnell fest, dass diese Tabelle zu grob angelegt ist, um den genauen Treffpunkt zu ermitteln. Sie kann ablesen, dass sich die beiden Parteien irgendwann zwischen 16:30 und 17:00 Uhr getroffen haben müssen. Daher beginnt sie nun mit einer neuen Tabelle, in der sie den Zeitraum zwischen 16 und 17 Uhr genauer – in 5-Minuten-Intervallen – betrachtet.

Da Tina fit ist im Umgang mit Brüchen, hat sie schnell die neue Einteilung gefunden: Aus den Achteln pro 15 Minuten des Erzählers werden nun Vierundzwanzigstel pro 5 Minuten; aus den Zwölfteln von Familie Egger werden Sechsunddreißigstel.

Mit ihrer zweiten Tabelle kommt Tina immer noch nicht zum gewünschten Ergebnis (s. Abb. 4.5). Sie kann den Zeitpunkt des Treffens nun allerdings noch genauer eingrenzen und schreibt: „Treffpunkt zwischen 16:45 und 16:50 Uhr."

	Ich		Egger		
16^{00}	0		$\frac{2}{3}$		
05	$\frac{1}{24}$		$\frac{23}{36}$		
10	$\frac{2}{24}$		$\frac{22}{36}$		
15	$\frac{1}{8}$		$\frac{7}{12}$		
20	$\frac{4}{24}$		$\frac{20}{36}$		
25	$\frac{5}{24}$		$\frac{19}{36}$		
30	$\frac{1}{4}$		$\frac{1}{2}$		
35	$\frac{7}{24}$		$\frac{17}{36}$		
40	$\frac{8}{24}$	$\frac{24}{72}$	$\frac{16}{36}$	$\frac{32}{72}$	
45	$\frac{3}{8}$	$\frac{27}{72}$	$\frac{5}{12}$	$\frac{30}{72}$	} (*)
50	$\frac{10}{24}$	$\frac{30}{72}$	$\frac{14}{36}$	$\frac{28}{72}$	
55	$\frac{11}{24}$		$\frac{13}{36}$		
17^{00}	$\frac{1}{2}$		$\frac{1}{3}$		

(*) Treffpunkt zwischen 16^{45} und 16^{50}

Abb. 4.5: Zweite Tabelle von Tina

	Ich		Egger	
16^{45}	$\frac{27}{72}$	$\frac{135}{360}$	$\frac{30}{72}$	$\frac{150}{360}$
46		$\frac{138}{360}$		$\frac{148}{360}$
47		$\frac{141}{360}$		$\frac{146}{360}$
48		$\frac{144}{360}$		$\frac{144}{360}$
49		$\frac{147}{360}$		$\frac{142}{360}$
50	$\frac{30}{72}$	$\frac{150}{360}$	$\frac{28}{72}$	$\frac{140}{360}$

Abb. 4.6: Dritte Tabelle von Tina

Eine dritte Tabelle (s. Abb. 4.6) deckt nun dieses Intervall im Minutentakt ab, die zugehörigen Brüche rechnet Tina nun in 360-tel um. Aus der Tabelle kann sie nun ablesen, dass sich die Wanderer um 16:48 Uhr getroffen haben (und dabei $\frac{144}{360}$ der Strecke, gemessen im Uhrzeigersinn, zurückgelegt hatten).

Unter diesem Ergebnis resümiert Tina: „Im Nachhinein hätte man auch schneller erkennen können, das $\frac{1}{360}$ der beste Bruch ist – denn so viel Grad hat der Kreis. Das Ehepaar Egger legt pro Minute $\frac{2}{360}$ zurück, der Ich-Erzähler läuft $\frac{3}{360}$ pro Minute."

NACHDENK-AUFGABE

Welche Voraussetzungen, Eigenschaften und Fertigkeiten zeigen Peter und Tina hier, die dazu führen, dass sie das Problem letztlich erfolgreich lösen?

4.2 Komponenten von Problemlösekompetenz

Diese beiden Problembearbeitungen – von Schülerinnen und Schülern mit Problemlöseerfahrung – sollen aufzeigen, wie bei einem Problemlöseprozess viele Komponenten zusammenkommen. Peter und Tina haben auf unterschiedliches Vorwissen (Funktionsgraphen, Brüche) zurückgegriffen, sie haben ihre Zwischenergebnisse in Tabellen zusammengestellt und beide haben Durchhaltevermögen bewiesen. All diese Fähigkeiten und Einstellungen kann man mit dem übergreifenden Begriff der Problemlösekompetenz kennzeichnen.

Seit vielen Jahrzehnten wird geforscht, was Lernende zu guten Problemlösern macht bzw. was Problemlösekompetenz ausmacht. Dabei stößt man immer wieder auf sehr ähnliche Komponenten, die im Folgenden vorgestellt werden. In diesem Buch werden vier Komponenten unterschieden (vgl. Schoenfeld, 1985): Vorwissen, Heurismen (Problemlösestrategien), Steuerung (inkl. Kontrollstrategien) und Einstellungen (siehe Abb. 4.7 und Kasten).

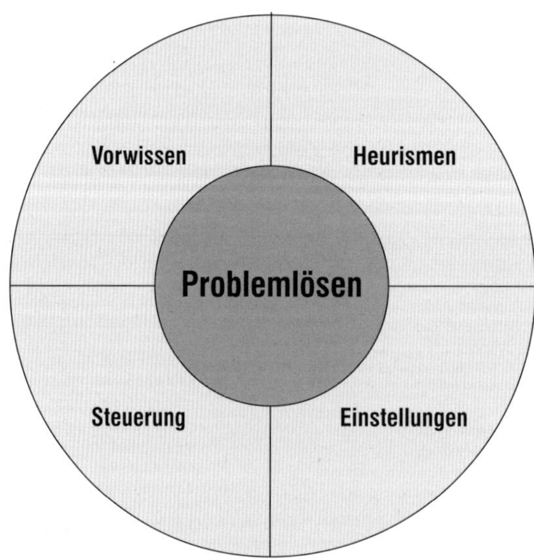

Abb. 4.7: Komponenten der Problemlösekompetenz

Vier Komponenten von Problemlösekompetenz

(1) **Vorwissen** und der Zugriff auf dieses Wissen, wobei *deklaratives* (Wissen was; Begriffe, Fakten, Definitionen kennen) und *prozedurales* (Wissen wie; Verfahren anwenden können) Wissen unterschieden werden.
Der Einfluss des Vorwissens kann so weit gehen, dass bestimmte Aufgaben gar kein Problem mehr darstellen, wenn man Verfahren zu ihrer Lösung kennt.

(2) **Heurismen** bzw. **Problemlösestrategien**, d. h. mathematische Tätigkeiten, die helfen können, ein Problem besser zu verstehen oder Ideen zu seiner Lösung zu generieren.
Im Vergleich zu mathematischen Verfahren und Algorithmen sind Heurismen eher übergreifend (nicht nur auf eine einzelne Situation bezogen), sie bieten kein „Programm", das man sicher und mit garantierter Lösung abarbeiten kann. Ihr möglicher Nutzen in einer Situation ist eher durch „weiche", intuitive Kriterien bestimmt. (Eine ausführliche Darstellung von Heurismen folgt in Kap. 7.) Beispiele für Heurismen sind das Anfertigen einer Skizze oder einer Tabelle, die Suche nach (mathematischen) Mustern, das Betrachten von Spezialfällen und das systematische Generieren von Beispielen.

(3) Fähigkeiten der **Steuerung** des eigenen Problemlöseverhaltens.
Dies bezieht sich auf der *lokalen* Ebene auf einfache Kontrolltätigkeiten und auf der *globalen* Ebene auf die Planung und Steuerung von Problemlöseprozessen sowie den systematischen Einsatz von Heurismen. Zur globalen Steuerung gehört auch die Darstellung von (Zwischen-)Ergebnissen, um nicht den Überblick zu verlieren. In der wissenschaftlichen Literatur wird die Komponente Steuerung unter den Begriffen Metakognition und Selbstregulation diskutiert (vgl. Pólya, 1949; Weinstein & Meyer, 1986).

(4) **Einstellungen** sind (stabile, aber auch situationsbezogene) Eigenschaften von Personen, die das Problemlösen indirekt mitsteuern.
Hierzu gehören die *Motivation* sowie *Affekte* und *Haltungen* (englisch: *Attitudes*) und Überzeugungen (englisch: *Beliefs*). Diese sind oft unbewusst und können sich allgemein auf die Mathematik oder speziell auf das Problemlösen beziehen (Schoenfeld, 1992; Thompson, 1992; Philipp, 2007).

Mithilfe der Problemlöseprozesse bei Peter und Tina können wir diese vier Komponenten nun etwas ausführlicher beschreiben.

Die erste Komponente der Problemlösekompetenz ist das **Vorwissen**. Gemeint ist hiermit sowohl *deklaratives Wissen* (Wissen was) als auch *prozedurales Wissen* (Wissen wie). Das kann die Kenntnis bestimmter Bezeichnungen sein (Dividieren) oder auch Faktenwissen über Zahlen (Quadratzahlen). Für jedes Problemlösen ist solches Wissen notwendig, mal mehr, mal weniger. Beim prozeduralen Wissen (wie z. B. beim Binden einer Schleife) kann man trotz erfolgreichen Handels nicht unbedingt beschreiben, was man macht. Dies kann beispielsweise auf das Termumformen oder das Messen von Längen zutreffen. Manche Probleme sind ohne bestimmtes Vorwissen, z. B. die Kenntnis bestimmter Begriffe (z. B. Tangente) oder das Beherrschen bestimmter Verfahren (z. B. die Primfaktorzerlegung), gar nicht oder nur mit unverhältnismäßig hohem Aufwand lösbar. Andererseits kann umfassendes Wissen über eine Sache dazu führen, dass sich ein Problem auflöst, weil man einen direkten Lösungsweg kennt (vgl. Schoenfeld, 1989).

Vorwissen in den Beispielen: In den vorliegenden Beispielen nutzt Peter sein Wissen über Graphen und Wertetabellen. Tina stützt sich hier vor allem auf ihren sicheren Umgang mit Bruchzahlen.

Bei der zweiten Komponente von Problemlösekompetenz handelt es sich um **Heurismen**, die wir gleichbedeutend auch mit **Problemlösestrategien** bezeichnen. Im Gegensatz zu Algorithmen, die sich nur auf bestimmte Aufgabentypen anwenden lassen, dann aber sicher zum Ziel führen (z. B. das Gauß-Verfahren zur Lösung linearer Gleichungssysteme), handelt es sich bei Heurismen um Strategien, die vielfältig einsetzbar sind, aber nicht zwangsläufig zu einer Lösung führen (vgl. Bruder & Collet, 2011; Rott, 2013). Eine ausführliche Darstellung der wichtigsten Heurismen findet sich in Kapitel 7.

Heurismen in den Beispielen: In dieser Komponente zeichnen sich beide Schüler aus dem Beispiel besonders aus: Tina beginnt ihre Problembearbeitung, indem sie sich zuerst mit einer Skizze einen Überblick über die Situation verschafft. Danach nähert sie sich ihrer Lösung stückweise an, wobei sie nicht wahllos herumprobiert, sondern systematisch vorgeht und ihre Zwischenergebnisse mithilfe von Tabellen sortiert. Peter findet einen Weg, die Situation graphisch zu repräsentieren und dadurch schon eine Näherungslösung zu finden. Auch ihm helfen das Anlegen einer Wertetabelle und eine gewisse Systematik. Später, mit mehr Wissen über Funktionen, kann er geschickt Gleichungen aufstellen und diesen Ansatz zum Finden eines alternativen Lösungswegs nutzen. Zudem finden beide eine gute Möglichkeit, mit fehlenden Größen (hier: dem Umfang der Insel) umzugehen. Tina rechnet in Bruchteilen des Weges und Peter trifft sehr geschickt eine Annahme, die ihm das weitere Rechnen erleichtert.

Die dritte Komponente von Problemlösekompetenz ist die **Steuerung**. Mit diesem Begriff fassen wir Fähigkeiten zusammen, die wichtig sind, um das eigene Lernen zu steuern. Dies fängt auf der lokalen Ebene mit einfachen Kontrolltätigkeiten an: Es ist sehr ärgerlich, wenn sich ein Fehler durch mehrere Schritte einer Rechnung fortsetzt, oder wenn eine ungenaue Zeichnung falsche Schlüsse nahelegt. Man sollte also (Zwischen-)Ergebnisse kontrollieren. Wichtiger als die Kontrolle auf der lokalen Ebene ist die Steuerung auf der globalen Ebene: Es geht darum, seinen Problemlöseprozess und den

Einsatz von Heurismen zu planen und zu organisieren. Bevor man über einen längeren Zeitraum etwa einen Flächeninhalt bestimmt, sollte man sich überlegen, ob einem das Ergebnis überhaupt bei der Lösung der Aufgabe helfen kann. Bevor man eine Idee nach halbherziger Prüfung zu schnell beiseitelegt, kann man sich fragen, ob die Strategie evtl. doch zielführend ist. Zur globalen Steuerung gehört es auch, seine Ergebnisse so darzustellen bzw. darstellen zu können, dass man nicht den Überblick verliert. In der wissenschaftlichen Literatur wird die Komponente Steuerung unter den Begriffen Metakognition und Selbstregulation diskutiert (vgl. Pólya, 1949; Schoenfeld, 1985; Weinstein & Meyer, 1986). Mehr zu diesem Thema findet sich in Kapitel 6.

Steuerung in den Beispielen: Im „Rundweg"-Beispiel steuern sowohl Peter als auch Tina ihre Prozesse auf beiden Ebenen: Auf der *lokalen* Ebene überprüfen sie ihre Zwischenergebnisse. So benötigt Tina mehrere Anläufe, um die Strecke in sinnvolle Bruchteile zu untergliedern (die vollen Stunden waren einfach, der Rest war mehrfach zu grob unterteilt). Zudem verrechnet sie sich bei ein paar Tabelleneinträgen, merkt dies aber jeweils recht schnell, da sie regelmäßig die Zwischenschritte überprüft. Für Peter war es zunächst schwierig, die Funktionsgleichungen aufzustellen. Dadurch, dass er seine Werte immer wieder kontrolliert und insbesondere darauf achtet, ob die sicher bekannten Werte zu den vollen Stunden von seinen Funktionen angenommen werden, gelangt er zu den korrekten Gleichungen. Auf der *globalen* Ebene organisieren beide sehr geschickt ihre Problemlöseprozesse. Sie verschaffen sich zunächst einen Überblick über die Aufgabe und überlegen sich genau, was von ihnen gefragt ist. Bei ihren Zwischenschritten überprüfen sie immer wieder, ob sie noch auf dem richtigen Weg sind. So merkt Peter recht schnell, dass sein graphischer Ansatz nicht zum Ziel führt. Deswegen wählt er mit seiner Wertetabelle einen anderen Weg. Tina merkt zweimal, dass sie mit ihren Tabellen nicht zum gewünschten Ergebnis kommt. Sie schätzt ihr Verfahren aber als so gut ein, dass sie es nicht verwirft, sondern jeweils verfeinert. Außerdem prüfen beide ihre Annahmen und ihr Ergebnis auf Plausibilität und suchen auch nach ersten Lösungen nach alternativen Lösungswegen, um ihr Ergebnis weiter abzusichern.

Ein weiterer Aspekt – der auch zu den Kontrollstrategien (und damit zur Steuerungskomponente) zählt, der Tina und Peter hier beim Finden einer Lösung hilft, ist ihre *Organisations- und Darstellungskompetenz*. Dadurch, dass sie ihre Ideen ordentlich aufschreiben sowie ihre Skizzen und Tabellen übersichtlich darstellen, erleichtern sie sich ihre Arbeit. Viele Schülerinnen und Schüler scheitern nicht an mangelnden Ideen, sondern daran, dass sie nach kürzester Zeit ihre Aufzeichnungen nicht mehr verstehen. (Wie man diese handwerklichen Fähigkeiten fördern kann, zeigen wir ausführlicher in Kapitel 9.)

Was man bei Problemlösern eher indirekt beobachten kann, sind **Einstellungen** zur Mathematik, die sich als vierte Komponente der Problemlösekompetenz ebenfalls auf die Problemlösewege auswirken. *Einstellungen* sind Eigenschaften von Personen, die das Problemlösen indirekt mitsteuern. Hier ist zunächst einmal die *Motivation* zu nennen, ohne die etwas längere Problemlöseprozesse vermutlich nicht erfolgreich bestritten werden können. Zu den Einstellungen gehören auch *Affekte* und Haltungen (englisch: *Attitudes*) sowie *Überzeugungen* (englisch: *Beliefs*) zur Mathematik und zum Problemlösen. Bei letzteren handelt es sich um relativ stabile, oft unbewusste Annahmen, die beeinflussen können, wie man die Welt sieht, und die sich auf die Regulation von Handlungen auswirken.

Wenn eine Schülerin beispielsweise die Überzeugung hat, dass alle Aufgaben im Mathematikunterricht mit den Verfahren aus den letzten beiden Stunden gelöst werden können, wird sie vermutlich nicht an länger zurückliegende Verfahren denken und bei ungewohnten Anforderungen schnell aufgeben (vgl. Schoenfeld, 1992). Einstellungen hängen von Erfahrungen ab, sie werden über einen langen Zeitraum erworben und lassen sich kaum noch verändern, wenn sie erst einmal gefestigt sind (Thompson, 1992; Philipp, 2007).

Einstellungen in den Beispielen: Beim Problem „Rundwanderung“ lassen sich Peter und Tina beide bewusst auf die für sie schwierige Aufgabe ein. Sie geben nicht schon nach kurzer Zeit auf, weil ihnen noch kein Verfahren bekannt ist, um die Aufgabe schnell zu lösen. Beide sind – den Anschein hat es jedenfalls – davon überzeugt, mit ein wenig Durchhaltevermögen und eventuell ein paar Anläufen zu einer Lösung gelangen zu können. Auch geben sie sich nicht mit Näherungslösungen zufrieden, sondern wollen es möglichst genau wissen. Dazu sind sie auch bereit, ihre Verfahren anzupassen bzw. komplett neue zu wählen.

Das Beispiel der Schülerin, die erfahren hat, dass Aufgaben im (von ihr erlebten) Mathematikunterricht sich nur auf aktuell Gelerntes beziehen, illustriert dies. Wer nie erfahren hat, dass man sich manchmal „durchbeißen" muss und mit etwas Durchhaltevermögen auch schwierige Aufgaben lösen kann, der gibt einen Lösungsversuch eventuell nach fünf Minuten auf, auch wenn er eine Lösung hätte finden können (Schoenfeld, 1992). Und: Wer nie erlebt hat, dass das Lösen von anspruchsvollen Problemen Freude bereitet, ist vielleicht gar nicht bereit, eine schwierige Aufgabe zu bearbeiten.

Dass sich Schülerinnen und Schüler wegen ihrer (teilweise unbewussten) Einstellungen manchmal selbst im Weg stehen, sieht man deutlicher bei weniger guten Problemlösern. Nicht selten geben Lernende die Arbeit an einem Problem auf, wenn ihnen nicht sofort ein passendes Lösungsverfahren einfällt. „Das hatten wir noch gar nicht!" oder „Dafür bin ich zu blöd." hört man des Öfteren von Schülerinnen und Schülern, die aus der Schule nur das Bearbeiten von Übungsaufgaben nach strenger Routine gewöhnt sind. Auch sie könnten mit ein wenig mehr Durchhaltevermögen viele schwierige Aufgaben erfolgreich bearbeiten. Wenn sie in ihrer Schullaufbahn jedoch nie die Erfahrung gemacht haben, dass man manchmal auch Durststrecken überstehen muss und wie viel Freude das Finden einer Lösung mit sich bringt, wenn man sie hart erkämpft hat, kann man ihnen gar nicht verübeln, nach kürzester Zeit aufzugeben. Einige solcher Überzeugungen finden sich im folgenden Kasten.

Typische Überzeugungen von Schülerinnen und Schülern zur Mathematik

- Mathematische Aufgaben (und Probleme) haben eine – und zwar genau eine – richtige Antwort.
- Es gibt für jede mathematische Aufgabe genau einen korrekten Lösungsweg – normalerweise der Weg, der von der Lehrperson zuletzt präsentiert wurde.
- Normale Schülerinnen und Schüler können nicht erwarten, Mathematik zu verstehen; sie müssen die Regeln und Verfahren auswendig lernen und sie mechanisch und ohne Verständnis anwenden.
- Mathematik ist eine einsame Tätigkeit, die von isolierten Einzelpersonen ausgeführt wird.
- Schülerinnen und Schüler, die die Mathematik im Unterricht verstanden haben, können jede Aufgabe, die ihnen gestellt wird, in höchstens fünf Minuten lösen.
- Die Mathematik, die man in der Schule lernt, hat wenig oder gar nichts mit der realen Welt zu tun.
- Formale Beweise sind irrelevant für Prozesse des Entdeckens und Erfindens.

(nach Schoenfeld, 1992, S. 359)

Die genannten vier Komponenten von Problemlösekompetenz helfen, das Problemlöseverhalten von Lernenden zu verstehen, nicht nur in der Forschung, sondern auch im täglichen Unterricht, den man ja vorplanen muss und in dem man immerzu Schülerverhalten analysieren und geeignete didaktische Entscheidungen treffen muss.

1. Bevor man eine Problemlöseaufgabe stellt, sollte man sich über das **Vorwissen** seiner Lernenden im Klaren sein: Was ist sicher vorhanden? Welches Vorwissen mag vielleicht fehlen oder nicht mehr sicher vorhanden sein? Kann oder sollte man es vorweg in Erinnerung rufen? (Natürlich kann dann die Offenheit bei einer Problemlöseaufgabe verloren gehen.) Kann man es kurzfristig „nachliefern", etwa durch Hilfekarten, mündliche Impulse, kooperatives Arbeiten etc.? Oder ist die Problemstellung bewusst ohne Bezug zum Vorwissen gestellt (z.B. bei problemgenetischem Arbeiten, vgl. Kap. 8)?
2. Welche **Heurismen** stehen den Lernenden zur Verfügung? Wie nützlich sind sie bei dem gestellten Problem? Können sie eine bestimmte Strategie

hier auch intuitiv anwenden oder müssen sie diese neu entwickeln? Hat man im Unterricht genügend Gelegenheiten, die Lernenden immer wieder an Heurismen zu erinnern, diese explizit zu machen und auch deutlich werden zu lassen, wie man eine Strategie aus einem Bereich auch in einem anderen einsetzen kann? Wann und in welchem Umfang will man Strategiewissen auch beim Üben fördern?
3. Wie selbstständig sind die Schülerinnen und Schüler bei der **Steuerung** ihrer Problemlöseprozesse? Kommen sie schon allein mit schwierigen Aufgabenstellungen zurecht oder sollte eine gemeinsame Klärung der Aufgabe eingeplant werden? Können die Lernenden ihren Prozess in „festgefahrenen Situationen" selbstständig „retten" oder müssen entsprechende Impulse (z. B. auf Hilfekarten) vorbereitet werden?
4. Welche **Überzeugungen** zum Problemlösen bringen die Lernenden mit? Müssen insbesondere leistungsschwächere Schülerinnen und Schüler erst lernen, dass sie auch problemlösend und nicht nur nach einem Schema arbeiten können und sollen? Umgekehrt: Welchen Einfluss hat die Arbeitsweise im Unterricht auf die Einstellungen der Lernenden? Werden sie genügend angeregt, selbst Lösungen zu finden oder gibt man früh und auf Rückfragen zu schnell Lösungswege an?

4.3 Einordnung der Problemlösekompetenz in das Curriculum

Die Problemlösekompetenz mit ihren vier Komponenten, wie sie hier beschrieben wurde, ist inzwischen fest in allen Lehrplänen verankert. Insbesondere in den Bildungsstandards der deutschen Kultusministerkonferenz (KMK, 2004) und den Curricula der Bundesländer ist Problemlösen als prozessbezogene Kompetenz ein wichtiger Bestandteil mathematischer Bildung.

Im Schweizer Lehrplan 21 wird Problemlösen einerseits als „überfachliche" Kompetenz losgelöst von Mathematikunterricht beschrieben, andererseits durch die sogenannten Handlungsaspekte „Erforschen und Argumentieren" aber auch „Mathematisieren und Darstellen" direkt mit allen Inhalten verbunden. Elemente von Problemlösekomponenten wie „Strategien anwenden", „Erkenntnisse austauschen", „Ergebnisse überprüfen", „Rechenwege darstellen" etc. tauchen dadurch in vielen der 26 formulierten Kompetenzen des Schweizer Lehrplans Mathematik auf (s. Linneweber-Lammerskitten et al., 2009).

Die besondere Bedeutung von Kompetenzen hat hierbei auch damit zu tun, dass man eben nicht mehr nur nach dem zu vermittelnden Wissen („Input") fragt, sondern nach den sichtbaren Lernergebnissen („outcome") (vgl. Reiss, 2004). Das Problemlösen im Mathematikunterricht kann man dabei als die zentrale Kompetenz auffassen. Das lässt sich anhand dieses Aufgabenbeispiels gut illustrieren: Die Antarktis-Aufgabe war Teil von PISA 2003 und ist mittlerweile sehr bekannt geworden (Abb. 4.8). Damals stellte sie – nicht nur für Fünfzehnjährige – ein Problem dar.

Hier siehst du eine Karte der Antarktis. Schätze die Fläche der Antarktis, indem du den Maßstab der Karte benutzt.

Schreibe deine Rechnung auf und erkläre, wie du zu deiner Schätzung gekommen bist. (Du kannst in der Karte zeichnen, wenn dir das bei deiner Schätzung hilft.)

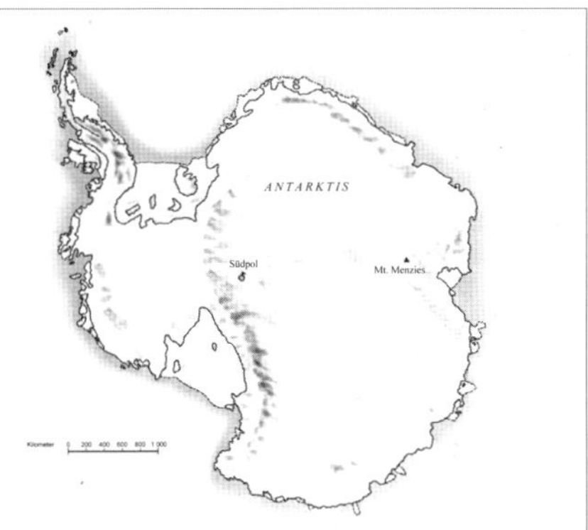

Abb. 4.8: Antarktis-Aufgabe (Prenzel et al., 2005)

Bitte überlegen Sie zunächst:

NACHDENK-AUFGABE

Welche Komponenten der Problemlösekompetenz benötigt man für die Bearbeitung der „Antarktis"-Aufgabe?
Welches Vorwissen aus welcher Jahrgangsstufe ist nötig? Welche Heurismen helfen hier? Auch wenn es nur eine wenige Minuten dauernde Testaufgabe ist – ist hier auch Selbststeuerung wichtig? Welche Rollen spielen Überzeugungen?

Die hier nötige Flächenberechnung für Rechtecke, Dreiecke oder Parallelogramme lernt man üblicherweise in Jahrgangsstufe 6 *(Vorwissen)*. Die Berechnung des Flächeninhalts von krummlinig begrenzten Figuren wie der Antarktis lässt sich nicht ohne Weiteres mit Rechenregeln zusammenfassen und wird aus diesem Grund oft nicht explizit unterrichtet. Man kann den Flächeninhalt aber z. B. geschickt durch Rechtecke, Trapeze und Dreiecke oder sehr viele kleine Quadrate annähern *(Heurismen und Steuerung)*. Auf ein solches Näherungsverfahren muss man sich allerdings einlassen und den Mut haben, ein nicht-exaktes Ergebnis zu produzieren *(Überzeugungen)*.

Welche Rolle Überzeugungen bei dieser Aufgabe spielen, sieht man, wenn man die folgenden Ergebnisse im internationalen Vergleich anschaut:

Niederländische Schülerinnen und Schüler konnten mit solchen offenen Problemen besonders flexibel umgehen. Mit 62 % ganz oder teilweise richtigen Lösungen liegen sie weit über dem internationalen Schnitt von 38 %. Deutschland liegt mit 40 % noch knapp darüber, Italien mit 20 % deutlich darunter (Prenzel et al., 2005).

Noch interessanter ist es aber, zu schauen, wie viele mit dieser Aufgabe *gar nichts* anzufangen wusste. International waren es 41 % der Schülerinnen und Schüler, die aufgaben, bevor sie auch nur einen Ansatz notierten. In Italien lag dieser Anteil bei über 69 %, in Deutschland bei 40 % und in den Niederlanden bei nur 10 %. Entscheidend für den Erfolg der niederländischen Schüler ist also offensichtlich (und das berichten auch Lehrpersonen, die in Deutschland und den Niederlanden unterrichten) nicht unbedingt auf ein höheres Vorwissen und möglicherweise nicht einmal auf ihre heuristischen Fähigkeiten zurückzuführen, sondern darauf, dass sie eine gewisse Problemlösehaltung besitzen und bei unbekannten Situationen erst einmal etwas ausprobieren.

In der Analyse dieser Aufgaben lassen sich alle Komponenten von Problemlösekompetenz wiedererkennen. Zugleich sind es auch die Elemente, die genannt werden, wenn man versucht, den Begriff „Kompetenz" zu definieren, wie in dieser oft anzutreffenden Definition von Weinert:

> [Kompetenzen sind] die bei Individuen verfügbaren oder durch sie erlernbaren kognitiven Fähigkeiten und Fertigkeiten, um bestimmte Probleme zu lösen, sowie die damit verbundenen motivationalen, volitionalen und sozialen Bereitschaften und Fähigkeiten, um die Problemlösungen in variablen Situationen erfolgreich und verantwortungsvoll nutzen zu können. (Weinert, 2001, S. 27 f.)

Mit etwas großzügiger Auslegung könnte man sagen, dass die Definitionen von „Kompetenz" im Allgemeinen und „Problemlösekompetenz" so nahe beieinanderliegen, dass hier eigentlich dasselbe gemeint ist.

Das Bekanntwerden der „Antarktis"-Aufgabe hat dazu geführt, dass mittlerweile viele Schulbücher sehr ähnliche Aufgaben enthalten; da werden dann die Oberflächen (also Flächeninhalte) von Seen, Schmetterlingsflügeln oder anderen Dingen angenähert. Leider handelt es sich in hierbei allerdings nicht um eine Vermittlung von Problemlösekompetenzen, sondern um die Vorbereitung auf ein sehr spezifisches Aufgabenformat, das in dieser Form in den nächsten PISA-Tests vermutlich nicht mehr enthalten sein wird. Wie man Lernende geeignet auf Problemlösesituation in Tests, in der Schule aber auch im späteren Leben vorbereitet, davon handeln die nachfolgenden Kapitel dieses Buches.

5 Wie führt man Schülerinnen und Schüler an Problemlösen heran?

Im vorangehenden Kapitel wurde beschrieben, über welche Kompetenzen gute Problemlöserinnen und Problemlöser verfügen. Im Folgenden wird nun dargelegt, wie man Lernende an die Tätigkeit des Problemlösens heranführen kann. Es geht in diesem Kapitel explizit um mögliche einfache Einstiege in das Problemlösen und nicht um einen durchgängigen Problemlöseunterricht. Detaillierte Informationen zum Aufbau der einzelnen Komponenten des Problemlösens (z. B. planvolles Vorgehen, Prozessbeschreibung inkl. Darstellung, mögliche Unterrichtskonzepte zum Erwerb von Heurismen etc.) folgen dann in späteren Kapiteln.

5.1 Wieso fällt Schülerinnen und Schülern der Einstieg oft schwer?

Es ist noch kein Meister vom Himmel gefallen! Die ersten Probleme werden die Lernenden vor Herausforderungen stellen, denen sie anfangs meist noch nicht gewachsen sind. Insbesondere ist es die Umstellung auf einen ganz anderen Aufgabentyp, die den Lernenden Schwierigkeiten bereitet. Was bislang vertraut war, gilt jetzt nicht mehr – z. B., dass man bei Schwierigkeiten einen Rechenweg im Buch nachschlagen kann. Das geht aber auch erfahrenen Problemlöserinnen und Problemlösern so, denn Probleme können beliebig schwierig sein und auch professionelle Mathematikerinnen und Mathematiker haben immer wieder Schwierigkeiten bei der Problembearbeitung und stehen dann vor Herausforderungen, als wären sie Novizen. Der Unterschied zu Novizen besteht darin, dass sie gelernt haben, damit umzugehen – z. B., wenn sie nicht weiterkommen. Gerade der Umgang mit diesen Schwierigkeiten und deren Überwindung (vgl. Kap. 1) ist die zentrale Herausforderung beim Problemlösen – dies gilt für Novizen gleichermaßen wie für Experten.

Hier jedoch richten wir den Blick zunächst auf Novizen, d. h. diejenigen, die mit Problemlösen noch keine bzw. erst wenige Erfahrungen haben und nicht wissen, was auf sie zukommt. Sie müssen zunächst erfahren, dass es ganz normal ist, nicht weiterzukommen; dass man beim Problemlösen steckenbleibt, ist also kein spezifisches Anfängerproblem. Es fehlt die Vertrautheit im Umgang mit dem Aufgabentyp – der Unterschied liegt dann darin, dass es für das Problemlösen nicht wie gewohnt ein Standardverfahren gibt, das man – wie eine gelernte Regel – nachschlagen kann.

Welche spezifischen Schwierigkeiten haben Novizen beim Problemlösen? Wir berufen uns auf die in Kapitel 4 beschriebenen Komponenten des Problemlösens und betrachten vor diesem Hintergrund die Situation der Lernenden, die noch nie bzw. erst wenige (mathematische) Probleme gelöst haben:

(Vor-)Wissen: Schülerinnen und Schüler verfügen oftmals nicht über das notwendige Wissen, um Probleme bearbeiten bzw. lösen zu können. Fehlt ihnen ein Begriff oder Konzept, so wird es schwierig bis unmöglich, weiterzukommen. Die Passung zwischen Wissensbasis und Anforderung im Problemlöseprozess ist also entscheidend. Es muss bei der Auswahl der Problemstellungen darauf geachtet werden, dass z. B. Aufgaben ausgesucht werden, die auch ohne Vorwissen lösbar sind oder bei denen die Wissenslücken durch die Wahl geeigneter Heurismen kompensierbar sind (z. B. lassen sich die meisten Probleme, die mit Gleichungen lösbar sind, auch durch Annäherungsverfahren mit Tabellen oder grafisch lösen). Oder die Aufgaben werden gerade dazu genutzt, Wissenslücken aufzufüllen (problemgenetisches Lernen, vgl. Kap. 8). Problematisch sind Aufgaben, die durch Wissen unmittelbar gelöst werden können – dann sind dies im Grunde genommen keine „Probleme", weil es keine Barrieren gibt, die durch Heurismen überwunden werden müssen (vgl. Kap. 3).

Heurismen: Sie sind meist noch wenig ausgebildet. Häufig ist es nicht die fehlende Wissensbasis, die das erfolgreiche Bearbeiten einer Problemaufgabe verhindert, sondern die Tatsache, dass keine passenden Verfahren bekannt sind, um das vorhandene Wissen anzuwenden. Die Lernenden haben jedoch aus der bisherigen Schulkarriere und aus anderen Quellen zumindest einige ihnen sinnvoll erscheinende Vorgehensweisen gelernt (z. B. das Zusammenfassen von Angaben aus einem Text, Skizzen erstellen, Tabellen einsetzen etc.). Diese grundlegenden Fähigkeiten sollten in einem ersten Schritt noch einmal ins Bewusstsein gerufen werden, um so den Umgang mit unbekannten Situationen zu ermöglichen und Zugänge zu finden, sich ein Problem zu erschließen.

Steuerung: Im Allgemeinen steuern Lernende ihren Lösungsprozess zunächst eher intuitiv und wenig zielgerichtet. Sie reflektieren ihre eigenen Denkwege kaum und leiten selten Konsequenzen für ihr weiteres Vorgehen daraus ab. Auch andere Steuerungsaspekte, wie z. B. etwas darstellen zu können (Raumaufteilung, Strukturierung, Farbcode, Einsatz von Skizzen und Tabellen etc.), sind häufig noch schwach ausgebildet. Ein Grund hierfür liegt sicherlich darin, dass Lernende üblicherweise nur kurze und eng definierte Aufgaben lösen und dabei in der Regel keine zusätzlichen Darstellungen benötigen – in diesem Punkt verändert sich die Unterrichtskultur maßgeblich, wenn man regelmäßig Probleme einsetzt.

Ziel ist es, eine systematische Reflexion des Vorgehens anzuregen, um so einen Überblick über den eigenen Problemlöseprozess zu ermöglichen und diesen für andere zugänglich darzustellen. Damit können die Prozesse gezielt gesteuert, Barrieren identifiziert und erfolgreich überwunden werden.

Einstellungen: In der eigenen Schulbiografie haben sich bei Lernenden und auch bei Lehrpersonen oft Überzeugungen zur Mathematik gebildet, die dem Problemlösen eher fern sind. Wir haben diese bereits in Kapitel 4 ausführlich beschrieben, hier nochmals einige typische Beispiele:

- Eine Mathematikaufgabe kann man in kurzer Zeit lösen.
- Es gibt meist nur eine richtige Lösung bzw. einen richtigen Lösungsweg.
- Mathematikaufgaben löst man allein.
- Mathematikaufgaben löst man, indem man die richtige Formel anwendet.
- Es kommt auf die richtige Lösung an – der Weg ist unwichtig.

Hinzu kommt die oft fehlende Motivation, sich in ein Problem hineinzudenken und das damit verbundene Durchhaltevermögen, sich lange genug mit dem Problem zu beschäftigen – bis die Barriere tatsächlich überwunden wird.

Das Lösen mathematischer Probleme erfordert eine erweiterte Sicht auf die Disziplin Mathematik und das damit verbundene mathematische Arbeiten. So sind Unsicherheiten, Irrwege, flexibles Wechseln von Darstellungen, verschiedene Ansätze und Lösungswege, Entwicklung eigener mathematischer „Rezepte" (z.B. Formeln), Zusammenarbeit mit anderen Personen, Diskussionen über mögliche Lösungen usw. ebenfalls wichtige Aspekte des mathematischen Arbeitens.

Aus dieser Übersicht ist leicht erkennbar, dass die Lernenden oftmals in vielen für das Problemlösen wichtigen Kompetenzen noch große Lernschritte vor sich haben. Diese Lernschritte lassen sich nicht in kurzen instruktiven Blöcken bewältigen, sondern sind das Produkt eines länger andauernden Lernprozesses – und damit auch das Resultat einer sich verändernden Kultur im Mathematikunterricht.

5.2 Wieso fällt Lehrpersonen der Einstieg in das Problemlösen schwer?

Nicht nur für Schülerinnen und Schüler, auch für Lehrerinnen und Lehrer stellen sich Herausforderungen beim Einstieg in das Problemlösen. In der langjährig gewachsenen, eher deduktiven Tradition von Mathematikunterricht hatte Problemlösen nicht den Stellenwert, den es heutzutage hat. Eine Neuorientierung in dieser Hinsicht bringt mehrere Herausforderungen mit sich, die u. a. die folgenden Aspekte betreffen:

Mathematikbild: Als grundlegende Voraussetzung für die Etablierung des Problemlösens im Mathematikunterricht kann das Mathematikbild angesehen werden. Fragen von Lernenden, Eltern und auch einigen Lehrpersonen wie „Gehört das überhaupt zum Mathematikunterricht?" oder Wertungen der Art „Das ist doch nur ein Randthema bzw. ein Zusatz für starke Lernende und muss daher nicht primär behandelt werden." zeigen die Sicht auf das Problemlösen und dessen Stellenwert. Die Herausforderung besteht also darin, eine adäquate Perspektive zu entwickeln, um das Problemlösen als einen substanziellen Teil des Mathematikunterrichts und des mathematischen Denkens und Arbeitens zu betrachten.

Kompetenz: Auch die eigene Problemlösefähigkeit spielt eine zentrale Rolle, wenn es um die unterrichtliche Umsetzung von Problemlösen geht. Man muss sich zuerst selbst (wieder) in diese mathematische Denk- und Arbeitsweise einfinden, um einen Problemlöseunterricht planen und durchführen zu können. Erforderlich ist ein flexibles und spontanes Agieren im Unterricht, man muss Lösungsansätze von Schülerinnen und Schülern schnell durchschauen und beurteilen, um den folgenden Problemlöseprozess angemessen unterstützen zu können. Dabei ist zudem ein unvoreingenommener Umgang mit unerwarteten (auch falschen) Lösungsansätzen vonnöten. Auch wenn Unsicherheiten dabei dazugehören – man muss damit umgehen können.

Zeit- / Ressourcenproblem: Die Frage, wie man in einem ohnehin schon vollen Curriculum Problemlösen unterbringen soll, stellt die Unterrichtsplanung und -organisation vor eine große Herausforderung. Eine Integration von Problemlösen in den „normalen" Unterricht kann einen Weg dafür bereiten. So kann das Erkunden neuer Situationen problemlösend-entdeckend gestaltet werden und es sind keine zusätzlichen Unterrichtsstunden notwendig. Auch in Übephasen bietet sich das Problemlösen an – mehr dazu findet sich in Kapitel 8.

Wo findet man passende Aufgaben? Mittlerweile enthalten moderne Lehrwerke zunehmend Problemstellungen, die sich für den Unterricht eignen. Jedoch hängt es nicht immer nur von der Verfügbarkeit solcher Aufgaben ab, sondern oftmals entscheidet die Positionierung einer Aufgabe im Unterrichtsverlauf darüber, ob sie als Routineaufgabe oder als Problem behandelt werden kann. Ein Beispiel hierfür ist die Brunnen-Aufgabe (siehe Kap. 6): Ist die Mittelsenkrechte noch nicht eingeführt, so kann mit dieser Aufgabe problemlösend-entdeckend gearbeitet werden. Wird diese hingegen zu einem Zeitpunkt eingesetzt, zu dem die Mittelsenkrechte bereits behandelt wurde, mutiert sie zu einer Routineaufgabe, in der die Mittelsenkrechten nach Standardverfahren konstruiert werden können und es nur noch um die Lösung im engeren Sinne geht. Insofern muss nicht nur die Frage nach der grundsätzlichen Qualität einer Aufgabe, sondern auch nach deren Position im Unterrichtsverlauf immer wieder kritisch gestellt werden. (Weitere Hinweise zum Auffinden und Erfinden von Problemlöseaufgaben findet man in Kapitel 3.)

5.3 Wie kann man in den Problemlöseunterricht einsteigen?

Nach der Analyse der Ausgangslage wird nun die Kernfrage dieses Kapitels fokussiert. Es gibt grundsätzlich zwei verschiedene Wege, Problemlösen in den Mathematikunterricht zu integrieren und damit auch zwei verschiedene Wege, in das Problemlösen einzusteigen (vgl. hierzu u. a. Leuders, 2016; Holzäpfel et al., 2016): Auf der einen Seite kann man Problemlösen losgelöst vom Curriculum betreiben, z. B. in Form einer expliziten „Problemlösestunde". Die dabei gestellten Probleme haben zwar nichts mit den im „normalen" Mathematikunterricht behandelten Inhalten zu tun, berücksichtigen aber durchaus auch relevante mathematische Inhalte und v. a. mathematische Arbeitsweisen. So können auf der stofflichen Ebene z. B. vorgezogene Inhalte wie Kombinatorik propädeutisch zum Thema werden oder es kann auch an mathematischen Leitideen gearbeitet werden, die im Mathematikbuch noch nicht zu diesem Zeitpunkt vorgesehen sind. Auf einer allgemeineren mathematischen Ebene können z. B. prozessbezogene Kompetenzen (vgl. Kapitel 4) ins Zentrum gestellt werden, ohne dass ein direkter inhaltlicher Bezug zum aktuellen mathematischen Thema vorhanden sein muss. Einen möglichen Einstieg in einen solchen Problemlöseunterricht skizzieren wir in Ansatz 1 (siehe 5.3.1).

Auf der anderen Seite kann man Problemlösen im regulären Mathematikunterricht einsetzen. Dabei werden Problemlöseaktivitäten direkt in den Lernprozess integriert. Die Integration bietet sich grundsätzlich in allen Phasen des Lernprozesses an, also beim Entdecken, Erkunden, Ordnen und Üben. Für einen einfachen Einstieg in diese Art von Problemlöseunterricht bietet sich die Entdecken-Phase an (siehe 5.3.2). Eine weiterführende, systematische Integration des Problemlösens in alle Phasen des Lernprozesses wird in Kapitel 8 beschrieben.

5.3.1 Ansatz 1: Expliziter, von mathematischen Lerninhalten losgelöster Einstieg („Problemlösestunde")

Einige Autorinnen und Autoren (z. B. Bruder & Collet, 2011) schlagen in ihren Unterrichtskonzepten eigenständige Problemlösestunden bzw. Einheiten vor, in denen speziell auf Problemlösekompetenzen fokussiert wird. Hierbei erfolgt dann beispielsweise eine Konzentration auf bestimmte Strategien, mit dem Ziel, von (schwierigen) Inhalten zu entlasten. Der Vorteil darin besteht in der Reduzierung von Komplexität – das gleichzeitige Lernen von mathematischen Inhalten und Problemlösekompetenzen entfällt. Insofern wird das Problemlösen selbst (z. B. bestimmte Strategien) zum Unterrichtsinhalt bzw. Unterrichtsziel (vgl. Lernen für Problemlösen, Kapitel 1). Für einen ersten Einstieg in das Problemlösen bietet es sich sicherlich an, auf diese Weise zu beginnen, um zunächst einmal eine erste Grundlage für problemlösendes Arbeiten herzustellen. Auch für die Lehrperson sind solche Stunden überschaubarer – und man entlastet sich von dem Druck, gleichzeitig zwei Zielebenen (Inhalt und Strategien bzw. Prozesse) bedienen zu müssen.

Wir benötigen dazu Aufgaben, die sich besonders für Problemlösestunden eignen, die ohne direkten Bezug zu mathematischen Inhalten auf das Entwickeln bestimmter Strategien abzielen. Die Bibliotheken sind voll mit Knobelbüchern, die mehr oder minder gut geeignet sind, Problemlöseprozesse anzustoßen. Grundsätzlich gelten dafür dieselben Kriterien, die in Kapitel 3 bereits angesprochen wurden. Nachfolgend werden einige Aspekte angeführt, die bei der Auswahl von Aufgaben (für einen vom Curriculum losgelösten Einstieg ins Problemlösen) Orientierung geben:

Zugänglichkeit: Allen Schülerinnen und Schülern sollte ein Zugang zur Aufgabe möglich sein. Konkret bedeutet dies, bereits den Einstieg in die Aufgabe auch für die Schwächeren zu ermöglichen. Eine Stufung hin zu komplexeren Überlegungen sollte ebenfalls mitbedacht sein, damit die Stärkeren auch Möglichkeiten haben, ihr Potenzial zu entfalten. Idealerweise werden so alle Schülerinnen und Schüler in der Klasse gleichzeitig angesprochen. Für die Auswahl des Problems bedeutet das, dass möglichst wenig mathematisches Vorwissen erforderlich sein sollte, um die Aufgabe lösen zu können. Aber trotzdem sollen dabei *mathematische Prozesse* angestoßen werden. Diese Forderung schließt die Arbeit mit vielen typischen Knobelaufgaben (Zündhölzer umlegen etc., vgl. Kapitel 3) aus, da diese zwar kein Vorwissen benötigen, in der Regel aber auch keine mathematischen Prozesse anstoßen (und meist auch kein Potenzial zur Ausweitung bieten).

Zugänglichkeit bedeutet aber auch, verschiedene Strategien und Darstellungsformen (wie z. B. zeichnerisches oder numerisches Arbeiten) zu ermöglichen. Damit wird auch die Basis für eine hohe Diskursivität des Mathematikunterrichts gelegt: Über diese verschiedenen Ansätze kann man in Gruppen- und Klassengesprächen diskutieren und damit an heuristischen Kompetenzen arbeiten.

Fokus auf den Lösungsprozess: Während in herkömmlichen Mathematikaufgaben oftmals das Ergebnis im Vordergrund steht, kommt es beim Problemlösen sehr auf den Lösungsprozess an. Hierauf sollte der Fokus gelegt werden, um auch sukzessive eine Umorientierung in dieser Hinsicht anzubahnen. Schülerinnen und Schüler sollten sich daher immer wieder über die Prozesse austauschen. Idealerweise werden die einzelnen Lösungsschritte so dokumentiert, dass man sich anschließend darüber unterhalten kann (Methoden zur Dokumentation werden in Kapitel 9 ausführlich vorgestellt und erläutert).

Bei einem von mathematischen Lerninhalten losgelösten Einstieg hat man den Vorteil, dass es *nur* um diese Prozesse geht und die Lernenden davon entlastet werden, gleichzeitig auch noch die mathematischen Inhalte lernen zu müssen (sie können sich natürlich auch in diesem Setting mathematisches Wissen aneignen – es ist aber nicht das vordergründige Ziel!).

Offenheit: Die Aufgabe sollte eine offene Komponente (vgl. Kapitel 3) besitzen, um die Überzeugungen zu erweitern und eine natürliche Differenzierung zu ermöglichen (und damit der Heterogenität der Lernenden natürlich und ohne großen Zusatzaufwand seitens der Lehrperson begegnen zu können).

Zusammengefasst eignen sich für die Einstiegsphase einfache Probleme, die leicht und schnell verständlich sind, sich aber auch gut ausweiten lassen (evtl. durch die Lernenden selbst, siehe Kapitel 11). Die Probleme sollen mathematisches Arbeiten auslösen, die enthaltenen mathematischen Inhalte sind aber nicht das eigentliche Lernziel, sondern vielmehr die Problemlöseprozesse, die sie auslösen.

5.3.2 Ansatz 2: Problemlösen in die Entdecken-Phase des regulären Mathematikunterrichts integrieren

Beim zweiten Ansatz wird Problemlösen in den regulären Mathematikunterricht integriert, um einen neuen Inhalt zu erarbeiten. Dieses Vorgehen benötigt im Vergleich zu einem instruktiven Unterricht wesentlich mehr Zeit. Es handelt sich hier um eine Form des entdeckenden Lernens (vgl. z. B. Bruner, 1961), bei dem die Lernenden im Gegenzug dafür ungleich stärker aktiviert und motiviert werden. Auch werden in der ausgedehnten Erarbeitungsphase Fehlvorstellungen zum Konzept deutlicher als bei einer instruktiven Vorgehensweise und können damit früher im Lernprozess diskutiert und korrigiert werden (Kapur, 2008; Holzäpfel, Loibl & Ufer, 2015).

Damit diese Form der Erarbeitung gelingen kann, müssen zwei Bedingungen erfüllt sein (vgl. Holzäpfel et al., 2016):

1. Die Aufgabe muss zielgerichtet den Kern des einzuführenden Inhalts fokussieren.
2. Es braucht eine hinreichende Offenheit in der Aufgabenstellung, damit verschiedene Lösungswege zum Vorschein kommen und diskutiert werden können.

5.4 Konkrete Beispiele von Unterrichtsabläufen zum Heranführen

In diesem Absatz werden die in 5.3.1 und 5.3.2 beschriebenen Ansätze mit einem konkreten möglichen Unterrichtsablauf an einem Beispielproblem weiter ausgeführt.

5.4.1 Ansatz 1: Expliziter Einstieg

Ein geeignetes Problem zum Einsteigen könnte z. B. wie folgt aussehen:

Fünferformen
Wie viele unterschiedliche, zusammenhängende Formen, deren Fläche genau fünf Kästchen misst, kann man aus einem karierten Papier ausschneiden? Du darfst nur den Linien entlang schneiden.

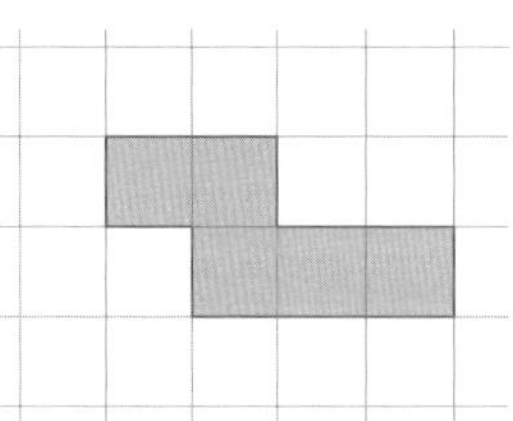

Korrekt: Bei dieser Figur hängen die fünf Karos auch nach dem Ausschneiden zusammen.

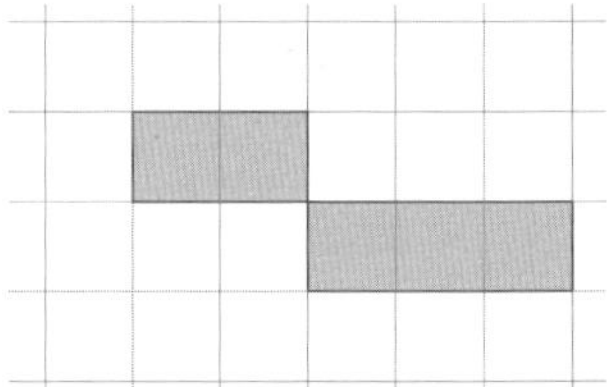

Nicht korrekt: Diese Figur zerfällt beim Ausschneiden in zwei Teile, ist also nicht zusammenhängend.

Bemerkung: In der Problemstellung wird bewusst weder von „Pentominos" noch von „fünf Quadraten" gesprochen bzw. geschrieben, da mit diesen Begriffen im Internet recht schnell fertige Lösungen gefunden werden können.

Ziel der Aufgabe ist *nicht*, den mathematischen Hintergrund (Kombinatorik, Kongruenz, Abbildungen etc.), der in der Aufgabe steckt, zu lernen, sondern in das Arbeiten an einem Problem einzusteigen, welches für die Schülerinnen und Schüler keine Routineaufgabe darstellt. Dabei sollen sie lernen, ihre Lösungswege (systematisch) zu dokumentieren und sich auch mit der Ausweitung der Grundfragestellung auseinandersetzen. Ferner geht es darum, verschiedene Ansätze in der gemeinsamen Diskussion zu erkennen und zu bewerten und damit ihr heuristisches Repertoire zu erweitern. Zudem werden verschiedene Aspekte von Überzeugungen zur Mathematik hinterfragt: Gibt es bei einer Mathematikaufgabe nur eine richtige Lösung? Gibt es nur einen richtigen Weg? Ist Mathematik etwas Abgeschlossenes oder wird sie andauernd weiterentwickelt?

Die Zugänglichkeit wird durch eine sehr einfach zu verstehende Fragestellung ermöglicht, die man mit verschiedenen möglichen Ansätzen (systematisches Ausprobieren, Fallunterscheidung etc.) angehen kann.

Der Fokus auf den Prozess wird durch Formulierungen wie „beschreibe ..." oder „zeige ..." gesetzt. Schließlich wird in den Teilaufgaben c) und d) angeregt, selbst weiter über das Problem hinauszudenken sowie die Aufgabe selbstständig zu öffnen und zu erweitern (wie solche – auch „problem posing" genannten – Prozesse systematisch angeleitet werden können, wird in Kapitel 11 ausführlich erläutert).

Im Folgenden sind verschiedene Schülerlösungen zu diesem Problem abgebildet (s. Abb. 5.1 bis 5.5).

NACHDENK-AUFGABE

Bevor Sie sich die Schülerlösungen ansehen, überlegen Sie selbst, wie (Ihre) Schülerinnen und Schüler diese Aufgaben bearbeiten würden.
Welche Komponenten (vgl. Kapitel 4) erkennen Sie bei den folgenden Lernenden bereits als gut ausgebildet, welche eher nicht?

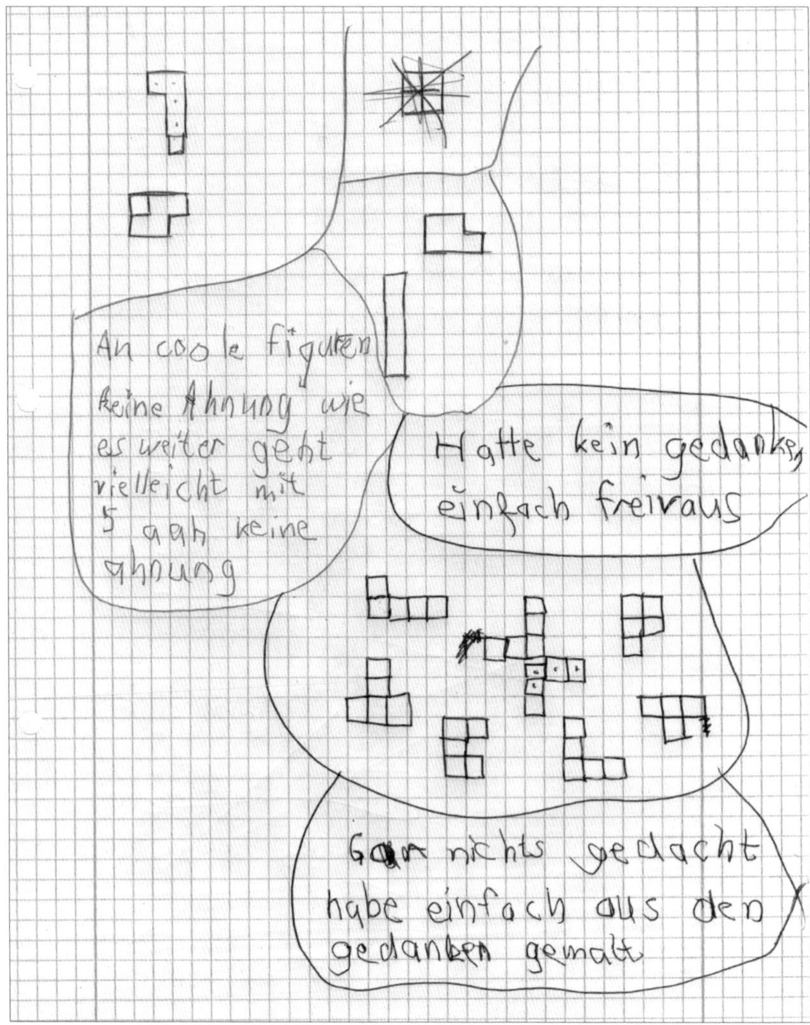

Abb. 5.1: Schülerlösung 1

Zwischen diesen Lernenden ist eine deutliche Abstufung der Ausprägung von Problemlösekompetenzen zu erkennen: Die erste Lösung (Abb. 5.1) ist ein typisches Beispiel für eine Arbeit eines Lernenden mit noch wenig Erfahrung beim Problemlösen, insbesondere in den Steuerungsaspekten. Offensichtlich probiert dieser Schüler (eher unsystematisch) etwas aus und findet auch viele Figuren, er ist jedoch noch nicht in der Lage, seine Gedanken in Worte zu fassen.

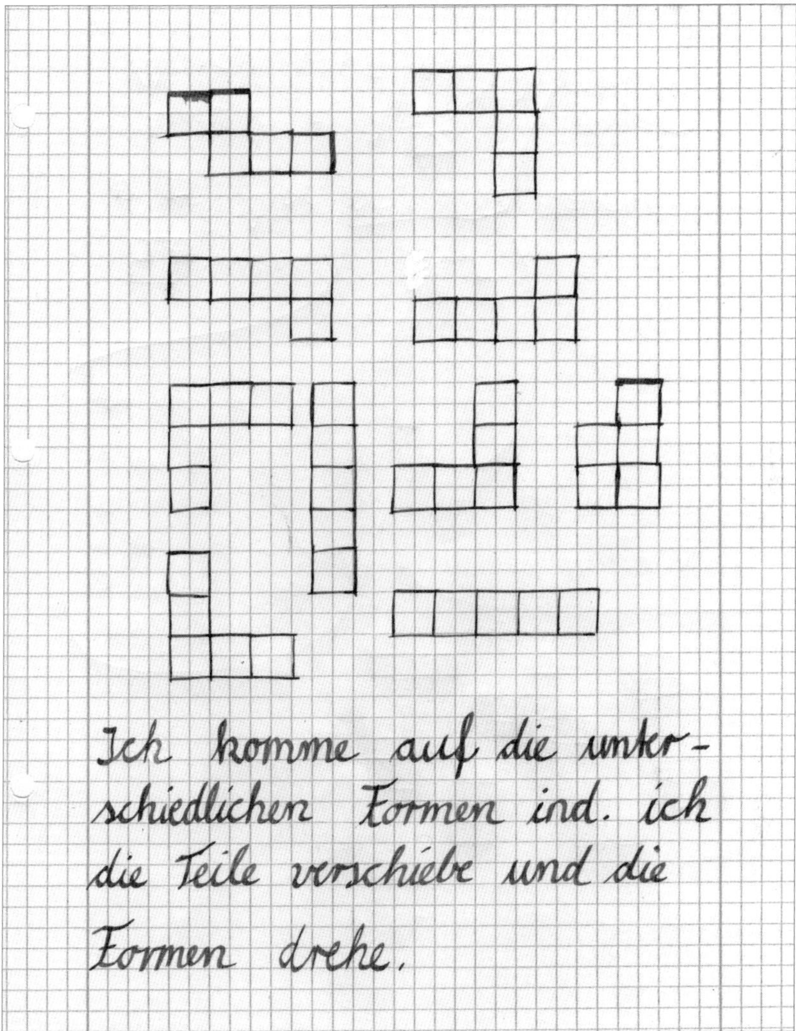

Abb. 5.2: Schülerlösung 2

In der zweiten Lösung (Abb. 5.2) sind bereits erste Ansätze einer Prozessbeschreibung ersichtlich. Diese ist zwar zu wenig konkret, als dass man seine Gedankenschritte im Einzelnen nachvollziehen könnte. Trotzdem lässt sich daraus bereits eine systematischere Vorgehensweise erkennen.

Die dritte Lösung (Abb. 5.3) zeigt in ihrer Ausarbeitung zumindest im ersten Teil ein sehr systematisches Vorgehen inkl. Zeichnungen. Offenbar kommt es aber nach diesem ersten Erfolg zu einer Barriere: Dabei wird nicht

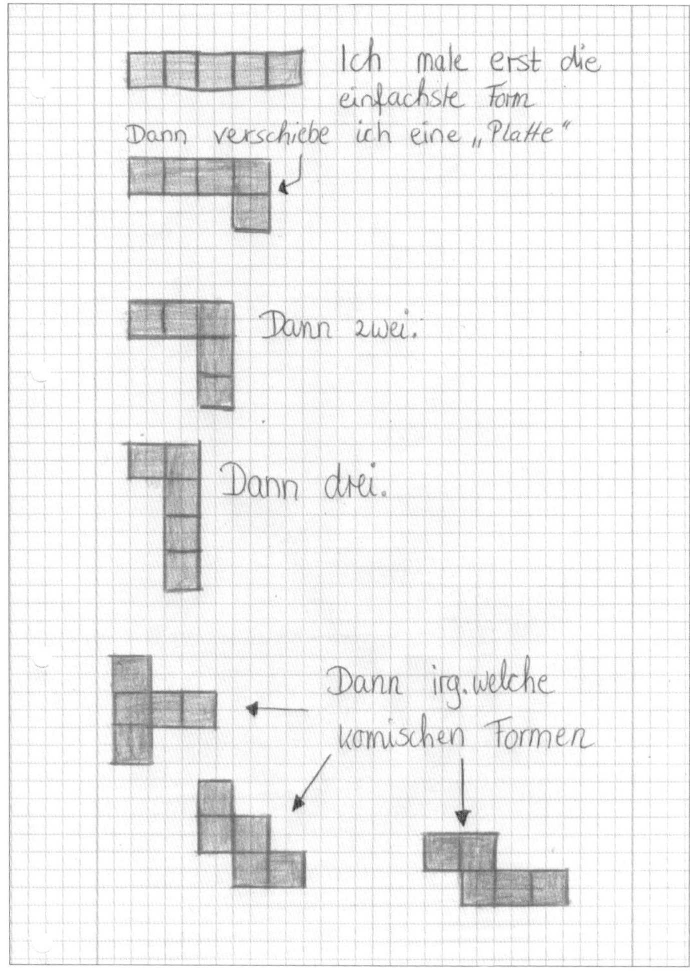

Abb. 5.3: Schülerlösung 3

erkannt, wie diese Strategie erweitert werden könnte, um zusätzliche Formen finden zu können und schließlich wird unsystematisch weitergearbeitet.

In der vierten Lösung (Abb. 5.4) lässt sich zunächst kein System erkennen, es wird aber im Nachhinein beschrieben, wie vorgegangen wird; inkl. Verweis auf die gezeichneten Formen. Dies geschieht so detailliert, dass man den Prozess fast lückenlos nachvollziehen kann. Diese Reflexion hilft nicht nur für die eigene Verständlichkeit, sondern ermöglicht es auch, den eigenen Prozess gezielter zu steuern und damit am Ende zu einem mathematisch stichhaltigeren Resultat zu gelangen.

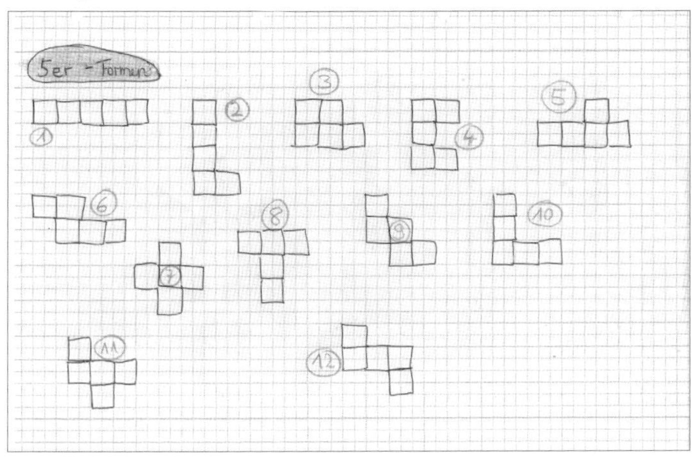

Mehr Formen habe ich nicht gefunden. Also sind es 12 Formen.
Meiner Meinung nach sind das alle Formen.
Die einfachste Form ist die hier: Damit habe ich angefangen.
Dann habe ich die Würfel ver- schoben, aber ich durfte
keinen von innen nehmen, sonst wäre es keine zusammen-
hängende Figur mehr gewesen.
Dann habe ich einfach ausprobiert: erst einen Würfel an
die Seite (2), dann zwei (3) ← da nebeneinander, bei (4) weiter weg.
← das kann man auch als 3 auf der Seite sehen.
Vier Würfel an die
Seite geht nicht, dann würde die gleiche Figur wie bei (2) rauskommen.

(5) ist wie (2) nur ist der einzelne Würfel nicht außen
sondern innen dran. An dem anderen inneren wäre es nur
gespiegelt.
(6) ist wie (3) nur ist der Würfel links unten nach rechts
verschoben. Bei (7) geht alles von der Mitte aus.
(8) und (10) sind eigentlich auch ähnlich: bei (8) verschibt
man die 2 nach links und dreht die ganse Form, schon
hat man die (10).
(9) ist wie eine Treppe, wenn man jeweils einen Würfel verschiebt,
kommt man zu (11) und (12), und die hatte ich vorher noch
nicht.

Abb. 5.4: Schülerlösung 4

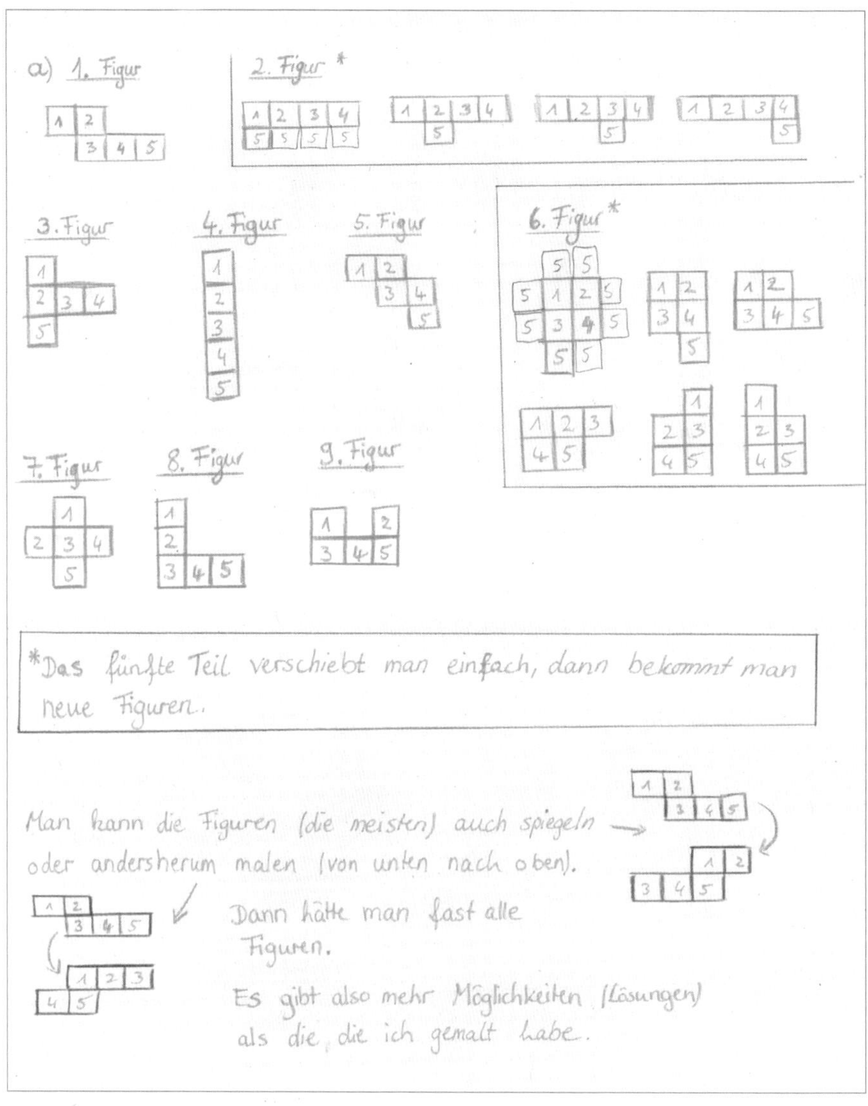

Abb. 5.5: Schülerlösung 5

In der fünften Lösung (Abb. 5.5) wird ein systematisches Vorgehen bei der Generierung der Beispiele sichtbar.

Die ersten drei Lösungen stammen aus einer siebten Klasse, das vierte Beispiel aus einer neunten Klasse, in der immer wieder problemlösend und prozessorientiert gearbeitet wurde. Das fünfte Beispiel entstammt ebenfalls einer neunten Klasse, wobei hier bis dahin nicht regelmäßig und systematisch problemlösend gearbeitet wurde. Die Beispiele illustrieren sehr anschaulich die Breite der gezeigten Problemlösekompetenzen.

Konkreter Unterrichtsablauf zum Einstiegsbeispiel „Fünferformen"

Die Unterschiede in den Bearbeitungen der Schülerinnen und Schüler machen deutlich, wie wichtig es ist, dass man Lernende nicht einfach in Einzelarbeit an einem Problem arbeiten lässt und dann mit der Bekanntgabe der korrekten Lösung abschließt. Damit Lernende in allen Komponenten der Problemlösekompetenz Fortschritte erzielen können, ist es wichtig, den Unterricht gezielt so aufzubauen, dass der gegenseitige Austausch von Ansätzen und Arbeitsweisen einen zentralen Stellenwert erhält. Ein möglicher Unterrichtsablauf für eine Doppelstunde (2 × 45 min) zum oben vorgestellten Einstiegsproblem wird im Folgenden in Tabelle 5.1 dargestellt. Damit soll nicht ein idealtypischer Verlauf solcher Lektionen propagiert werden. Vielmehr geht es darum, Lehrpersonen, die selbst noch wenig oder keine Erfahrung mit Problemlöseunterricht haben, beispielhaft eine Möglichkeit für einen Einstieg aufzuzeigen. Die Hinweise dienen dazu, zu zeigen, welche Ziele in den einzelnen Phasen anvisiert werden und wo in diesem Buch entsprechende Methoden und Unterrichtssettings nachgeschlagen werden können. Die dritte Spalte schließlich weist auf mögliche Probleme hin, die im Unterricht auftauchen können und wie man sie lösen kann. Dieser Ansatz kann in allen Klassenstufen durchgeführt werden.

Ablauf	Hinweise	Mögliche Probleme und Lösungsvorschläge
Einstieg	*(ca. 5 min.)*	
Klärung der Aufgabenstellung. Dazu z. B. ein Papier mit großen Kästchen verwenden (4 cm) und die Beispielfigur links (s. Aufgabenstellung oben) aufzeichnen und ausschneiden. Danach die (falsche) Figur rechts ebenfalls aufzeichnen und ausschneiden. Es wird offensichtlich, dass die Kästchen nicht zusammenhängen. Fragen formulieren: *Wie viele weitere unterschiedliche, zusammenhängende Figuren mit fünf Kästchen sind möglich? Wie kann man vorgehen, um sie zu finden? Wie kann man sicher sein, dass man alle gefunden hat?*	In der Einstiegsphase ist es besonders wichtig, dass die Aufgabenstellung den Lernenden komplett klar ist, sonst wird die oft fragile Motivationsbasis gleich zu Beginn geschädigt. Es ist auch denkbar, einige Fragen zum initialen Vorgehen zu besprechen, man muss dabei aber vorsichtig sein, dass man die Vielfalt möglicher Vorgehensweisen dadurch nicht bereits einschränkt. Die Aufgabe wird bewusst mündlich ohne Aufgabenblatt erteilt.	Problem: Aufgabe wird nicht verstanden. Lösungsvorschläge: Bildhaftes, ggf. „enaktives" Einführen der Fragestellung. Lernende formulieren die Fragestellung nochmals in eigenen Worten. Problem: Lehrperson gibt bereits zu viele Hinweise und kanalisiert damit die Strategiebildung. Lösungsvorschläge: Nur die Fragen formulieren (siehe links), die zu Beginn im Zentrum stehen, keine Antworten geben bzw. einholen.

Ablauf	Hinweise	Mögliche Probleme und Lösungsvorschläge
1. Arbeitsphase („Ich")	*(ca. 5 min.)*	
	Die Arbeitsphasen orientieren sich im Wesentlichen an der Methode „Ich – Du – Wir" (siehe auch Kapitel 9). Zwischen die idealtypischen Phasen der Methode werden weitere (Dokumentation) eingeschoben.	
Auftrag Einzelarbeit: *Jede Schülerin, jeder Schüler arbeitet für sich allein und sucht möglichst viele Figuren. Versucht, ein Verfahren zu finden, mit dem ihr am Ende belegen könnt, dass ihr alle Figuren gefunden habt.*	Die Lernenden sollen ihre eigenen Strategien bewusst entwickeln. Deshalb sollen sie allein arbeiten und sich überlegen, wie man mit ihrem Verfahren alle Figuren finden kann.	Problem: wenn Lernende während der Ich-Phase Fragen haben und die Lehrperson darauf eingeht (auch z. B. zum Platz geht und im Flüsterton ein Gespräch beginnt), wird die Ich-Phase gefährdet, weil dann andere Lernende dazu verleitet werden, ebenfalls mit den Sitznachbarn zu sprechen. Problem: Die Lernenden haben keine Idee, wie sie vorgehen können. Lösung: Hinweiskärtchen vorbereiten. Mögliches Folgeproblem: Die Lernenden werden „denkfaul" und holen sich nur noch Hinweise ab. Lösung: Kärtchen sehr restriktiv verteilen. Problem: Die Lernenden arbeiten nicht allein. Lösung: Einzelplätze vorbereiten, problematische Lernende entsprechend platzieren.
2. Arbeitsphase („Du")	*(ca. 25 min.)*	
Wer fertig ist, sucht sich eine Lernpartnerin / einen Lernpartner, die / der auch fertig ist und ihr tauscht die Ergebnisse aus. Diskutiert gemeinsam die Frage: „Wie kann man sicher sein, dass man alle Figuren gefunden hat?". Notiert euer Vorgehen und eure Erkenntnisse.	Die Lernenden sollen Ideen austauschen, argumentieren und darüber nachdenken. Schließlich sollen sie die Ergebnisse schriftlich reflektieren (→ Steuerung des Prozesses). Dieser Teil ist selbstdifferenzierend bzgl. Arbeitstempo, wer ein Verfahren gefunden hat, arbeitet zu zweit, die anderen noch allein. Es wird auch an den Überzeugungen der Lernenden gearbeitet: Mathematik ist (in den Wegen und Lösungen) nicht immer eindeutig, Zusammenarbeit ist bereichernd.	Problem: Trittbrettfahrer. Lösung: Diese Phase nicht bereits vor der Einzelarbeitsphase ankündigen, sondern erst, wenn diese abgeschlossen ist. Problem: Das Vorgehen wird zu knapp notiert. Lösung: Vorerst noch keine. Der Aufbau der Prozessdokumentation braucht Zeit und kann nicht innerhalb zweier Lektionen erwartet werden. Im Kapitel 9 werden Methoden beschrieben, wie man diesen Aufbau stimulieren kann.

Ablauf	Hinweise	Mögliche Probleme und Lösungsvorschläge
Nach ca. 15 min wird die Einzelarbeit abgebrochen und alle diskutieren ihre Ergebnisse in Partnerarbeit. Das Aufgabenblatt mit den weiteren Aufgaben (Rechteck bilden etc.) wird an Gruppen verteilt, die bereits fertig sind.	Alle sollen ihre Lösungsansätze diskutieren. Die schnellen erhalten gestaffelte Aufgaben.	Problem: Die Unterschiede in der Klasse hinsichtlich Arbeitstempo sind sehr groß. Lösung: Mithilfe der gestaffelten Aufgaben die schnelleren zusätzlich herausfordern; die Blöcke Einzelarbeit und Diskussion in Partnerarbeit zeitlich klar limitieren.
3. Arbeitsphase („Dokumentation")	*(ca. 10–15 min.)*	
Auftrag in Einzelarbeit: *Schreibt euer Vorgehen und eure Erkenntnisse so ins Problemlöseheft, dass jemand anders oder ihr zu einem späteren Zeitpunkt sie nachvollziehen könnt.*	Hier wird eine wichtige Marke für Problemlösen gesetzt: Erkenntnisse sollen für sich selbst und andere nachvollziehbar dokumentiert werden. Nur so können sie überprüft werden und darauf aufbauende Probleme bearbeitet werden. Bei der Dokumentation laufen metakognitive Prozesse ab, die den Lösungsprozess steuern.	Problem: Große zeitliche Unterschiede beim Niederschreiben des Prozesses. Lösung: Wie oben: Schnellere Lernende arbeiten an Erweiterungen des Problems. Problem: Prozessdokumentation nicht verständlich. Lösung: Durch Mitlernende gegenlesen lassen und Rückmeldungen geben (ist aber u. U. zeitintensiv).
4. Arbeitsphase („Wir")	*(ca. 30 min.)*	
Diskussion im Plenum: Die gefundenen Ergebnisse werden vorgestellt und diskutiert. Die Lehrperson achtet dabei besonders darauf, dass nicht nur die Lösungen gezeigt werden, sondern auch der Prozess dazu beschrieben wird. Die Vor- und Nachteile der Ansätze sollen verglichen werden, Musterstrategien werden (falls überhaupt notwendig) erst am Ende von der Lehrperson vorgestellt. In kleineren Klassen kann die Diskussion auch an einem großen Tisch oder in einem Halbkreis vor der Wandtafel stattfinden. Das kann eine intensivere Arbeitsatmosphäre erzeugen. Insbesondere die Fragen *„Wie bist du beim Suchen der Formen vorgegangen?"* und *„Wie kann man sicher sein, dass man alle Figuren gefunden hat?"* werden gemeinsam diskutiert (durch diese Fragen wird der Fokus von zufälligem Ausprobieren auf systematisches/strategisches Vorgehen gerichtet).	Für diese Diskussion ist es hilfreich, Anschauungsmaterial (z. B. fünf große Quadrate, die man an der Wandtafel oder auf einem Tisch verschieben kann) bereitzuhalten. Die zurückhaltende Moderation der Diskussion durch die Lehrperson ist besonders wichtig, denn die Lernenden sollen ihre eigenen Ansätze präsentieren und diskutieren. Hinweise zur systematischen Leitung von Diskussionen findet man im Kapitel 9 zum Thema „Neriage". Neben der offensichtlichen Arbeit an Heurismen, werden auch Überzeugungen aufgebaut: Mathematik ist gekennzeichnet von *Diskursivität*, d. h. von meist mündlichen Austauschanlässen, also Diskussionen in Gruppen oder der ganzen Klasse über Lösungen, Lösungswege, Strategien, Darstellungen etc. Man darf Fehler machen: Irrwege gehören dazu und sind oft lehrreich.	Problem: Die Lernenden trauen sich nicht, ihre Wege und Ideen zu zeigen. Lösungen: Alle müssen ihre Lösung kurz beschreiben. Oder: Die Hefte werden im Zimmer ausgelegt und von allen Lernenden angeschaut und danach konkrete Fragen zum Vorgehen besprochen. Problem: Nur wenige unterschiedliche Strategien werden vorgestellt. Lösung: Skizzierung weiterer möglicher Strategien durch die Lehrperson.

Ablauf	Hinweise	Mögliche Probleme und Lösungsvorschläge
5. Arbeitsphase („Abschluss“)	*(ca. 10–15 min.)*	
Weitere Fragen (von den Lernenden gefunden) werden gesammelt und die Weiterarbeit an diesen oder den weiteren Fragen auf dem Aufgabenblatt angeregt.	Arbeit an den Überzeugungen: Mathematik ist keine abschließende Wissenschaft: Einige Fragen bleiben offen, manchmal führen auch Erkenntnisse zu neuen Fragen.	Problem: Keine weiteren Fragen vorhanden. Lösungen: Zu diesem Zeitpunkt Fragen suchen (vgl. auch Kapitel 11). Oder: An weiteren Fragen der Lehrperson arbeiten. Oder: Block weglassen. (Tipp: Bereits in der Unterrichtsvorbereitung Fragen vorbereiten)
Möglichkeit für Hausarbeit: Bis zur nächsten Woche (nächsten Problemlöse-Lektion) an einer der aufgeworfenen Fragen weiterarbeiten, den Prozess im Heft nachvollziehbar dokumentieren und in der nächsten Stunde im Plenum vorstellen.		

Tab. 5.1: Unterrichtsablauf zu „Fünferformen“

In der nächsten Stunde kann diese individuelle Hausarbeit aufgegriffen werden, Ergebnisse wiederum verglichen und diskutiert werden. Es bietet sich zu einem späteren Zeitpunkt auch an, die verschiedenen Prozessdarstellungen der Lernenden vergleichen zu lassen (siehe auch Kapitel 9, Methoden zum Aufbau von Darstellungs- und Organisationskompetenzen).

5.4.2 Ansatz 2: Problemlösen in den regulären Mathematikunterricht integrieren

Ein Beispiel aus dem Lehrmittel „mathbuch 2“ (Affolter et. al., 2014, S. 71) zum Einstieg in die Kombinatorik:

Minilotto

3 aus 5

5 In einer Schachtel sind insgesamt fünf Kugeln (oder Kärtchen), angeschrieben mit den Zahlen 1, 2, 3, 4 und 5. Schreibt drei dieser Zahlen auf einen «Lottozettel». Jemand aus der Klasse zieht drei Kugeln aus der Schachtel. Führt mehrere Ziehungen durch.

A Stelle vor jeder Ziehung eine Vermutung auf, wie viele Zahlen du richtig voraussagen wirst.

B Überprüfe nach der Ziehung, wie viele Zahlen du richtig vorausgesagt hast.

C Erstellt in der Klasse eine Statistik, wie oft null, eine, zwei oder drei Zahlen richtig vorausgesagt wurden.

D Was stellt ihr fest? Sucht nach Gründen.

Abb. 5.6: Minilotto: 3 aus 5 (Affolter et al., 2014, S. 71)

In 5.3.2 wurden zwei Bedingungen formuliert, die an diesem Beispiel nun illustriert werden sollen: 1. Fokussierung auf den Kern des mathematischen Inhalts durch die Aufgabe und 2. hinreichende Offenheit in der Aufgabenstellung.

Die erste Bedingung wird v. a. durch die Teilaufgaben C und D erfüllt. Die Aufgaben A und B dienen dabei der Hypothesenbildung und -überprüfung. Spätestens bei D wird die Idee aufkommen, alle möglichen 3er-Tupel zu notieren und damit die Wahrscheinlichkeiten (deren Konzept bereits vorher eingeführt wurde) zu ermitteln. Die Frage „Wie viele 3er-Tupel gibt es?" kann hier auf verschiedenen Wegen erbracht werden, womit die zweite Bedingung erfüllt wird. Es gelingt durch (systematisches) Ausprobieren, Aufzeichnen eines Baums oder der Basis auch arithmetischer Überlegungen (für die erste Zahl gibt es 5 Möglichkeiten, die zweite 4 und die dritte 3, dann sind aber noch doppelte Tupel drin etc.).

Die Produkte von Lernenden dazu sehen z. B. so aus (Abb 5.7):

Es gibt 6 Kombinationen · 123 · 234
· 124 · 235
· 125 · 345

a) Vermutung

X	Schätzung		1 Zahl	2 Zahlen	3 Zahlen	0 Zahlen
1.	324	2	3			
2.	125	1	5			
3.	345	3	5			
4.	251	2	2	1		
5.	123	1	2	3		

d) Die Chancen stehen $\frac{1}{20}$, dass die richtige Zahl gezogen wird. Es ist schwer alle drei Zahlen richtig zu raten.
Die Chance liegt bei 5%.

Abb. 5.7: Schülerlösung 6

Ein weiteres Schülerbeispiel dazu sieht so aus (Abb. 5.8):

b) Überprüfe nach jeder Ziehung, wie viele Zahlen du richtig vorausgesagt hast.
c) Erstellt in der Klasse eine Statistik, wie oft keine, eine, zwei oder drei Zahlen richtig vorausgesagt wurden.
d) Was stellt ihr fest? Sucht nach Gründen und beschreibt diese in wenigen Sätzen.

	Anzahl Voraussage	richtige Zahlen	
1. Ziehung	2	2	5;2;4(2,4,5)
2 Ziehung	2	1	4 2 1 (1,2,4)
3 Ziehung	2	1	5 1 3 (1,3,5)
4 Ziehung	1	2	5 2 3 (2,3,5)
5 Ziehung	2	2	4 1 3

Man wird immer mindestens 1 richtig haben, denn wenn man 3 von 5 Karten zieht. Ich habe beim 1. mal 2 richtig und beim 2. mal 1 richtig. Wahrscheinlich werde ich nächstes mal wieder 2 richtig haben.

Statistik: Es ist sehr wahrscheinlich, dass man 2 richtig hat. Es ist immer so, dass jemand 1 mal richtig hat.

6 Ziehung	2	2	4 1 3 (3,4,5)
7 Ziehung	2	1	3 2 4 (1,2,4)

Es ist sehr wahrscheinlich das man 2 richtig hat, 3 richtig zu haben ist unwahrscheinlich.

Abb. 5.8: Schülerlösung 7

Hier wird die Ebene der Begründung deutlich: Der Schüler argumentiert, dass immer mindestens eine Kugel richtig gezogen wird, weil man 3 von 5 Kugeln zieht. Es lassen sich qualitative Unterschiede in den Bearbeitungen feststellen.

Falls die Lernenden diese Lösungen nach Aufgabe 5 noch nicht erstellen (oder Fehler auftauchen, wie in der abgebildeten Schülerlösung oben), hilft die Aufgabe 6 mit einer möglichen Strategie (Abb. 5.9):

6
A Schreibt alle möglichen Ziehungen auf, zum Beispiel 1 2 3 1 2 4 usw.
B Nehmt an, dass bei einer Ziehung die Zahlen 2, 4 und 5 gezogen wurden.
Wie viele Tipps mit null, mit einer, mit zwei und mit drei richtigen Zahlen gibt es?

Abb. 5.9: Minilotto: Verschiedene Ziehungen (Affolter et al., 2014, S. 71)

Die Aufgabe wird im mathbuch 2 einige Lektionen später verallgemeinert (Abb. 5.10):

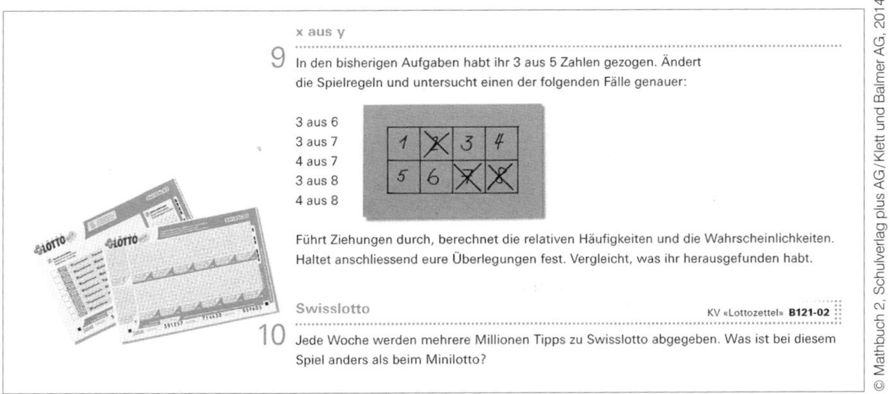
x aus y

9 In den bisherigen Aufgaben habt ihr 3 aus 5 Zahlen gezogen. Ändert die Spielregeln und untersucht einen der folgenden Fälle genauer:

3 aus 6
3 aus 7
4 aus 7
3 aus 8
4 aus 8

Führt Ziehungen durch, berechnet die relativen Häufigkeiten und die Wahrscheinlichkeiten. Haltet anschliessend eure Überlegungen fest. Vergleicht, was ihr herausgefunden habt.

Swisslotto — KV «Lottozettel» **B121-02**

10 Jede Woche werden mehrere Millionen Tipps zu Swisslotto abgegeben. Was ist bei diesem Spiel anders als beim Minilotto?

Abb. 5.10: Minilotto: x aus y (Affolter et al., 2014, S. 71)

Damit lässt sich das Konzept „Kombination ohne Wiederholung" zielgerichtet aufbauen. Der Aufbau des konkreten Unterrichts gleicht methodisch stark dem des oben ausgeführten Ansatzes 1. Die dort exemplarisch beschriebene Doppellektion kann problemlos für diese Aufgabe adaptiert werden.

Es ist offensichtlich, dass bei diesem Ansatz in der Diskussionsphase der mathematische Inhalt (hier das Konzept der Kombination ohne Wiederholung) im Vordergrund steht. Im Sinne der Verfolgung multipler Ziele im Mathematikunterricht (vgl. Leuders, 2016) können aber – vor allem anschließend an die mathematisch-inhaltliche Diskussion – auch weitere Komponenten des Problemlösens thematisiert werden, z. B. Heurismen, aber auch Darstellungsweisen oder gar Einstellungen und Überzeugungen. Die dafür zusätzlich aufgewendete Zeit wird durch das tiefere Verständnis des mathematischen Inhalts (vgl. Rostetter, 2006) und den Zugewinn weiterer Kompetenzen (Problemlösen) aufgewogen.

5.5 Herausforderungen und Diskussion beider Ansätze

Die Herausforderungen des nicht unmittelbar curricular verankerten Wegs in Ansatz 1 liegen im Transfer der erworbenen Problemlösekompetenzen in den „regulären" Mathematikunterricht. Oftmals gelingt die Synthese der beiden Schienen nur ungenügend: Die Lernenden dokumentieren und steuern zwar ihre Prozesse in den Problemlöse-Lektionen ausführlich und nachvollziehbar, im „regulären" Unterricht tun sie dies aber eher nicht. Das gelingt insbesondere dann nicht gut, wenn der „reguläre" Mathematikunterricht nicht von problemorientierter und diskursiver Arbeitsweise geprägt ist, sondern eher instruktiv-rezeptiv abläuft. Die Loslösung der Problemlöseaufgaben vom Curriculum kann sowohl bei Lernenden wie auch bei der Lehrperson den Effekt auslösen, dass solche Aufgaben zu einem Fremdkörper verkommen, der häufig auch als Zeitfresser von fragwürdigem Nutzen angesehen wird. Zudem wird dann die Überzeugung transportiert, dass nicht bei allen mathematischen Inhalten auf Problemlöseprozesse eingegangen werden kann, sondern diese eine Eigenheit von einigen wenigen speziellen Themen sind und damit in der Mathematik keine wichtige Rolle einnehmen.

Integriert man Problemlösen direkt in den regulären Mathematikunterricht (Ansatz 2), steht man vor einem Dilemma: Gehe ich in den Diskussionsphasen nun auf die mathematischen Inhalte des zu erarbeitenden Themas ein oder mache ich die Problemlösekompetenzen zum Diskussionsinhalt? An beiden Facetten gleichzeitig mit den Lernenden zu arbeiten stellt (insbesondere bei schwächeren Lernenden) häufig einen „cognitive overload" (Sweller, 1994) dar. Dem kann man entgegenwirken mit einem dieser beiden Ansätze:

- Es wird an mathematischen Themen gearbeitet, die inhaltlich keine großen Anforderungen stellen oder
- die beiden Diskussionsebenen werden zeitlich getrennt behandelt. Dabei ist es sinnvoll, zuerst die mathematischen Inhalte zu diskutieren und aufzubauen und danach rückblickend auf die angewendeten Problemlösekompetenzen einzugehen.

Beide Ansätze bergen Risiken: Arbeitet man bewusst mit mathematisch anspruchsarmen Aufgaben/Themen, fallen oft auch die Ergebnisse bei den problemlösespezifischen Kompetenzen (Heurismen, Prozesssteuerung etc.) mager aus. Trennt man die Ebenen zeitlich, können während der Diskussion der einen Ebene wichtige Informationen der anderen Ebene verloren gehen bzw. schlicht vergessen werden.

Sicherlich muss man sich als Lehrperson auch nicht kategorisch für den einen oder anderen Ansatz entscheiden. Vielmehr kann eine geeignete Kombination beider Ansätze zu einem guten Resultat führen: Für die *Erarbeitung* gewisser problemlösespezifischer Elemente wie Heurismen, Darstellungs- und Organisationskompetenzen, Metakognition etc. werden zeitlich abgegrenzte inhaltliche „Inseln" geschaffen, d. h. die Aufgaben werden bewusst von der Inhaltsebene des Curriculums entkoppelt. Zur *Einübung* dieser Kompetenzen werden aber dann nicht nochmals isolierte, curriculumsferne Aufgaben verwendet, sondern Problemstellungen, die sich aus der „normalen" Arbeit im Mathematikunterricht ergeben und damit die beiden anscheinend konträren Ebenen verbinden. Gleichzeitig werden mathematische Inhalte wo immer möglich konsequent problemgenetisch (also durch Problemlösen in der Entdecken-Phase) aufgebaut und auch produktiv problemorientiert geübt (vgl. Kapitel 8).

Wie ein solches Konzept in der Praxis aussehen kann, zeigen moderne Lehrmittel wie z. B. mathewerkstatt oder mathbuch oder kann mithilfe der curricularen Sammlung von Problemen in Mason et al. (2006) nachvollzogen werden.

6 Wie leite ich Lernende zum planvollen Vorgehen an?

Problemlöseprozesse sind dadurch gekennzeichnet, dass sie nicht nach einem vorgegebenen Algorithmus verlaufen, sondern sie erfordern das kreative Überwinden von Barrieren (s. Kap. 3). Schon dadurch ist klar, dass ein Problemlöseprozess nicht linear verläuft, sondern ständig nach Entscheidungen verlangt. Was soll dann ein planvolles Vorgehen beim Problemlösen sein? Sicher nicht das Befolgen eines von außen vorgegebenen Ablaufplans, sondern das Aufstellen und flexible Modifizieren eines eigenen Plans. Und für diese Tätigkeit gibt es durchaus hilfreiche Handlungsmuster, also einen Plan auf einer Metaebene. Die Devise lautet: Offenheit ist beherrschbar und Kreativität ist planbar. Damit können auch Lernende mit weniger Sicherheit im Problemlösen an die Bearbeitung solcher Aufgaben herangeführt werden.

Wie sehen solche Pläne auf der Metaebene aus? Mit dieser Frage haben sich naturgemäß auch diejenigen beschäftigt, die professionell Probleme lösen, nämlich Mathematiker. Vor allem durch Selbstbeobachtung fanden sie heraus, dass ihre Problemlöseprozesse immer bestimmte Elemente enthalten. Besonders deutlich wurde, dass erfolgreiche Problemlöseprozesse in gewissen Phasen verlaufen. Folgt man diesen Phasen wird es wahrscheinlicher (wenngleich nicht absolut sicher), ein Problem erfolgreich zu lösen. So kommt man von der reinen Beschreibung von absolvierten Problemlöseprozessen zur Forderung bestimmter Elemente für beabsichtigte Problemlöseprozesse (sogenannte normative Vorgaben). Der wohl bekannteste Mathematiker, der seine Vorschläge für hilfreiche Problemlösepläne veröffentlicht hat, war George Pólya, dessen schon klassisch zu nennender Problemlöseplan nachfolgend vorgestellt wird. Pólyas Plan ist aber nicht der einzige und auch nicht der einzig sinnvolle (für einen Überblick vgl. Neuhaus, 2002; Rott, 2014). Welchen Problemlöseplan man in welcher Situation, bei welchem Thema und bei welchen Lernenden wählen kann, wie eng man sich daran halten oder davon abweichen sollte, sind didaktische Erwägungen, die ebenfalls auf den folgenden Seiten zu finden sind.

Ein wichtiger Hinweis zur Verwendung der Begriffe in diesem Kapitel: Planvolles Handeln zählt in der Psychologie (und auch in der Problemlöseforschung) zur Metakognition, da es sich hier um Kontroll- und Steuerungsprozesse handelt. Oft findet man in der Lehr-Lernforschung Vorschläge, wie man Lernende beim planvollen Vorgehen unterstützen kann. Hierfür gibt es dann Bezeichnungen wie „Lesestrategie" oder „Lernstrategie". Dies sind Pläne, die Schülerinnen und Schülern helfen sollen, das verständnisvolle Lesen oder das Lernen eines Sachverhaltes zu steuern und so erfolgreicher zu lesen oder zu lernen (Artelt und Moschner, 2005; Mandl und Friedrich, 2006). Was in diesem Buch als Problemlöseplan bezeichnet wird, würde in der Psychologie deshalb eher „Problemlösestrategie" genannt. In der Mathematik benutzt man das Wort „Strategie" aber für kleinere und flexibler einzusetzende Elemente im Sinne von Heurismen (s. Kap. 4 und insb. Kap. 7). Aus diesem Grund wird in diesem Kapitel von Problemlöse*plänen* gesprochen.

6.1 Problemlösepläne – welche gibt es in der Literatur und in Schulbüchern?

Problemlöse*pläne* sind die *normative* Form von Problemlöseprozessmodellen. Sie geben quasi eine Anleitung, wie Problemlöseprozesse gestaltet werden können, damit sie erfolgreich sind. In diesem Abschnitt werden einige wichtige Pläne aus Schulbüchern und der Literatur vorgestellt und verglichen.

Der erste Problemlöseplan ist ein häufig genutzter Klassiker: „Frage – Rechnung – Antwort" bzw. „Frage – Lösung – Antwort" oder auch kurz „FRA" bzw. „FLA". Dieser ist in der Grundschule sehr beliebt, aber auch in der Sekundarstufe noch zu finden (s. Abb. 6.1).

Abb. 6.1: Ein Beispiel für den Problemlöseplan „FLA" (Welt der Zahl 2, Rinkens et al., 2014, S. 136)

Überlegen Sie:

NACHDENK-AUFGABE

Welche Vorteile und welche Risiken sehen Sie in einem solchen Plan?

Ein solcher Plan bietet einerseits eine leicht erlernbare Handlungsabfolge, die beim Problemlösen unterstützen kann: Der Schritt „Frage" soll ja zum Nachdenken über die Aufgabensituation anregen und oberflächliches Rechnen vermeiden helfen. Der zweite Schritt, „Rechnung", steht für die Anwendung eines (in der Regel bekannten) Rechenschemas. Der Schritt

Die vier Phasen des Problemlösens von Pólya lauten
(1) Verstehen der Aufgabe,
(2) Ausdenken eines Plans,
(3) Ausführen des Plans und
(4) Rückschau.
(Anmerkung: In seinem Buch verwendet Pólya das Wort „Aufgabe"; gemeint ist damit der Begriff „Problem", wie er in diesem Buch verwendet wird.)

POLYA

Verstehen der Aufgabe
– Was ist gegeben/gesucht? – Zeichne eine Figur!

↓

Ausdenken eines Plans
– Kennst Du eine verwandte/analoge Aufgabe? – Stelle einen Plan auf!

↓

Ausführen eines Plans
– Führe Deinen Plan aus. – Kontrolliere jeden Schritt!

↓

Rückschau
– Prüfe Dein Ergebnis! – Findest Du andere Wege? – Kannst Du das Resultat für andere Aufgaben gebrauchen?

Zu jeder dieser Phasen hat Pólya heuristische Fragen formuliert, die Problemlösern helfen können, Fortschritte auf dem Weg zur Lösung des Problems zu erringen bzw. generell ein besserer Problemlöser zu werden (in der Abbildung rechts finden sich nur Auszüge aus Pólyas umfangreichen Fragenkatalog). Beispielsweise regt er an, sich in der ersten Phase zu fragen, was bei dem Problem unbekannt und was gegeben sei. Auch das Zeichnen von Figuren und das Einführen von Bezeichnungen sollen beim Verstehen der Aufgabe helfen (siehe Originaltext, Pólya, 1949).

Die zweite Phase stellt das Herzstück dieses Problemlösemodells dar. Man soll einen Plan aufstellen (hierbei ist der konkrete Plan für die Aufgabe gemeint, man würde heute eher „Ansatz" oder „Strategie" oder allgemeiner „Heurismus" sagen). Ein solcher Plan kann z. B. sein, eine verwandte Aufgabe zu betrachten.

Zu dem Plan kann auch gehören, das Problem in Teilziele zu zerlegen oder zunächst einfachere Aufgaben mit weniger Bedingungen zu bearbeiten, bis man schließlich zu einem ausführbaren Plan gelangt.

Diesen Plan gilt es dann auszuführen, und möglichst in jedem Schritt zu kontrollieren, inwieweit man sich noch auf dem Weg befindet. Da Pólyas Phasen nicht nur für Textaufgaben entwickelt wurden, sondern auch Beweisprobleme, geometrische Konstruktion u. v. m. vorliegen können, spricht Pólya auch von „Ausführen" und nicht von „Rechnen".

In der letzten Phase schließlich sollte man sein Ergebnis noch einmal vollständig kontrollieren und ggf. nach anderen Lösungswegen suchen. In der Rückschau kann man sich zudem vergegenwärtigen, welche Vorgehensweisen und Methoden besonders hilfreich gewesen sind.

„Antwort" soll daran erinnern, sich zu vergewissern, ob man die ursprüngliche Frage wirklich beantwortet hat. Er birgt aber andererseits die Gefahr, dass der Plan ausschließlich im Zusammenhang mit dem Aufgabenformat „Textaufgabe" auftritt und dann nur rezeptartig, streng nach Schema („Erledige alle Aufgaben"), aber ohne tieferes Nachdenken über das Vorgehen, bearbeitet wird und deshalb keine nachhaltige Wirkung entfaltet (s. Franke, 1998, S. 113).

Am Beispiel von Abb. 6.1 wird der Vorteil des Schemas „Frage – Lösung – Antwort" erkennbar: Bei diesen Aufgaben ist das Finden der Frage ganz eng verbunden mit dem Finden des richtigen Ansatzes, der festlegt, welcher Rechenweg passt. Auch wenn das FLA-Schema einfach ist, erkennt man bereits drei wichtige Schritte am Beginn eines Problemlöseprozesses: (1) Eine Problemsituation analysieren und verstehen („Was ist eigentlich gefragt?"), (2) einen geeigneten Ansatz auswählen, mit dem man das Problem bearbeiten will, sowie (3) Prüfen des Ergebnisses und Formulieren einer Antwort.

Der wohl bekannteste Problemlöseplan stammt von Pólya (1949, Einband, siehe Kasten). Er unterscheidet sich vom Schema Frage – Lösung – Antwort (welches auch bekannt ist als „Frage – Rechnung – Antwort") dadurch, dass hier eine größere Offenheit hinsichtlich des Lösungsplans angeregt wird. Er zielt darauf, Analogien zu bekannten Aufgaben und verwandten mathematischen Objekten in der Struktur der Aufgabe zu erkennen und Flexibilität bei der Bearbeitung anzuregen.

Pólya hat dieses Schema auf der Basis seiner eigenen Erfahrungen als Mathematiker und der Beobachtung von Studierenden entwickelt und zwar bewusst als normatives Schema, d.h. als eine Abfolge von Phasen, an denen man sich orientieren soll, wenn man erfolgreich Probleme lösen möchte. Dieses Modell ist sehr bekannt und findet sich als direktes Zitat oder in Variationen in fast allen Büchern zum mathematischen Problemlösen und mittlerweile auch des Öfteren in Mathematik-Schulbüchern. Darüber hinaus hat es auch viele Didaktiker zu einer Auseinandersetzung mit dem Problemlösen und Modellen des Problemlöseprozesses angeregt.

Wenn man das planvolle Vorgehen von Lernenden in der Praxis betrachtet, wird deutlich, dass normative Pläne wie der von Pólya oft nicht strikt linear verstanden werden dürfen: Das folgende Beispiel zeigt, wie die Phase „Problem verstehen" kein punktueller Anlass sein muss, der zu Beginn des Lösungsprozesses schnell erledigt wird, sondern oft erst während des Bearbeitungsprozesses konkrete Konturen annimmt:

Brunnenaufgabe
Die Karte zeigt ein Stück Land. Es gibt fünf Brunnen in diesem Gebiet. Stelle dir vor, du stehst bei X mit einer Herde von Schafen, die Durst haben. Zu welchem Brunnen gehst du?
Entwickle eine Einteilung des Landes in fünf Gebiete, sodass zu jedem Ort in einem Gebiet der Brunnen in diesem Gebiet der nächstgelegene ist.

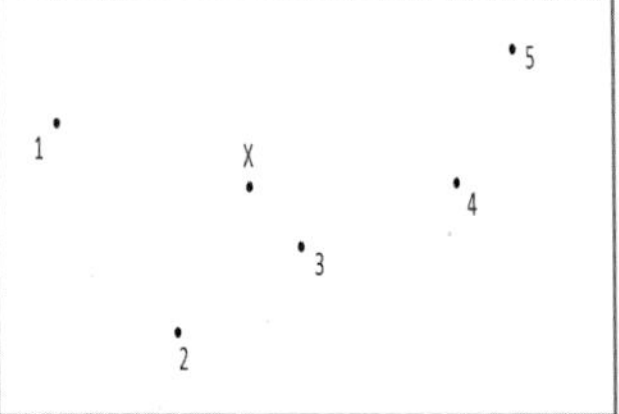

(Büchter & Leuders, 2015, S. 33, zuerst veröffentlicht bei Goddijn und Reuter, 1995)

Diese Bearbeitungsbeispiele zeigen das prozesshafte, sukzessive Verstehen des Problems durch die Lernenden (Abb. 6.2):

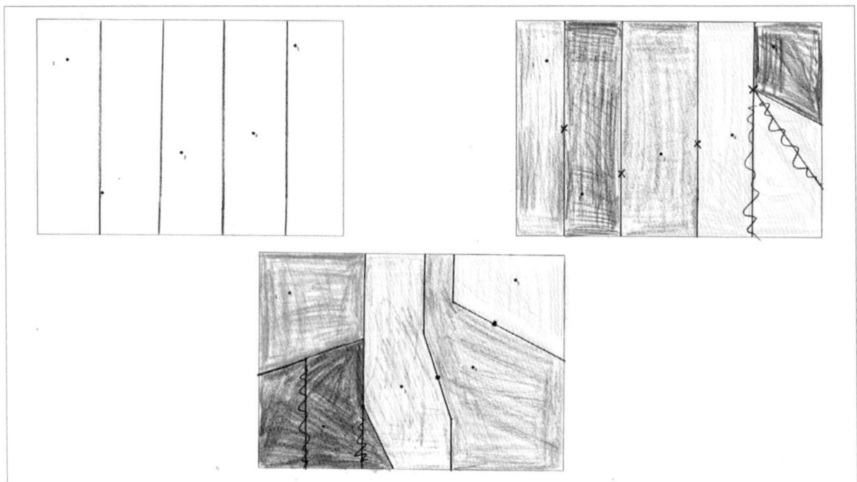

Abb. 6.2: Schülerbearbeitungen der Brunnenaufgabe

Die Analyse der Schülerlösungen zeigt, dass im ersten Versuch die Intention der Aufgabe noch nicht verstanden wurde. Die Lernenden hatten die Aufgabe so interpretiert, dass jedes Gebiet gleich groß sein solle. Dies führt dazu, dass das eigentliche Problem erst in den nachfolgenden Korrekturen erkannt wird. Diese Bearbeitung kann als ein Beispiel dafür angesehen werden, dass die Phase „Problem verstehen" von einigen Schülerinnen und Schülern übersprungen oder vorschnell beendet wird und sie im Verlauf ihres Problemlöseprozesses in diese Phase zurückkehren müssen, um das Problem lösen zu können. (Weitere Schülerlösungen hierzu finden sich bei Holzäpfel, Rott & Dreher, 2016; Holzäpfel et al., 2016.)

Wie dieses Beispiel deutlich macht, kann ein Plan, wie der von Pólya vorgeschlagene, nicht immer im engeren Sinne linear eingehalten werden bzw. ist in dieser Auslegung nicht unbedingt zielführend. Dennoch bietet er ein gutes Grundgerüst, auf dessen Basis man sich mit Problemlöseprozessen auseinandersetzen kann.

Solche Auseinandersetzungen mit dem von Pólya vorgeschlagenen Problemlöseplan führten dazu, dass viele ähnliche, in einigen Punkten ausdifferenzierte Modelle diskutiert werden. Beispielsweise wird die eher lineare Abfolge der vier Phasen oft kritisiert, da so der (falsche) Eindruck entstehen könnte, dass Problemlösen etwas Lineares, Schematisches ist. Deswegen sind einige Modelle zyklisch aufgebaut und betonen Vor- und Rückschritte zwischen den einzelnen Phasen. So kann es manchmal hilfreich sein, ein Problem noch einmal genau zu analysieren, wenn man keinen Plan findet – vielleicht hatte man es noch gar nicht richtig verstanden.

Ein weiterer Kritikpunkt an dem von Pólya vorgeschlagenen Vorgehen ist die starke Fokussierung auf die Erstellung eines (zielgerichteten) Plans und einer davon getrennten Ausführung des Plans. In der Realität (und zwar sowohl in der Realität der mathematischen Forschung als auch im Klassenraum) kann man die Phase der Umsetzung auch mit einem recht vagen Plan oder ganz ohne Plan beginnen. Daher haben einige Autoren die Plan-Ausführung und die Plan-Erstellung zusammengefasst oder die Modelle um zusätzliche Phasen für ungerichtetes Probieren ohne konkreten Plan erweitert.

Ein Modell, das auf Pólyas Überlegungen aufbaut und diese aus den oben aufgeführten Kritikpunkten leicht variiert, stammt von Mason, Burton und Stacey (2010, vgl. Kasten folgende Seite). Wie bei Pólya handelt es sich um ein normatives Modell, d. h. Problemlösern werden Tipps und Hinweise gegeben, wie sie ihre Problemlöseprozesse steuern können und welche Fragen sie sich stellen können, wenn sie im Prozess feststecken. Im Vergleich zu Pólyas Modell gibt es eine Phase weniger, was das Modell etwas einfacher und übersichtlicher macht. Anders als bei Pólya wird die Möglichkeit, zwischen den Phasen hin und her zu springen, explizit in das Modell integriert. Für den Problemlöseprozess bedeutet dies, dass auch einmal eingeschlagene Wege wieder verworfen werden können, wenn z. B. erkannt wird, dass diese nicht zielführend sind. Das ist sicherlich auch beim Bearbeiten von Aufgaben so – jedoch wird hier ganz bewusst Flexibilität angeregt, was den Lösungsprozess angeht. Um das am Beispiel der Brunnenaufgabe noch einmal zu konkretisieren: Dies würde z. B. bedeuten, dass man eine erste Lösung anfertigt (erste der drei Schülerzeichnungen), anhand derer man Fehler erkennt (diese würde man ohne diesen Schritt nicht wahrnehmen) – dann kann man durch diese gewonnene Erkenntnis den nächsten Schritt einleiten.

Das Modell von Mason, Burton und Stacey (2010) besteht aus drei Phasen:
(1) Einstieg,
(2) Angriff und
(3) Rückschau.
(Anmerkung: Im englischen Original heißen diese Phasen „Entry“, „Attack“ und „Review“ – in der deutschen Übersetzung des Buchs finden sich die Bezeichnungen „Planung“, „Durchführung“ und „Rückblick“, die hier bewusst vermieden werden: Die erste Phase genauso zu bezeichnen wie Pólyas zweite Phase legt fälschlicherweise nahe, dass sich diese Phasen entsprechen.)

Die erste Phase entspricht teilweise Pólyas „Verstehen der Aufgabe“. Man soll sich zunächst mit dem Problem vertraut machen, schauen, was gegeben und was gesucht ist sowie Beispiele betrachten. In dieser Phase verorten die Autoren allerdings auch schon Heurismen wie das Betrachten von Spezialfällen, die Pólya erst später – in der Planungsphase – vorgesehen hat. In der zweiten Phase erfolgt dann die eigentliche Erarbeitung einer Lösung. Anders als bei Pólya sehen Mason und Kollegen hier auch ein schrittweises Vorgehen, ohne dass zunächst ein (vollständiger) Plan aufgestellt werden sollte.

MASON, BURTON & STACEY

Einstieg
Bekannt? *Ziel?* *Hilfsmittel*

Angriff
Versuch *Vielleicht* *Warum nicht?*

Rückschau
Test *Nachdenken* *Verallgemeinern*

Das Herzstück des Modells liegt im Wechselspiel der ersten und zweiten Phase. Wenn man beim Bearbeiten eines Problems steckenbleibt, soll man zurück in die Einstiegsphase und weitere Beispiele betrachten. Wenn man so neue Erkenntnisse über das Problem gewonnen hat, kann man weiter an seinem Plan und dessen Durchführung arbeiten. So geht es oft hin und her, während sich das Gefühl, nicht weiter zu kommen, mit Aha-Erlebnissen abwechselt.

Hat man ein Problem gelöst, schlagen Mason und Kollegen eine Rückschau-Phase vor, wie Pólya sie auch schon beschrieben hatte.

Wie geht man mit einer solchen Vielfalt um? Welches ist nun der bessere Problemlöseplan? Besser für Lehrpersonen, Schülerinnen und Schüler (Forscherinnen und Forscher werden hier bewusst ausgeklammert)? Auf diese Frage gibt es keine einfache Antwort – die Vorteile eines einfachen

Plans sind sicher die Merkbarkeit und die Eignung für jüngere Lernende. Ein reichhaltigerer Plan ist hingegen flexibler und passt auf mehrere Situationen. Die Passung auf möglichst viele Situationen ist auch in anderer Hinsicht bedeutsam: Problemlösesituationen können sich z. B. darin unterscheiden, ob es um das Finden eines Beweises, das Finden einer Vermutung, das Lösen eines Modellierungsproblems oder das Lösen eines Konstruktions- oder Berechnungsproblems handelt. Wenn man für jede dieser Situationen eigene Pläne einführt, kann das zu einer Überforderung der Lernenden führen.

Die Vorteile und Gemeinsamkeiten der verschiedenen Pläne in ein langfristiges didaktisches Konzept zu integrieren, ist der Zweck des letzten hier vorgestellten Problemlöseplans „PADEK" (Abb. 6.3 und 6.4). Er verfolgt drei didaktische Ziele:

1. Die Schritte des Plans über die Schuljahre sukzessive auszudifferenzieren.
2. Für jeden Schritt problemlösebezogene Fragen, die in diesem Schritt helfen können, über die Schuljahre hinweg anzureichern und das Übergreifende in ihnen zu erkennen. Diese Fragen können gemäß den Komponenten des Problemlösens (vgl. Kap. 4) heuristischer, aber auch prozessbezogener Natur sein.
3. Den Plan mit identischen Bezeichnungen von Klasse 5 bis 10 in allen Problemsituationen anzuwenden, ob es um das Finden von Vermutungen über Teiler geht, um die Lösung von Prozentsituationen oder sogar um das Planen einer komplexen Maßnahme.

Fünf Stufen umfasst der im Schulbuch Mathewerkstatt eingeführte Plan

Es folgt ein weiteres Beispiel für den Problemlöseprozess aus der Schulbuchreihe Mathewerkstatt für die Sekundarstufe I (Leuders, 2013). Der dort vorgestellte Problemlöseplan wird mit „PADEK" abgekürzt. Die fünf Buchstaben stehen dabei für die einzelnen Phasen:

Problem verstehen – in eigenen Worten formulieren
Ansatz suchen – Annahmen beschreiben und Rechenweg planen
Durchführen – Rechnung durchführen
Ergebnis erklären
Kontrollieren – Ergebnis, Rechnung und Ansatz prüfen

Abb. 6.3: Problemlöseplan PADEK

In der Praxis kann die Arbeit mit diesem Plan so aussehen:

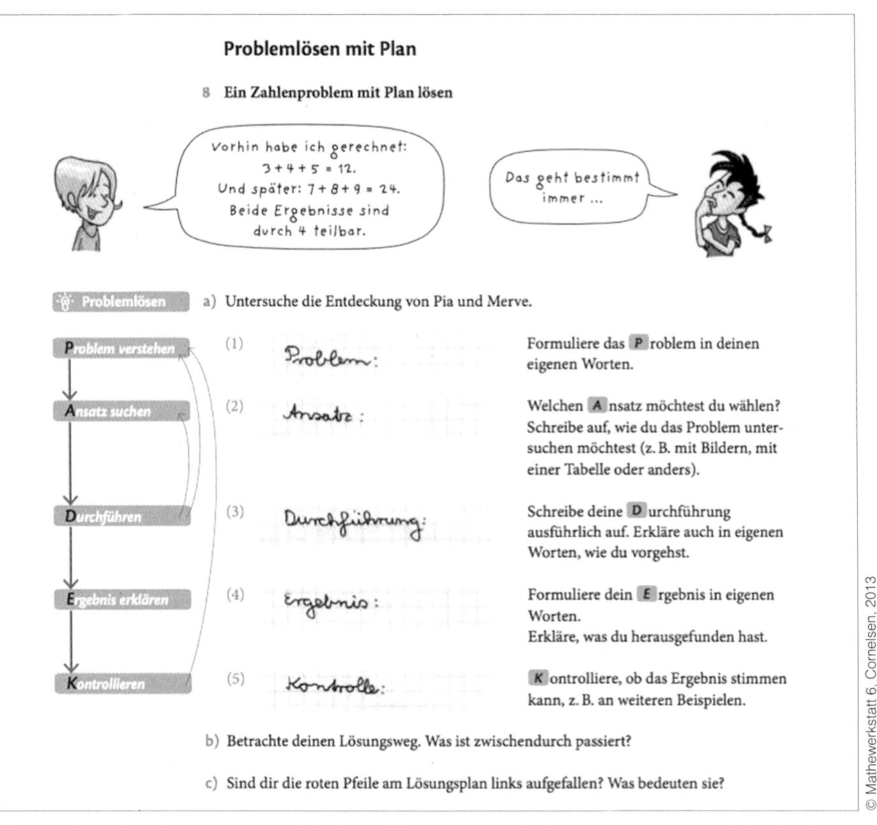

Abb. 6.4: Erarbeitung des Lösungsplans PADEK durch Beispiele und reflexionsanregende Arbeitsaufträge (Leuders, 2013, S. 38)

In Abbildung 6.4 wird das PADEK-Schema für Schülerinnen und Schüler an einem Beispiel erläutert. Durch den Dialog der beiden Kinder wird hier ein fehlerhafter Gedanke eingespielt, der dazu führt, dass bei der Durchführung noch einmal ein Schritt zurückgeblickt werden muss. Es wird dann offensichtlich, dass der Grundgedanke mit der Teilbarkeit durch 4 nicht korrekt ist, wenn man drei aufeinanderfolgende Zahlen addiert. Der Hinweis auf die Pfeile, die hier das Zurückgehen auf die vorherigen Schritte („Problem verstehen" bzw. „Ansatz suchen") zum Ausdruck bringen, regt dazu an, den eigenen Problemlöseprozess in dieser Hinsicht noch einmal zu prüfen und Schritte im Prozess flexibel einzusetzen. Dabei soll deutlich werden, dass diese Prozesse nicht immer linear verlaufen, sondern über Umwege zum Ziel führen – der Plan hilft dabei, die Richtung beizubehalten.

Werden die einzelnen Schritte von den Schülerinnen und Schülern notiert, kann das beispielsweise wie in Abbildung 6.5 aussehen:

P: Wir möchten wissen, wie viel ein Auto mit der Zeit kostet.
A: Wir stellen die Ausgaben für ein Jahr zusammen.
Dazu nehmen wir folgende Kosten an:
1. Kaufpreis des Autos: 20 000 €, also pro Jahr 2000 €, wenn man es 10 Jahre fährt
2. Benzinkosten: 1,90 € pro Liter mal 20 000 km (pro Jahr) mal Verbrauch von 0,04 Litern pro Kilometer.
3. Steuer: 300 € pro Jahr

Also nehmen wir den Term 2000 + 1,90 · 20 000 · 0,04 + 300
D: Ausrechnen: Der Wert des Terms ist 3820.
E: Das Auto kostet pro Jahr also 3820 €.
K: Haben wir alles bedacht?
Nein, Versicherung und Reparaturen haben wir vergessen.
Sagen wir: Versicherung 350 € und Reparatur 200 €.
Also wächst der Term: 2000 + 1,90 · 20 000 · 0,04 + 300 + 350 + 200
Ausrechnen ergibt 4370.
Also entstehen pro Jahr Kosten von 4370 €
Vergleich mit anderer Gruppe: Die haben auch Parkgebühren.
Sagen wir 50 € Parkgebühren im Jahr.
Also wächst der Term: 2000 + 1,90 · 20 000 · 0,04 + 300 + 350 + 200 + 50
Ausrechnen ergibt 4420 €.
Vergleich mit der nächsten Gruppe: Die haben gleiche Ausgaben, aber andere Zahlen.
Jetzt ändern wir aber nichts mehr, sonst muss der ganze Term anders werden.

Abb. 6.5: Bearbeitung eines Problems mithilfe des Lösungsplans PADEK (Prediger & Marxer, 2014, S. 198)

An diesem Beispiel zeigt sich, dass die Ausführungen nicht damit enden, dass eine Kontrolle durchgeführt wird, sondern weitergedacht wird. Es schließt sich ein weiterer Zyklus an und somit entsteht im Grunde genommen ein Kreislauf, der dazu führt, dass sich das Ergebnis immer weiter präzisieren lässt.

Es ist erkennbar, dass auch bei der Entwicklung dieses Modells an die Ideen von Pólya angeknüpft wurde. Es wurde bewusst so formuliert, dass es neben Problemlösen auch mathematisches Modellieren abdecken kann und somit auch auf die Kernprozesse dieser Arbeitsweise abzielt. Unterrichtsbeobachtungen haben gezeigt, dass Schülerinnen und Schüler dieses Schema nutzen und dass sie damit gefördert werden können, Problemlöseprozesse zielorientiert anzugehen.

An den nachfolgenden Beispielen zur Brunnenaufgabe wird deutlich, wie Problemlöseprozesse entlang der angeregten Arbeitsschritte in den Problemlöseplänen ablaufen können. Zunächst einmal ist in beiden Lösungsansätzen erkennbar, dass zu Beginn ein Schritt gegangen wurde, der als Auftakt für das weitere Arbeiten hilfreich war. Dem Plan bei beiden Ansätzen liegt die Überlegung zugrunde, erst einmal einen Bereich zu kennzeichnen, bei dem man sich sicher sein kann, dass dieser die nächstgelegenen Orte zum jeweiligen Brunnen umfasst. Deutlich wird nun der unterschiedliche Verlauf: Während Elena (Abb. 6.6) die gleiche Ausgangsform aneinanderlegt (was bei den Quadraten möglich ist), vergrößert Nestor die Kreise sukzessive (Abb. 6.7). Bei beiden zeichnet sich schließlich eine Überschneidung ab – die dann im Fall der Kreise zu der Konstruktion führt, die man standardmäßig auch im Lehrbuch finden würde (Konstruktion einer Mittelsenkrechten). Aber auch Elena erkennt, dass bei sich überschneidenden Flächenteilen eine neue Zuordnung der Flächenstücke notwendig ist (was man an der Färbung erkennt, die sie im dritten Bild vorgenommen hat) und dass dies in einem ganz bestimmten Bereich vorkommt – nämlich „in der Mitte zwischen den Brunnen". D. h. die Lokalisierung dieser Linie (Mittelsenkrechte) ist bereits entdeckt worden.

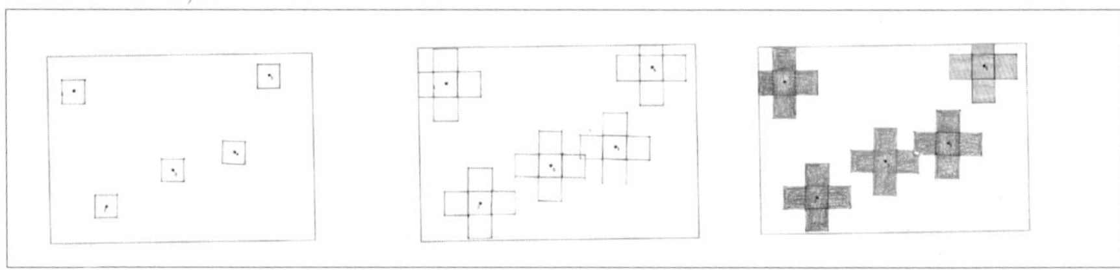

Abb. 6.6: Schülerlösung „Einheitsquadrate" von Elena (schrittweiser Verlauf des Bearbeitungsprozesses).

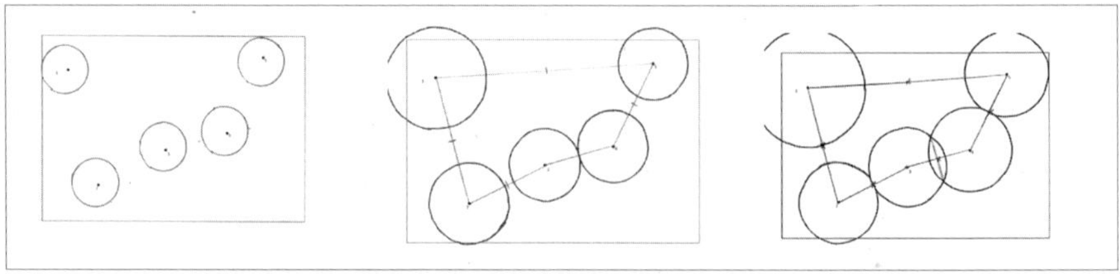

Abb. 6.7: Schülerlösung „Kreise" von Nestor (schrittweiser Verlauf des Bearbeitungsprozesses).

Der Problemlöseplan hat die Arbeitsprozesse dahingehend unterstützt, dass

- ein Anfang erfolgt, auf dem man die weiteren Überlegungen fortsetzen kann;
- eine Evaluierung der ersten Schritte erfolgt („Kann ich damit weiterarbeiten?"; „Was ist an diesem Ansatz möglicherweise falsch?") und
- der Arbeitsprozess aufrechterhalten und nicht abgebrochen wurde, nachdem die erste Zeichnung vorlag.

Deutlich wird nun auch die Herausforderung für die Lehrperson. Entlang eines Problemlöseplans können Schülerinnen und Schüler zielgerichtet unterstützt werden. Der Arbeitsprozess kann aufrechterhalten und es können weiterführende Überlegungen bei den Schülerinnen und Schülern angeregt werden. Die Zielperspektive muss jedoch vor Augen sein – d. h. bereits beim ersten Lösungsansatz muss erkannt werden, in welche Richtung dieser weitergedacht werden kann, um letztlich zu einer Lösung zu gelangen. Dieser Punkt gehört sicherlich zu den großen Schwierigkeiten auf der Seite der Lehrpersonen, da man in der Regel ein paar typische Lösungsansätze kennt und nicht unbedingt auf die Schnelle das Potenzial einer Lösung erkennen kann. Der Problemlöseplan regt dazu an, noch einmal über den aktuellen Bearbeitungsstand nachzudenken, bevor man vorschnell eine anfängliche Überlegung verwirft.

6.2 (Phasen-)Modelle zur Beschreibung und Analyse von Problemlöseprozessen

Die bisher präsentierten Phasenmodelle sind normativ, geben also Vorgaben bzw. Tipps, wie man beim Problemlösen vorgehen sollte. Die Autoren solcher Modelle behaupten nicht, dass Prozesse wirklich so ablaufen, sondern dass man als (unerfahrener) Problemlöser erfolgreicher werden kann, wenn man sich an die entsprechenden Hinweise hält. Da normative Modelle den Problemlöseprozess oft etwas vereinfacht darstellen, eignen sie sich in der Regel nicht gut dazu, Prozesse zu beschreiben und zu analysieren – hierfür wurden und werden *deskriptive* Modelle entwickelt. Jedoch fällt es aufgrund der Komplexität deskriptiver Modelle schwer, aus ihnen Hilfestellungen für Problemlöser abzuleiten.

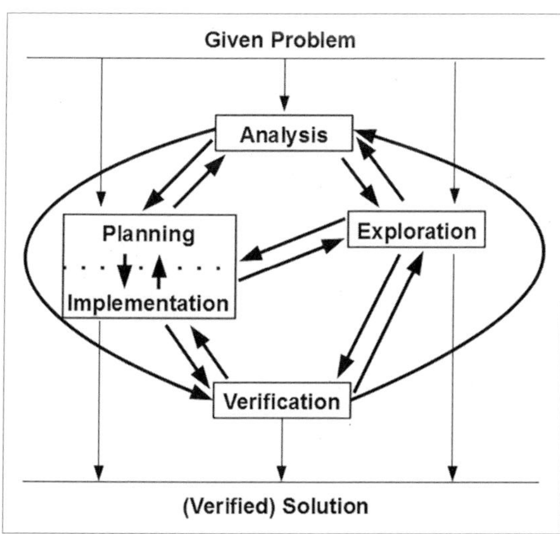

Abb. 6.8: Problemlösemodell (nach Rott, 2014, S. 273)

Rott (2014, siehe Abb. 6.8) hat ein deskriptives Problemlösemodell auf der Basis empirischer Daten (Prozesse von Schülern der Sekundarstufe I) und der Analyse von Prozessmodellen entwickelt, es zeigt deutliche Einflüsse der Phasenmodelle von Pólya (1949), Schoenfeld (1985) und Mason, Burton und Stacey (2010).

Genau wie im Modell von Pólya gibt es eine Phase, die dem Problemverständnis *(Analysis)* gewidmet ist, je eine Phase für die Erstellung eines Plans *(Planning)* und für das Ausführen des Plans *(Implementation)* sowie für eine abschließende Rückschau *(Verification)*. Hinzu kommt eine Phase des ungerichteten Erforschens *(Exploration)* – wenn Problemlöser an einer Aufgabe arbeiten, ohne einen konkreten Plan zu entwickeln oder abzuarbeiten. Außerdem – das deuten die Pfeile an – wird der Verlauf von Problemlöseprozessen nicht linear beschreiben, sondern es sind Übergänge zwischen allen verschiedenen Phasen möglich.

Mithilfe dieses Modells wurden mehr als 100 Problemlöseprozesse von Fünftklässlern beschrieben, wobei u. a. herausgearbeitet wurde, dass ein großer Teil dieser Prozesse tatsächlich nicht linear (wie im Modell von Pólya) verläuft. Zudem lassen sich insbesondere zwei Typen von Problemlöseprozessen identifizieren, die dem Beobachter wichtige Informationen über die Problemlöser geben können: 1. „Wild Goose Chase-Prozesse" und 2. „reine Routineprozesse".

1. „Wild Goose Chase" (auf Deutsch „Wildgansjagd") steht im Englischen für ein vergebliches Bemühen. Man stelle sich einen Jäger vor, der sich an Gänse heranpirscht, die Aufflattern und ein Stück weiterfliegen, bevor der Jäger zum Schuss ansetzen kann. Der Jäger schleicht daraufhin weiter, doch auch beim nächsten Versuch wird er entdeckt, bevor er nahe genug herangekommen ist. Dieses Spiel kann sich beliebig oft wiederholen. Beim Problemlösen bedeutet ein solches Verhalten, dass die Problemlöser unreflektiert herumprobieren. Beispielsweise sollen sie den maximalen Flächeninhalt eines Rechtecks bei gegebenem Umfang bestimmen, berechnen aber nur unsystematisch Flächeninhalte einiger bestimmter Fälle, ohne Aussagen über alle Fälle oder ein mögliches Maximum treffen zu können. Dieses Verhalten wurde von Alan Schoenfeld (1985) beschrieben und benannt. Im deskriptiven Phasenmodell zeigt sich eine „Wild Goose Chase" darin, dass die Problemlöser nur Phasen der Exploration oder des Verstehens *(Analysis)* und der Exploration zeigen; insbesondere planen sie ihr Vorgehen nicht und reflektieren es anschließend nicht *(Verification)*.
2. Reine Routineprozesse zeigen sich in der zum Modell zugehörigen Abbildung (Abb. 6.8) in der linken Hälfte, in ihnen finden ausschließlich Phasen der Planung *(Planning)* und/oder der Ausführung *(Implementation)*

statt; in Ausnahmefällen gibt es noch eine kurze Ergebniskontrolle (*Verification*), die dann jedoch keine Rückschau im Sinne Pólyas darstellt. Insbesondere gibt es in reinen Routineprozessen keine Phase des Verstehens der Aufgabe und keine Exploration. Die Problemlöser beginnen sofort mit einem Plan bzw. einer Planausführung, ohne das Problem zu analysieren. Im Prinzip entspricht dieses Verhalten dem Frage-Rechnung-Antwort-Schema. Wenn Schüler eine Aufgabe bearbeiten sollen, deren Lösungsweg ihnen bekannt ist, erwartet man ein solches Verhalten, sie sollen nicht lange überlegen, sondern die gelernten Verfahren anwenden. Zeigen sie in einem solchen Fall keinen „reinen Routineprozess", sondern versuchen, die Aufgabe zu verstehen, oder probieren verschiedene Heurismen aus, zeigt dieses Verhalten, dass sie die zu lernenden Verfahren noch nicht beherrschen. Sollen sie im umgekehrten Fall ein Problem bearbeiten und legen ein Routine-Verhalten an den Tag, deutet dies auf ein mangelndes Aufgabenverständnis und fehlende heuristische Kompetenzen hin. Die Schülerinnen und Schüler nutzen in einem solchen Fall oft unreflektiert ein Schema, das vermutlich nicht zielführend ist.

6.3 Nutzen von deskriptiven und normativen Prozessmodellen im Unterricht

Der Nutzen solcher Problemlösepläne kann gut an Beispielen zur Aufgabe „Der kürzeste Umweg" (in Anlehnung an Knipping, 2005) betrachtet werden. Dabei stehen sich zwei unterschiedliche Nutzungsmöglichkeiten gegenüber (vgl. Rott, 2013, 2014):

Deskriptiv: Das Wissen um Phasen im Problemlöseprozess kann einem Beobachter (also der Lehrperson, aber auch Forschern) helfen, die Schülerprozesse besser nachzuvollziehen. Dies hat einerseits die Funktion, dass eine Bewertung der Kompetenzen der Lernenden vorgenommen werden kann, andererseits können gezielte Hilfen erfolgen, die an die jeweiligen Phasen angepasst sind (z. B. eher motivationale oder auch strategische oder inhaltliche Hilfen; vgl. Zech, 1983 bzw. Kapitel 9).

Normativ: Das Wissen über Problemlöse-Phasen und zugehörige Fragen kann Lernenden helfen, beim Problemlösen erfolgreicher zu agieren. Der Erfolg kann sich beispielsweise auch darauf begründen, dass das Durchhaltevermögen erhöht wird, weil klar ist, dass man sich in einer Phase des Suchens befindet.

Die folgende Aufgabe wurde von mehreren Gruppen von Zehntklässlern ohne Hilfe dynamischer Geometriesoftware bearbeitet.

Der kürzeste Umweg

Ein Mann möchte mit seinem Pferd von einem Ort (Punkt *A*) zu einem anderen Ort (Punkt *B*) reiten. Unterwegs möchte er seinem Pferd an einem nahegelegenen Fluss etwas Wasser geben. Der Fluss verläuft in dem Gebiet so gerade, dass er durch eine Gerade *g* repräsentiert werden kann.

Zu welcher Stelle *C* auf der Geraden muss der Mann reiten, damit der Umweg von *A* über *C* nach *B* minimal ist? Beschreibt, wie man diesen Punkt *C* konstruieren kann! Warum ist dieser Weg dann minimal? (in Anlehnung an Knipping, 2005)

Am Lösungsprozess von Anett, Beate und Carsten lässt sich verdeutlichen, dass Problemlösephasen einem Beobachter helfen können (Tab. 6.1):

Lösungsprozess der Schülergruppe	Reflexion des Lösungsprozesses
Nach dem ersten Lesen der Aufgabenstellung schauen alle drei zunächst etwas ratlos, Anett stöhnt laut „Häh?" und Carsten sagt, er müsse die Aufgabe noch einmal lesen, weil er sie nicht verstanden hätte. Nachdem sie die Aufgabe ein zweites Mal gelesen haben, fertigt Beate eine Skizze an. Carsten übersetzt die Aufgabenstellung in eine Situation, sodass allen klar ist, worum es geht: Der Fluss wird durch eine Gerade dargestellt; die Punkte *A* und *B* stehen für die zwei Orte. Man möchte also von einem Ort zum nächsten und dabei einmal ans Wasser. Nach dieser Erklärung wirft Anett ein, dass *A* und *B* aber gar nicht auf derselben Seite der Geraden liegen müssen. Zumindest stünde das nicht im Aufgabentext.	Hier kann sehr schön die erste Phase des Problemlöseprozesses beobachtet werden: Es handelt sich um eine Phase des „Verstehens der Aufgabe". Die Gruppe arbeitet sehr sorgfältig und sorgt so für ein umfangreiches Verständnis der Aufgabe, bevor Lösungsansätze entwickelt werden.
„Wenn *A* und *B* auf verschiedenen Seiten [der Gerade] liegen dürfen", greift Carsten die Idee von Anett auf, „dann ist die Lösung ganz einfach." Er skizziert die Situation und verbindet *A* und *B* mit einer Strecke. Den Schnittpunkt der Strecke *AB* mit der Geraden *g* markiert er als den gesuchten Punkt *C*. Die anderen stimmen ihm zu, allerdings wirkt Beate unsicher: Man würde hier ja gar keinen Umweg gehen, wie es im Titel der Aufgabe gefordert sei. Dieser Einwand lässt auch die anderen beiden Gruppenmitglieder stutzen, nach kurzer Zeit übergehen sie diesen Einwand aber – hier gäbe es keine bessere Lösung.	Für einen Beobachter zeigt sich hier eine relativ lange Phase, in der immer wieder Lösungspläne und -ideen geäußert, ausgeführt und überprüft werden. Die Gruppe geht sehr gewissenhaft vor und zeigt Ausdauer; diese Phase hat insgesamt etwas mehr als 20 Minuten gedauert.

„Wenn A und B auf der gleichen Seite sind, ist das schwieriger", stellt Carsten fest. Alle drei fertigen Skizzen der Situation an, in denen die Punkte *A* und *B* verschiedene Abstände zur Geraden g haben. Sie zeichnen verschiedene Punkte *C* auf die Gerade und messen die Längen der Streckenzüge *ACB*. Anett äußert nach ein paar Minuten eine erste Vermutung: Man verbindet *A* und *B* mit der Geraden [sie meint damit das Fällen der Lote von *A* und *B* auf die Gerade] und erhält somit zwei Punkte auf *g*. *C* sei dann der Mittelpunkt dieser beiden Punkte. Sie begründet ihre Vermutung mit dem Argument, dass der kürzeste Weg von jedem der beiden Punkte „einfach gerade runter" wäre. Der kürzeste Weg von beiden Punkten müsse dann genau in der Mitte liegen. Alle drei überprüfen diese Vermutung mithilfe ihrer Skizzen. Beate stellt fest, dass die Vermutung falsch sei. Nur wenn *A* und *B* gleich weit von der Geraden entfernt wären, sei die Konstruktion korrekt. Beate kann aber direkt eine neue Vermutung äußern: Sie verbindet die Punkte *A* und *B* und konstruiert die Mittelsenkrechte von *A* und *B*. Der Schnittpunkt dieser Mittelsenkrechten mit der Geraden sei der gesuchte Punkt. Nach kurzer Zeit merken die drei Problemlöser allerdings, dass auch diese Vermutung nicht korrekt ist. Die Strecken *AC* und *BC* seien jetzt gleich lang, aber der Weg sei nicht besonders kurz. Nachdem alle drei weiter auf ihre Skizzen gestarrt haben, äußert Carsten eine dritte Vermutung. Wenn man den Punkt *B* an der Geraden spiegeln würde, könne man *A* mit dem neuen Punkt *B'* verbinden, wie in dem Fall, in dem die beiden Punkte auf verschiedenen Seiten der Geraden lagen. Auf diese Weise würde man den gesuchten Punkt *C* finden. Anett und Beate machen sich sofort daran, diese Vermutung zu überprüfen. Beate behauptet nach kurzer Zeit, ein Gegenbeispiel gefunden zu haben, aber Carsten ist von seiner Idee so sehr überzeugt, dass er dieses Beispiel nicht akzeptiert. Und tatsächlich muss Beate eingestehen, dass sie sehr unsauber gezeichnet hätte. Alle drei sind schließlich von der Richtigkeit der dritten Vermutung überzeugt.	
Carsten argumentiert, dass sich beim Spiegeln die Länge der Strecke ja nicht ändere. Also wäre das irgendwie gleich. Abschließend sagt Beate, dass auch sie jetzt sicher sei, dass die Lösung richtig ist. Auch im ersten Fall, wenn *A* und *B* auf verschiedenen Seiten der Gerade liegen, glaubt sie jetzt an die gemeinsame Lösung. Alle drei schreiben die Lösung noch einmal sauber auf und beenden dann – sichtlich zufrieden – die Arbeit an der „Umweg"-Aufgabe.	Hier gibt es tatsächlich so etwas wie eine Ergebniskontrolle und Rückschau. Die anfängliche Unsicherheit kann aufgelöst werden und alle drei sind von ihrem Ergebnis überzeugt, ohne auf eine Bestätigung der Lehrperson zu warten.

Tab. 6.1: Problemlöseprozess nach Phasen gliedern

Im Vergleich zu den Lösungsprozessen anderer Gruppen verdeutlicht der Prozess von Anett, Beate und Carsten, dass das Wissen um Phasen im Problemlöseprozess bei der Arbeit an Problemen helfen kann:

Viele Gruppen haben die Aufgabe nicht ausführlich analysiert („Verstehen der Aufgabe"), bevor sie Lösungsideen entwickelt haben. Einige haben die beiden verschiedenen Fälle – Punkte A und B auf verschiedenen Seiten bzw. auf der gleichen Seite der Geraden – gar nicht erkannt. Keine dieser Gruppen, die den ersten Fall nicht erkannt haben, ist auf die Idee der Spiegelung gekommen. Andere Gruppen haben hingegen irgendwann festgestellt, dass sie die Aufgabe noch nicht richtig verstanden hätten. Nach einem nochmaligen Lesen konnten sie die Fallunterscheidung vornehmen und damit zum richtigen Ergebnis gelangen.

Ebenso gab es mehrere Gruppen, die keine bewussten Kontrollen während der Arbeit am Problem oder abschließend (als „Rückschau") durchgeführt haben. Diese Gruppen haben die Arbeit an dem Problem teilweise mit einer falschen Vermutung beendet oder waren sich zumindest nicht so sicher in ihrer Antwort wie Anett, Beate und Carsten.

Wie kann man als Lehrperson einen solchen Problemlöseprozess unterstützen, wenn die Lernenden nicht so selbstständig und erfolgreich agieren wie Anett, Beate und Carsten? Wie kann man seinen Schülerinnen und Schülern Tipps und Hilfestellungen geben, ohne ihnen gleich die Lösung zu verraten oder zumindest große Schritte vorzugeben? Ideen dafür werden in Kapitel 9 präsentiert; weitere gute Anregungen finden sich bei Zech (1983) oder bei Collet (2009, S. 254 ff.).

7 Welche mathematischen Problemlösestrategien eignen sich für den Unterricht?

Lena organisiert ihren (Schul-)Alltag in vielfacher Hinsicht: Sie erledigt ihre Hausaufgaben fast immer bereits an dem Tag, an dem sie ihr gestellt wurden, auf jeden Fall aber vor dem Wochenende. Die Englisch-Vokabeln lernt sie mithilfe von Karteikarten und wichtige Ergebnisse aus dem Mathematikunterricht sammelt sie in einem Regelheft.

Für das neue Schuljahr hat sich Lena vorgenommen, bei schwierigen Aufgaben nicht so schnell aufzugeben, sondern etwas mehr Durchhaltevermögen zu entwickeln. Auf Anraten ihrer Mathematiklehrerin möchte sie bei Aufgaben, die sie nicht versteht, zunächst Beispiele ausprobieren und die Ergebnisse dann in einer Tabelle sammeln.

Fast alles, was Lena hier praktiziert, lässt sich unter dem Begriff Strategie fassen. In diesem Kapitel wollen wir den Blick vor allem auf mathematische Strategien beim Problemlösen richten. Auch in anderen Schulfächern ist der Strategiebegriff geläufig – dort spricht man oft auch von Lernstrategien. Diese sind meist recht grundlegend formuliert und dienen dazu, das Lernen inhaltlich wie auch organisatorisch zu steuern. Ist eine Problemlösestrategie auch eine Lernstrategie? Wie eng hängen Alltags- bzw. allgemeine, über alle Fächer hinweg anwendbare Lernstrategien mit mathematischen Strategien zusammen? (Eine ausführliche Taxonomie zu Lernstrategien findet sich in Weinstein und Mayer, 1986; empirische Forschung hierzu u. a. bei Ohst et al., 2015.) Natürlich hängen aber die verschiedenen Strategiearten miteinander zusammen und für die Umsetzung im Unterricht ist es gut, wenn man sie unterscheiden kann und weiß, wo sie ineinander übergehen.

Das Wort „Strategie" stammt aus dem Griechischen und bedeutete ursprünglich so etwas wie Feldherrenkunst; im Alltag spricht man von strategischem Vorgehen, wenn man ein bestimmtes Ziel bewusst, ausdauernd, planvoll und geschickt ansteuert: Man spricht z. B. von Verkaufsstrategien, Spielstrategien oder Anlagestrategien.

Das Einstiegsbeispiel zeigt, dass – auch in der Schule – das Spektrum möglicher Strategien und die dazu gehörige Forschung sehr umfangreich ist – viel zu umfangreich, um das Thema in einem Buch(kapitel) sinnvoll zu behandeln. Dennoch ist es sinnvoll, sich einen Überblick zu verschaffen. Empirische Studien haben nämlich gezeigt, dass Unterricht effektiver wird, wenn die Lehrpersonen explizites Wissen über (Lern-)Strategien besitzen (vgl. Ohst et al., 2015).

Wenn man die Strategien sortiert, so lassen sich drei Dimensionen unterscheiden: Bei der ersten Dimension handelt es sich um die Gegenüberstellung von *Lern-* und (allgemeinen) *Problemlösestrategien*. Bei Lernstrategien geht es um die Aneignung und Konstruktion von Wissen, beispielsweise um das Lernen von Vokabeln oder darum, das Vernetzen verschiedener Theorien zu unterstützen (Weinstein & Meyer, 1986). Bei Problemlösestrategien hingegen geht es um das Lösen von Aufgaben, die Suche nach Mustern oder Fehlern. Die Übergänge hier sind – besonders wenn man an Lernen durch Problemlösen denkt (vgl. Schroeder & Lester, 1989; ebenso Kap. 1) – natürlich fließend.

Lernstrategien	Problemlösestrategien
◄	►
• einen Text lesen und verstehen • Vokabeln memorieren • ein Rechenverfahren einüben	• systematische Fehlersuche • Ursache-Wirkungen untersuchen • rückwärtsarbeiten

Als zweite Dimension wurden *metakognitive* und *kognitive Strategien* ausgewählt. Die Unterscheidung zwischen „meta" und „kognitiv" ist nicht immer einfach (vgl. Konrad, 2005). Metakognition wird oft beschrieben als „Denken über das Denken". In der Regel unterscheidet man zwei Bereiche der Metakognition: Wissen über Kognition und Regulation bzw. Steuerung von Kognition. Wenn man etwa ein Rechenverfahren ausführt, ist man kognitiv tätig. Plant man hingegen den Einsatz eines bestimmten Rechenverfahrens oder überwacht gedanklich seine Ausführung, handelt es sich um metakognitive Aktivitäten.

Metakognitive Strategien	Kognitive Strategien
◄	►
• einen Lösungsplan aufstellen • die Erreichung von (Lern-)Zielen prüfen	• Rückwärtsarbeiten • Fälle abarbeiten • Wichtiges von Unwichtigem zu unterscheiden

Schließlich unterscheiden wir zwischen *mathematischen* und *nicht-mathematischen Strategien*. Einige Strategien, wie beispielsweise das Runden von Werten oder das Kürzen von Brüchen sind spezifisch mathematisch, wohingegen andere Strategien nicht auf die Mathematik beschränkt sind.

Nicht-mathematische Strategien	Mathematische Strategien
←	→
• systematische Fehlersuche • Schwachstellen suchen	• Extrembeispiele untersuchen • Rückwärtsarbeiten • eine andere Darstellung verwenden

An den Beispielen im Text und an den Pfeilen hat man schon sehen können, dass die Angabe von Beispielen für die einzelnen Dimensionen nicht immer ganz einfach und prägnant ist. Erst in der Kombination mehrerer Dimensionen werden nachvollziehbare Zuordnungen ermöglicht:

Beispielsweise ist das „Lernen mit Karteikarten" aus dem Einstiegsbeispiel eine allgemeine (also nicht-mathematische), kognitive Lernstrategie. Beim Erstellen eines Beweises mit vollständiger Induktion handelt es sich um eine kognitive Problemlösestrategie, die eindeutig mathematisch geprägt ist. Andere Problemlösestrategien, wie sie z. B. für den fachübergreifenden Teil der jüngeren PISA-Studien benötigt werden, lassen sich hingegen eher allgemein als mathematisch verorten.

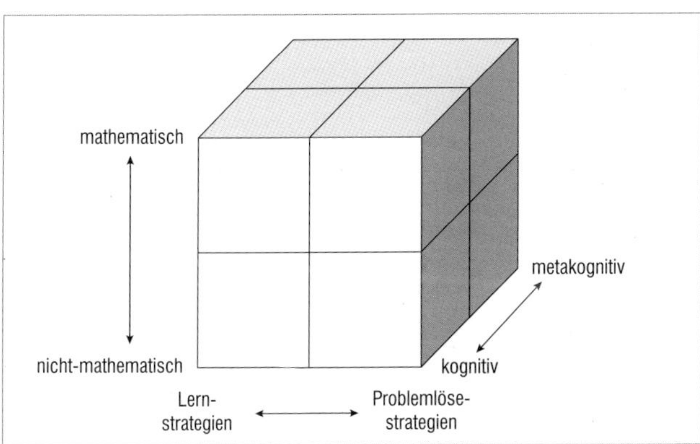

Abb. 7.1: Strategiewürfel

Auf diese Weise kann man nun verschiedene Strategien in den *Strategie-Würfel* „einsortieren", um sein eigenes Strategiewissen zu reflektieren (Abb. 7.1).

NACHDENK-AUFGABE

Im Einstiegsbeispiel wird das Vorhaben, bei schwierigen Aufgaben nicht so schnell aufzugeben, erwähnt.
Ordnen Sie diese und weitere Strategien aus dem Einstiegsbeispiel den drei Dimensionen zu.

Nicht alle Strategien können immer eindeutig zugeordnet werden – es gibt durchaus auch Überschneidungen. Auch sind die hier vorgestellten drei Dimensionen und die konkreten Gegenüberstellungen alles andere als erschöpfend. Man könnte den Lernstrategien *(learning strategies)* beispielsweise auch Lehrstrategien *(teaching strategies)* gegenüberstellen oder Strategien zum Ressourcenmanagement betrachten (vgl. Ohst et al., 2015).

Unser Fokus liegt im weiteren Verlauf auf Strategien, die eher dem Problemlösen als dem Lernen zugeordnet sind und die eher kognitiv als metakognitiv sind. Für solche Problemlösestrategien wird in der Mathematik oft der Begriff „Heurismus" (auch: „Heuristik") verwendet. Er bedeutet so etwas wie Findeverfahren oder Findungskunst und wird gern als Gegensatz zu Algorithmus verwendet (vgl. Pólya, 1949; Bruder & Collet, 2011). Ein Algorithmus ist ein fixes Verfahren aus wohldefinierten Schritten, welches man abarbeiten kann und das sicher zum angestrebten Ziel führt. Beispiele für Algorithmen sind der Euklidische Algorithmus zur Bestimmung des größten gemeinsamen Teilers oder das Gauß-Verfahren zur Lösung linearer Gleichungssysteme. Ein Algorithmus kann immer nur genau vordefinierte Routineaufgaben lösen. Im Gegensatz dazu ist ein Heurismus eine flexible Herangehensweise, die auf eine Vielzahl von Problemen anwendbar ist, dafür aber nicht unbedingt auch sicher zum Ziel führt. In der Mathematik ist es daher auch klar, dass Algorithmen entwickelt werden, um sie Computern zu übertragen, während Heurismen Werkzeuge für problemlösende Menschen sind.

7.1 Heurismen für den Mathematikunterricht

Welches sind die wichtigsten Heurismen in der Mathematik – und im Mathematikunterricht? Hierzu gab und gibt es seit einigen Jahrzehnten viele Vorschläge, umfassende und weniger umfassende (z. B. Bruder & Collet, 2011; Engel, 1998; Schreiber, 2011; Schwarz, 2006; Winter, 1989). Wie viele Heurismen es genau gibt, wann und wo welche Problemlösestrategien sinnvoll zum Einsatz kommen, wann und wie man welche davon am besten lernt – darauf gibt auch jahrzehntelange Forschung keine einfache Antwort. Aber vielleicht sind das auch die falschen Fragen, denn Heurismen sind ja gerade durch ihre Flexibilität, Anpassungsfähigkeit und Situationsabhängigkeit gekennzeichnet.

Viele Autoren haben versucht, die Fülle möglicher Heurismen zu strukturieren – sei es aus wissenschaftlichem Ordnungsinteresse oder um Lernenden den Zugang zu erleichtern. Zwei solcher Taxonomien möchten wir an dieser Stelle kurz vorstellen.

Schreiber (2011) schlägt eine Zusammenfassung nach inhaltlichen Kriterien vor, er bildet vier Gruppen von Heurismen mit jeweils gemeinsamen Merkmalen: Heurismen der Induktion (z. B. *systematisches Probieren und Vorwärtsarbeiten*), der Variation (z. B. *Spezialfälle betrachten und Suchen von Näherungslösungen*), der Interpretation (z. B. *Suche nach analogen Aufgaben und eine Zeichnung / ein Modell anfertigen*) und der Reduktion (z. B. *Fälle unterscheiden* und *Rückwärtsarbeiten*).

Bruder (2000) unterteilt (mit Bezug auf König und Sewerin) Heurismen grob danach, wie sehr sie sich auf den kompletten Prozess des Problemlösens auswirken. Heuristische Strategien (z. B. Vorwärts- oder Rückwärtsarbeiten) können die Entwicklung eines Lösungsplans beeinflussen und sich somit global auf den gesamten Prozess beziehen. Heuristische Prinzipien (z. B. *Suche nach Extrem- und Spezialfällen* und *Betrachten von ähnlichen oder analogen Aufgaben*) helfen eher lokal beim Finden von Lösungsideen und hängen in der Regel stärker vom mathematischen Gebiet des zu bearbeitenden Problems ab als die heuristischen Strategien. Heuristische Hilfsmittel (z. B. *Werte in Tabellen sammeln*, *Gleichungen aufstellen* und *Skizzen anfertigen*) als dritte Kategorie sind schließlich Ansätze mit noch geringerer Reichweite als die Prinzipien, die dabei helfen können, ein Problem zu verstehen oder Informationen zu strukturieren.

Auf solche Kategorisierungen wird am Ende des Kapitels in Abschnitt 7.4 eingegangen. Zunächst wird eine Ordnung der verschiedenen Strategien aus der Schülerhandlungsperspektive („Was kann ich tun, um weiterzukommen?") angeboten, die in der Abbildung 7.2 zusammengefasst ist.

Im Anschluss an die Übersicht wird jeder Heurismus mit einer Beschreibung, einem eingängigen Beispiel und möglichen Hilfsmitteln, die Lernende dabei einsetzen könnten, charakterisiert. Schließlich wird gezeigt, wie Heurismen beim Problem „Puzzlegrößen" von Lernenden eingesetzt werden.

Strategie-Landkarte

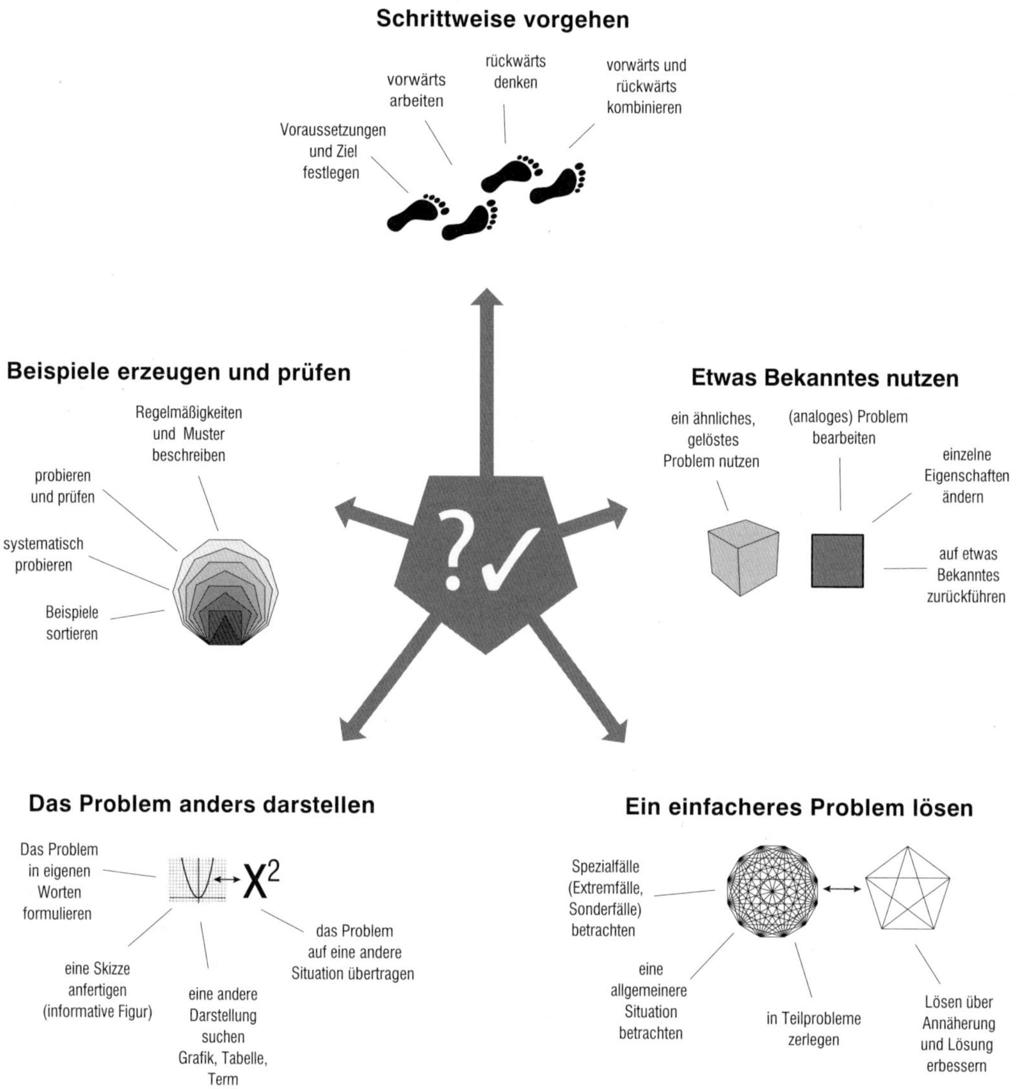

Schrittweise vorgehen

Voraussetzungen und Ziel festlegen

vorwärts arbeiten

rückwärts denken

vorwärts und rückwärts kombinieren

Beispiele erzeugen und prüfen

Regelmäßigkeiten und Muster beschreiben

probieren und prüfen

systematisch probieren

Beispiele sortieren

Etwas Bekanntes nutzen

ein ähnliches, gelöstes Problem nutzen

(analoges) Problem bearbeiten

einzelne Eigenschaften ändern

auf etwas Bekanntes zurückführen

?✓

Das Problem anders darstellen

Das Problem in eigenen Worten formulieren

X^2

eine Skizze anfertigen (informative Figur)

eine andere Darstellung suchen Grafik, Tabelle, Term

das Problem auf eine andere Situation übertragen

Ein einfacheres Problem lösen

Spezialfälle (Extremfälle, Sonderfälle) betrachten

eine allgemeinere Situation betrachten

in Teilprobleme zerlegen

Lösen über Annäherung und Lösung erbessern

Abb. 7.2: Strategie-Landkarte

7.2 Beispiele von Heurismen beim Problem „Puzzlegrößen“

Wir betrachten zunächst ein Beispiel, um die Begriffe besser klären zu können. Die Schülerinnen und Schüler, die die Aufgabe „Puzzlegrößen“ (Affolter et al., 2014, Arbeitsheft, S. 32) bearbeitet haben, gingen zu dem Zeitpunkt in die 9. Klasse:

A

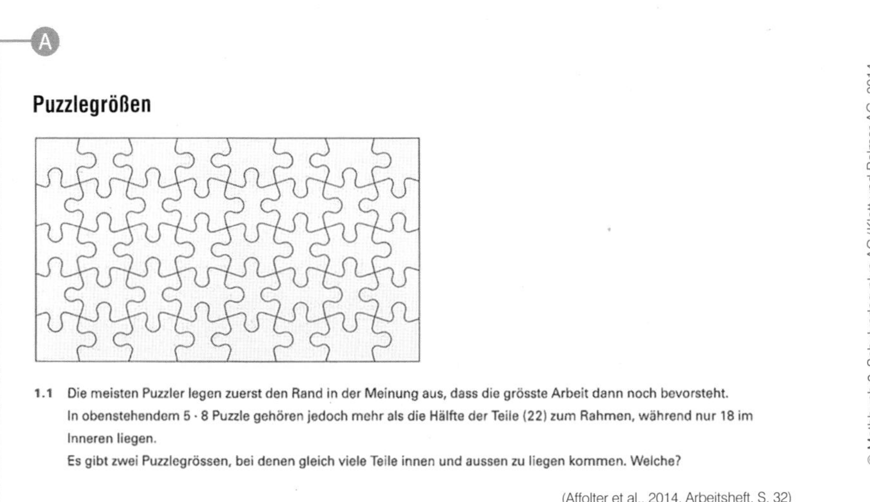

Puzzlegrößen

1.1 Die meisten Puzzler legen zuerst den Rand in der Meinung aus, dass die grösste Arbeit dann noch bevorsteht. In obenstehendem 5 · 8 Puzzle gehören jedoch mehr als die Hälfte der Teile (22) zum Rahmen, während nur 18 im Inneren liegen.
Es gibt zwei Puzzlegrössen, bei denen gleich viele Teile innen und aussen zu liegen kommen. Welche?

(Affolter et al., 2014, Arbeitsheft, S. 32)

Petra gibt sich Mühe, das Problem zu durchdringen und erste Beziehungen zu entdecken; ihre Erkenntnisse schreibt sie sehr sauber auf:

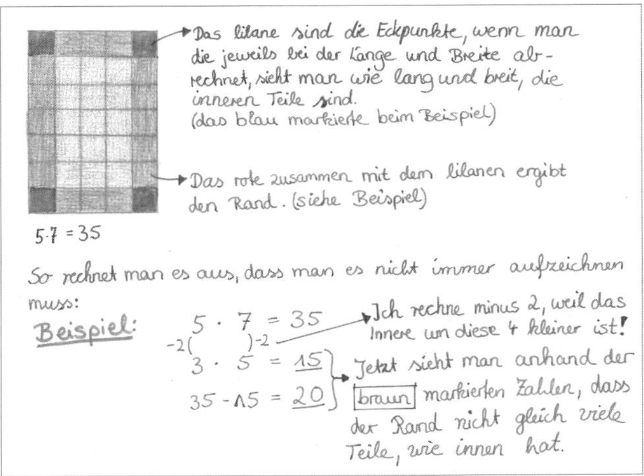

Abb. 7.3: Petras Lösung der Puzzleaufgabe

Sie beginnt hier mit der Strategie *Probieren und Prüfen*. Dabei betrachtet sie ein Beispiel, das ausführlich durchdacht und kommentiert wird; dazu fertigt sie eine Skizze an, in der sie sehr differenziert mit Farben arbeitet. Dies hilft ihr, die Aufgabe besser zu verstehen. Danach ist sie so weit, das *Problem anders darzustellen*: Sie wechselt von der bildlichen Darstellung zur symbolischen, zur Algebra. Sie nutzt Gleichungen, um die Anzahl der Steine auf dem Rand und im Inneren miteinander zu vergleichen. Sie hat dies so aufgeschrieben, dass sie von ihrem konkreten Beispiel ausgehend allgemeinere Betrachtungen anstellen kann.

Ralf beginnt, indem er „einfach mal ausprobiert", aber danach – so schreibt er – möchte er „taktisch vorgehen".

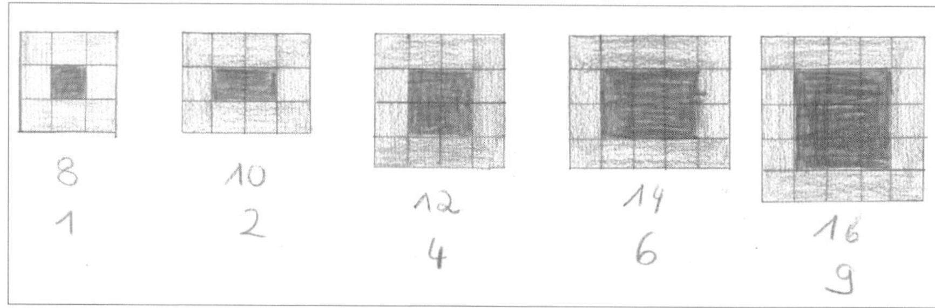

Abb. 7.4: Ralfs Lösung der Puzzleaufgabe

Auch hier lassen sich Ansätze für Heurismen erkennen: In seinen Skizzen unterscheidet Ralf deutlich zwischen Steinen auf dem Rand und im Inneren und schreibt ihre jeweilige Anzahl unter die Skizzen. Auch skizziert er nicht willkürlich Beispiele, sondern zeigt in seiner Auswahl eine gewisse Systematik, d.h. er *probiert systematisch* und sucht nach *Regelmäßigkeiten und Mustern*.

Wie ein von Ralf angesprochenes, „taktisches" Vorgehen – wir würden eher *strategisch* sagen – aussehen kann, sieht man noch prägnanter bei Martina: Sie füllt eine ganze DIN-A4-Seite mit Rechtecken, die Puzzles verschiedener Größe symbolisieren sollen:

Auch Martina *probiert systematisch* (man könnte ihre Darstellung durchaus sogar als Tabelle verstehen) und sucht nach *Regelmäßigkeiten und Mustern* (Abb. 7.5). Sie erhält durch ihre Beispiele einen Überblick über eine große Anzahl verschiedener Puzzles. Durch ihr systematisches Vorgehen kann sie sicher sein, keine Fälle auszulassen oder zu übersehen.

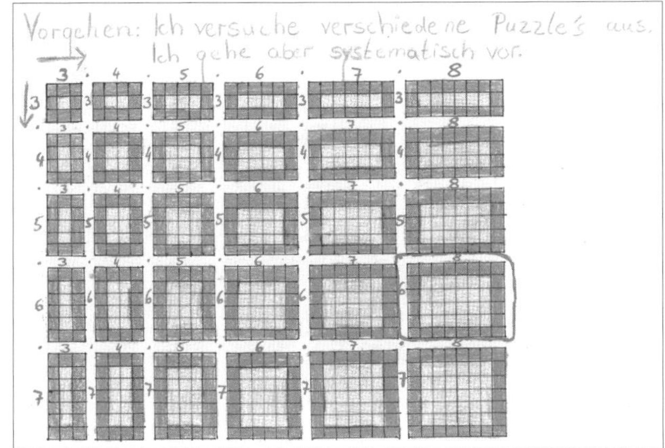

Abb. 7.5: Martinas Lösung der Puzzleaufgabe

Ein ähnliches Vorgehen zeigt Gesa, die jedoch mit deutlich weniger Platz auskommt (Abb. 7.6).

Übersichtstabelle

3·1=3	4·1=4	5·1=5	6·1=6	7·1=7
3·2=6	4·2=8	5·2=10	6·2=12	7·2=14
3·3=9	4·3=12	5·3=15	6·3=18	7·3=21
3·4=12	4·4=16	5·4=20	6·4=24	7·4=28
3·5=15	4·5=20	5·5=25	6·5=30	7·5=35
3·6=18	4·6=24	5·6=30	6·6=36	7·6=42
3·7=21	4·7=28	5·7=35	6·7=42	7·7=49
3·8=24	4·8=32	5·8=40	6·8=48	7·8=56
3·9=27	4·9=36	5·9=45	6·9=54	7·9=63
3·10=30	4·10=40	5·10=50	6·10=60	7·10=70

Abb. 7.6: Gesas Lösung der Puzzleaufgabe

Gesa hat in ihrem Heft kaum Zeichnungen angefertigt – vor allem nicht so viele Skizzen wie Martina. Sie hat ihre Tabelle (Abb. 7.6) mithilfe geschickter Überlegungen ausgefüllt. Gesa hat hier das *Problem anders dargestellt*, ihre Tabelle kann es ihr ermöglichen, die Zahlen besser im Blick zu behalten. Auf diese Weise (und weil auch sie *systematisch probiert*) kann sie eventuell effektiver nach *Mustern und Regelmäßigkeiten* suchen. Allerdings hat sie hier nicht zwischen Steinen im Inneren und auf dem Rand unterschieden. Im nächsten Beispiel ist dies übersichtlicher gelöst.

Auch Karsten hat nur sehr wenige Zeichnungen angefertigt und sich stattdessen überlegt, wie viele Steine Puzzles unterschiedlicher Größe besitzen müssten. Im Vergleich zu Gesa geht sein *Wechsel der Darstellungsform* noch weiter, indem er das Problem in die Algebra *übersetzt*: Für die Anzahl der Puzzlesteine auf dem Rand und im Inneren hat er explizite Formeln aufgestellt (Abb. 7.7). Damit war es für ihn einfach, eine Tabelle auszufüllen. Auf der Basis seiner Formeln hätte er mit einem Tabellenkalkulationsprogramm sogar noch viel schneller viele Wertepaare erzeugen können.

Auf die Idee mit der Tabelle hat mich Oliver gebracht.
x = Nr. Tabelle (wie vielte Tabellen Spalte)
Term für Rand: ~~z.B.~~ $A\cdot x\cdot 2 + B\cdot x\cdot 2 - 4$
= Umfang Rechteck; 4 = Eckpunkte
Term für Innen: $(Ax-2)\cdot(Bx-2)$
Innen Seitenlänge a; innen Seitenlänge b

Seite a	Seite b	Rand	Innen
3	3	8	1
3	4	10	2
3	5	12	3
3	6	14	4
3	7	16	5
3	8	18	6
3	9	20	7
3	10	22	8
3	11	24	9
3	12	26	10
3	13	28	11
3	14	30	12
3	15	32	13
4	3	10	2
4	4	12	4
4	5	14	6
4	6	16	8
4	7	18	10
4	8	20	12

Abb. 7.7: Ralfs Lösung der Puzzleaufgabe

Etwas übersichtlicher sieht ein solches Vorgehen bei Sandra aus; sie hat das Problem ebenfalls *anders dargestellt*, sie hat es in die Algebra *übersetzt* (Idee der Verallgemeinerung), indem sie die Anzahlen der Puzzlesteine in Gleichungen zusammengefasst hat, mit denen sie dann weiterarbeiten konnte (Abb. 7.8):

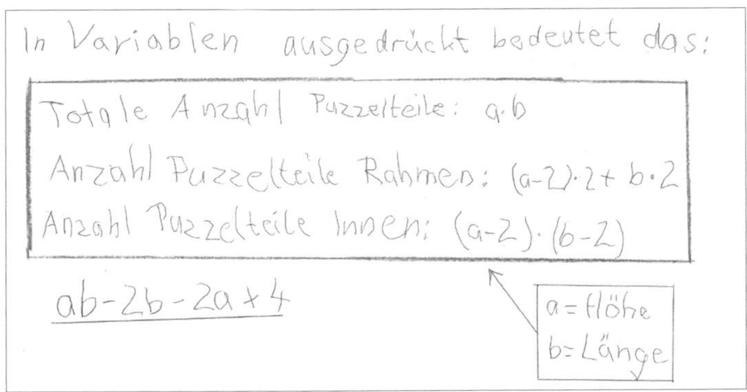

Abb. 7.8: Sandras Lösung der Puzzleaufgabe

Die hier vorgestellten Schülerinnen und Schüler (abgebildet sind nur Ausschnitte aus deren Bearbeitungen) sind zu folgenden Lösungen gekommen: Gleich viele Steine in Inneren und auf dem Rand gibt es bei den Puzzlegrößen 5 × 12 (bzw. 12 × 5) und 6 × 8 (bzw. 8 × 6).

Wenn man rekapituliert, wie die hier ausgewählten Schülerinnen und Schüler zu diesem Ergebnis gekommen sind, kann man zusammenfassen: Neben einer gewissen Ausdauer – Aufgaben wie das Puzzleproblem kann man nicht in ein paar Minuten lösen – war es vor allem strategisches Verhalten, das den Schülerinnen und Schülern geholfen hat.

- Fast alle Lernenden haben *probiert* – zum Teil haben sie unsystematisch ein paar Beispiele betrachtet, um ein Gefühl für die Aufgabe zu bekommen, zum Teil haben sie aber auch *systematisch probiert*, um möglichst viele Fälle betrachten zu können, ohne dabei bestimmte Fälle zu übersehen bzw. zu vergessen. In diesem Fall halfen den Schülerinnen und Schülern insbesondere auch *Skizzen* und *Tabellen*, um das Problem besser überblicken zu können.
- Das *systematische Probieren* hat mehreren Schülerinnen und Schülern geholfen, nach *Regelmäßigkeiten und Mustern* zu suchen: Wie verhalten sich die Anzahlen der Steine im Inneren und auf dem Rand der Puzzles bei verschiedenen Puzzlegrößen? Kann man durch das Betrachten von Symmetrien (z. B. 3 × 5-Puzzle und 5 × 3-Puzzle) die Arbeit verkürzen?
- Einige Lernende haben zudem die *Darstellung gewechselt* und nicht mehr Puzzles (Skizzen), sondern nur noch die Anzahlen von Puzzlesteinen (häufig tabellarisch) betrachtet; ein Teil hat das Problem auch in die Algebra übersetzt, indem sie Gleichungen für die Anzahl der Puzzlesteine aufgestellt haben. In diesem Zusammenhang wurden teilweise Hypothesen für diese Gleichungen aufgestellt und diese wurden dann anhand zusätzlicher Beispiele überprüft.

Damit haben sie zwar Lösungen des Problems gefunden, aber sind das wirklich alle? Kann es nicht sein, dass es bei ganz großen Anzahlen von Puzzlesteinen noch mal gleich viele Steine auf dem Rand wie im Inneren gibt?

Julia ist einen Schritt weiter gegangen, sie argumentiert, warum die oben angegebenen Lösungen die einzigen sind (Abb. 7.9). Sie hat in einer großen (wenn auch nicht ganz vollständigen) Tabelle die Anzahl der Puzzlesteine in Puzzles der Größe von 1×1 bis 16×23 aufgelistet und nach *Mustern und Regelmäßigkeiten* gesucht. Sie hat Bereiche gefunden, in denen es auf dem Rand immer mehr Steine als im Inneren gibt, sowie Bereiche, in denen es im Inneren immer „zu viele" Puzzlesteine gibt, um „das Mittelmaß", d.h. die Puzzles mit gleich vielen Steinen im Inneren wie auf dem Rand, zu finden. Auf diese Weise blieb nur ein kleiner Anteil möglicher Puzzlegrößen, die von ihr per Hand überprüft wurden. An dieser Stelle liefert eine systematische Auflistung das entscheidende Argument, um die Anzahl der zu betrachtenden Puzzles einzugrenzen. Jedoch funktioniert dies nur, wenn eine adäquate Systematik in der Auflistung erfolgt ist.

Man kann auch argumentieren, dass Julia *Spezialfälle untersucht* oder das Problem *in Teilprobleme zerlegt* und damit den Beweis dafür erbracht, alle Lösungen gefunden zu haben.

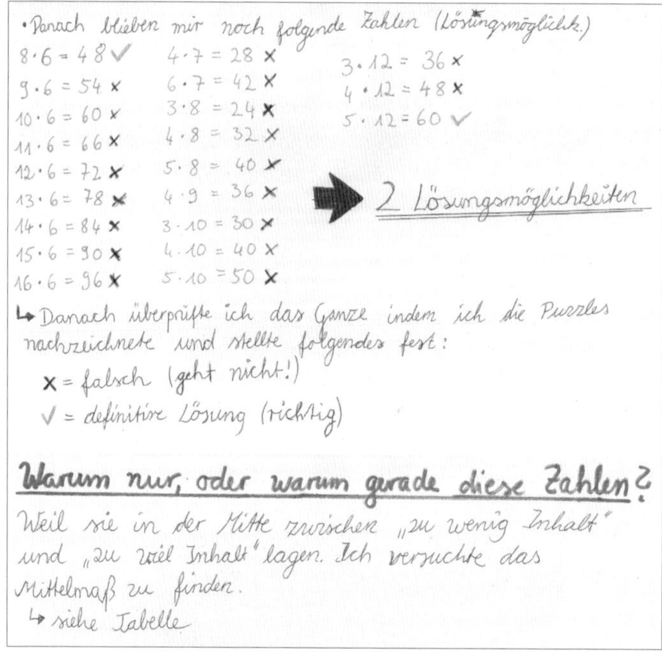

•Danach blieben mir noch folgende Zahlen (Lösungsmöglichk.)

8·6 = 48 ✓	4·7 = 28 ×	3·12 = 36 ×
9·6 = 54 ×	6·7 = 42 ×	4·12 = 48 ×
10·6 = 60 ×	3·8 = 24 ×	5·12 = 60 ✓
11·6 = 66 ×	4·8 = 32 ×	
12·6 = 72 ×	5·8 = 40 ×	
13·6 = 78 ×	4·9 = 36 ×	→ 2 Lösungsmöglichkeiten
14·6 = 84 ×	3·10 = 30 ×	
15·6 = 90 ×	4·10 = 40 ×	
16·6 = 96 ×	5·10 = 50 ×	

↳ Danach überprüfte ich das Ganze indem ich die Puzzles nachzeichnete und stellte folgendes fest:

× = falsch (geht nicht!)

✓ = definitive Lösung (richtig)

Warum nur, oder warum gerade diese Zahlen?

Weil sie in der Mitte zwischen „zu wenig Inhalt" und „zu viel Inhalt" lagen. Ich versuchte das Mittelmaß zu finden.

↳ siehe Tabelle

Abb. 7.9: Julias Lösung der Puzzleaufgabe

7.3 Beispiele von Heurismen beim Problem „Marcos Zahlenreihe"

Wie sich Heurismen auf einen Problemlöseprozess auswirken können, zeigen wir im Folgenden an einem weiteren Problem und zugehörigen Bearbeitungen von Schülerinnen und Schülern einer 5. Klasse:

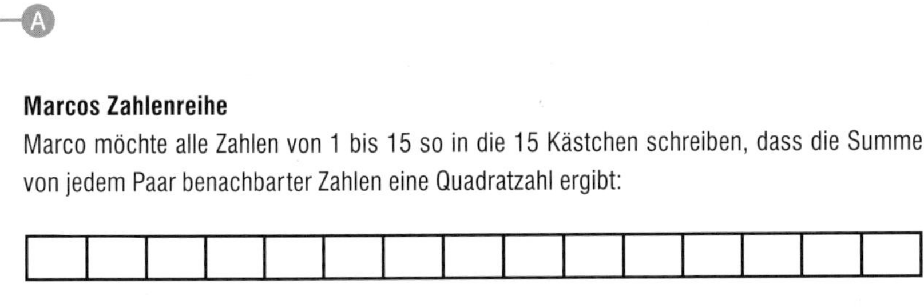

Marcos Zahlenreihe

Marco möchte alle Zahlen von 1 bis 15 so in die 15 Kästchen schreiben, dass die Summe von jedem Paar benachbarter Zahlen eine Quadratzahl ergibt:

Stehen beispielsweise in drei aufeinander folgenden Kästchen die Zahlen 10, 6, 3, so ergibt die 6 sowohl mit der 10 in dem linken Nachbarkästchen (10+6=16) als auch mit der 3 in dem rechten Nachbarkästchen eine Quadratzahl (6+3=9).

(Fürther Mathematikolympiade (www.fuemo.de), 2005/06, 1. Runde)

Fast alle Schülerinnen und Schüler haben die Aufgabenformulierung mehrfach gelesen und sich an dem gegebenen *Beispiel* – 10, 6, 3 – sowie weiteren, eigenen *Beispielen* klar gemacht, was die Aufgabe von ihnen verlangt. Sobald ein Aufgabenverständnis hergestellt war, sah der Bearbeitungsprozess in der Regel so aus, dass zunächst unsystematisch *probiert* wurde, eine Reihe zu erstellen. Wenn es nicht weiterging, wurde eine neue Reihe mit einer anderen Startzahl begonnen.

Marta war eine von vielen Lernenden, die eine Liste der Zahlen von 1 bis 15 angefertigt hat, um bereits verwendete Zahlen abzustreichen. Bei dieser Vorgehensweise handelt es sich eher um eine metakognitive als um eine kognitive Strategie und daher nicht unbedingt um einen Heurismus – als Steuerungselement (vgl. Kap. 4) trägt sie aber maßgeblich zu einem strukturierten Prozess bei.

Im Vergleich zu den meisten anderen Schülerinnen und Schülern ist Marta aber auch sonst sehr strukturiert vorgegangen und hat die Aufgabe durch *systematisches Probieren* gelöst: Sie hat ihre Reihen nacheinander mit 1, 2, 3, ... begonnen und jeweils geschaut, wie weit sie damit kommt. Viele dieser Reihen führten nicht zum Erfolg:

1, 3, 13, 12, 4, 5, 11, 14, 2, 7, 9
2, 14, 11, 5, 4, 12, 13, 3, 1, 8
3, 6, 10, 15, 1, 8

Bei der Startzahl 8 ist es ihr dann gelungen, eine vollständige Reihe von 15 Zahlen zu ermitteln:

8, 1, 15, 10, 6, 3, 13, 12, 4, 5, 11, 14, 2, 7, 9

Timm findet einen anderen Weg zum Ziel: die Suche nach *Mustern und Regelmäßigkeiten*. Nachdem drei Versuche, eine Reihe aufzuschreiben, gescheitert sind, ändert er seine Vorgehensweise. Er sammelt zu jeder Zahl die möglichen Partner, die mit ihr zusammen eine Quadratzahl ergeben, in einer *Tabelle*.

1	3, 8, 15, ~~24~~
2	~~x~~, 7, 14
3	1, 6, 13
4	5, 12
5	4, 11
6	3, 10
7	2, 9
8	1
9	7
10	6, 15
11	5, 14
12	4, 13
13	3, 12
14	2, 11
15	1, 10

Timm erkennt mithilfe seiner Tabelle *Regelmäßigkeiten und Muster*: Fast alle Zahlen besitzen genau zwei mögliche Partnerzahlen. Es ist also festge-

legt, wo sie in der Zahlenreihe stehen. Die Zahlen 8 und 9 haben jeweils nur einen möglichen Partner. Wenn die Aufgabe lösbar sein soll, dann müssen 8 und 9 am Anfang bzw. Ende der Reihe stehen. Mit dieser Erkenntnis löst Timm die Aufgabe innerhalb der nächsten 90 Sekunden.
Eine besondere Form des *schrittweisen Vorgehens* zeigt Birk. Wie viele andere Schülerinnen und Schüler beginnt er mit dem Beispiel aus der Aufgabenstellung, 10, 6, 3. Dieses Beispiel setzt er dann fort:

10, 6, 3, 1, 8

Nach 8 geht es nicht weiter, deswegen streicht er diese Zahl durch und sucht nach einer anderen Nachbarzahl für die 1 und setzt dann seine Reihe fort:

10, 6, 3, 1, 15

Auch dieser Versuch scheitert schnell, da nach der 15 die Zahl 10 kommen müsste, diese aber schon verbraucht ist. Er streicht daher die 15 und die 1 weg und sucht nach einer neuen Zahl, um nach der 3 weiterzumachen:

10, 6, 3, 13, 12, 4, 5, 11, 14, 2, 7, 9

Nach der 9 kommt er nicht weiter voran, er muss aber noch drei Zahlen unterbringen. Dann kommt ihm die rettende Idee: Er arbeitet in die andere Richtung und ergänzt links neben der Zahl 10 die fehlenden Zahlen:

8, 1, 15, 10, 6, 3, 13, 12, 4, 5, 11, 14, 2, 7, 9

Die Herangehensweisen der Schülerinnen und Schüler lassen sich auch wieder zusammenfassen (eine ausführliche Analyse von Schülerprozessen zu dieser Aufgabe findet sich in Rott, 2013):

- Das *Ausprobieren* und das *Anfertigen von Beispielen* war für die meisten Lernenden wichtig, um die Aufgabenstellung zu verstehen und einen ersten Zugang zur Aufgabe zu erhalten. Die Aufgabe ist aber so komplex, dass keine Schülerin und kein Schüler eine Lösung durch reines (unsystematisches) Probieren gefunden hat.

- Eine Strategie zum Erfolg war hier das *systematische Probieren*, bei nur 15 möglichen Startzahlen scheint der Aufwand auch vertretbar zu sein.
- Eine Variation des systematischen Probierens ist hier das *schrittweise Vorgehen*. Anstatt viele neue Zahlenreihen zu beginnen, reicht es eventuell, nur einzelne Zahlen auszutauschen bzw. die letzten Schritte zurückzunehmen und dann anders weiterzuarbeiten (in der Literatur wird diese Strategie teilweise auch Rücksetzverfahren oder Backtracking genannt).
- Eine weitere, zielführende Strategie ist die Suche *nach Mustern und Regelmäßigkeiten*. Durch das Erfassen von Zahlen und passenden Nachbarzahlen kann man erkennen, dass nur bestimmte Zahlen als Startzahlen für die Reihe in Frage kommen. Mit dieser Erkenntnis lässt sich die Aufgabe schnell lösen.

Die Beispiele in diesem Kapitel zeigen, dass beim Problemlösen sehr viele Tätigkeiten möglich und sinnvoll sind, die als Heurismen bezeichnet werden (können). Da kann man schnell den Überblick verlieren. Für eine Beobachtung und Beschreibung von Strategien in Problemlöseprozessen (wenn man z. B. als Lehrperson die Prozesse seiner Schülerinnen und Schüler analysieren möchte) aber auch für ihren planvollen Einsatz ist es sinnvoll, sich an den oben erwähnten Kategorisierungen von Heurismen zu orientieren.

7.4 Arbeiten mit Heurismen

Die Beispiele aus dem vorangegangenen Abschnitt sollten verdeutlichen, wie nützlich der Einsatz von Heurismen beim Problemlösen sein kann. Sie helfen sowohl beim Verstehen der Aufgabe als auch beim Generieren von Lösungsideen und -ansätzen. Letzteres führt dazu, dass es starke begriffliche Überschneidungen zwischen Problemlöse- und Kreativitätstechniken gibt, da Heurismen eben nicht – wie Algorithmen – einen konkreten Fahrplan zur Lösung bieten, sondern nur helfen, mögliche Arbeitsrichtungen aufzuzeigen (vgl. Leuders, 2003c, S. 133 ff.).

Obwohl Heurismen aufgrund ihrer breiten Einsetzbarkeit vage bleiben müssen, können sie trotzdem erlernt werden. Man sollte allerdings nicht erwarten, dass Schülerinnen und Schüler den Gebrauch von Heurismen und ihren flexiblen Einsatz implizit erlernen, wenn man ihnen nur genug Probleme vorsetzt. Studien haben gezeigt, dass eine heuristische Ausbildung dann besonders erfolgreich ist, wenn Heurismen explizit genutzt und ihr Einsatz anschließend bewusst reflektiert wird (z. B. Schoenfeld, 1985). Hierzu gibt es verschiedene Vorschläge für eine Umsetzung im Mathematikunterricht (z. B.

Leuders, 2003a; Bruder & Collet, 2011; Herold-Blasius & Rott, 2016); wir werden in Kapitel 8 hierauf näher eingehen.

Eine Möglichkeit, die wir an dieser Stelle schon andeuten möchten, ist das Arbeiten mit Strategiekärtchen, auf denen ein Heurismus knapp beschrieben ist. Auf der Rückseite finden sich dann passende Beispiele oder Platz für das Eintragen eigener Beispiele. Mit den folgenden Kärtchen greifen wir auf die Heurismen aus unserer „Strategie-Landkarte" zu Beginn dieses Kapitels zurück (vgl. Abb. 7.2).

Strategiekarten

Spezialfälle (Extremfälle, Sonderfälle) betrachten: Betrachte besondere Fälle, indem du z. B. sehr große Zahlen oder 0 oder 1 in eine Formel einsetzt oder indem du einen besonderen Punkt betrachtest.	Gegeben sind ein gleichseitiges Dreieck und ein Punkt im Inneren dieses Dreiecks. Wie groß ist die Summe der Abstände von diesem Punkt zu den Seiten des Dreiecks? Was passiert, wenn der Punkt auf dem Rand oder auf einem Eckpunkt des Dreiecks liegt?
Eine andere Darstellung suchen (Grafik, Tabelle, Term): Zu einer Funktionsgleichung kann man einzelne Werte in einer Tabelle oder den Graphen anschauen. Ein geometrisches Problem kann man koordinatisieren und mithilfe linearer Algebra bearbeiten.	Gegeben ist eine quadratische Gleichung mit einem Parameter *a*. Für welche Werte dieses Parameters besitzt die Gleichung zwei, eine bzw. keine Lösung? Anstatt die Gleichung umzuformen und mal nach *x*, mal nach *a* aufzulösen, kann man den Graphen der zugehörigen Funktion betrachten und sich überlegen, was eine Variation von a an dem Graphen verändert (Streckung/Stauchung oder Verschiebung der Parabel).
Ein ähnlich aufgebautes (analoges) Problem bearbeiten: Finde ich eine (für mich) überschaubarere Situation, die ich auf das aktuelle Problem übertragen kann?	Gegeben ist ein Tetraeder bzw. eine Pyramide zu dem bzw. der der Schwerpunkt konstruiert werden soll. Betrachte erst einmal Dreiecke und überlege, wie man dort den Schwerpunkt findet. Diese Idee aus der Ebene lässt sich eventuell auf den Körper übertragen.
Regelmäßigkeiten und Muster beschreiben: Bemerke ich Regelmäßigkeiten? Wiederholt sich etwas? Fallen mir bestimmte Zusammenhänge auf?	Gesucht ist die Anzahl aller Quadrate, die sich auf einem Schachbrett finden lassen. Von den ganz kleinen, den 1×1-Quadraten gibt es 64, nämlich $8 \cdot 8 = 8^2$. Von den nächstgrößeren, den 2×2-Quadraten, passen sieben neben- und untereinander, also gibt es $7^2 = 49$ Stück davon. Haben Anzahlen der anderen Größen auch etwas mit Quadratzahlen zu tun?
Systematisch Probieren: Mehrere Beispiele erzeugen, dabei die Beispiele so wählen, dass sich eine Systematik ergibt, also dass bewusst bestimmte Fälle durchprobiert werden.	Welche natürliche Zahl <100 hat die meisten Teiler? Man verschafft sich mit Beispielen erst einmal einen Überblick und sucht dann gezielt nach geeigneten Kandidaten. Sind es die großen Zahlen?

Tab. 7.1: Strategien und Anwendungsbeispiele

7.5 Grenzen des Arbeitens mit Heurismen

So schön und einleuchtend die oben aufgeführten Beispiele auch sein mögen – ganz so einfach ist das Erlernen von und das Problemlösen mit Heurismen dann leider doch nicht. Gerade in den 1970er- und 1980er-Jahren gab es viele Studien, in denen untersucht wurde, inwiefern Heurismen mit dem Erfolg beim Problemlösen zusammenhängen und wie Heurismen am besten erlernt werden können (eine Zusammenfassung dieser Forschung findet sich u. a. bei Schoenfeld, 1992). Insgesamt waren die Ergebnisse dieser Forschungsbemühungen ziemlich ernüchternd für die Wissenschaftlerinnen und Wissenschaftler: Dass Problemlösebemühungen eigentlich nur dann erfolgreich sein können, wenn Heurismen genutzt werden – wie auch die Beispiele in diesem Kapitel deutlich machen – wurde vielfach bestätigt. Aber der Erwerb von Problemlösekompetenz durch das Erlernen von Heurismen erwies sich als schwierig. Die Teilnehmerinnen und Teilnehmer der Studien konnten die gelernten Heurismen in der Regel nur auf Problemaufgaben anwenden, die den Trainingsaufgaben sehr ähnlich waren – eine Generalisierung der gelernten Heurismen erwies sich als deutlich schwieriger als erwartet bzw. erhofft.

Warum das Erlernen und flexible Einsetzen von Heurismen so schwierig ist, wollen wir am Beispiel des Heurismus *Suche nach Mustern und Regelmäßigkeiten* veranschaulichen (vgl. für eine ähnliche Diskussion des Heurismus *Spezialfälle betrachten* auch Schoenfeld, 1992). Die folgenden Aufgaben lassen sich alle lösen, wenn man *Muster* erkennt:

1. Puzzlegrößen: Wie viele Puzzlegrößen gibt es, bei denen innen und auf dem Rand gleich viele Teile liegen? (vgl. Abschnitt 7.2)
2. Marcos Zahlenreihe: Kann man die Zahlen von 1 bis 15 so anordnen, dass die Summe von je zwei benachbarten Zahlen eine Quadratzahl ergibt? (vgl. Abschnitt 7.3)
3. Schach-Quadrate: Wie viele Quadrate lassen sich auf einem Schachbrett finden? (s. u.)
4. Figurenfolge: Aus wie vielen Punkten besteht die 100. Figur? (s. Abb. 7.10)

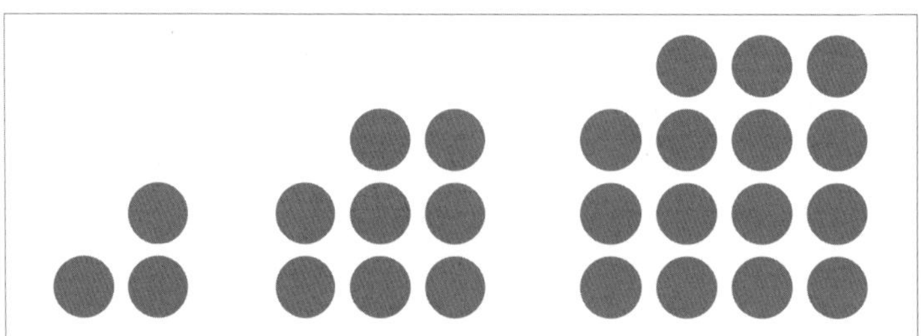

Abb. 7.10: Folge von Punktbildern

Bei (1) Puzzlegrößen lassen sich insbesondere durch systematisches Probieren Muster erkennen: Man kann seine Suche einschränken, wenn man die zugrundeliegende Symmetrie erkennt, nämlich dass Puzzles der Größen $n \times m$ und $m \times n$ gleich viele Rand- und Innensteine besitzen. Sobald man erkannt hat, wie sich die Anzahlen der Steine im Inneren und auf dem Rand bei verschiedenen Puzzlegrößen verhalten, also bei welchen Puzzlegrößen es innen mehr bzw. weniger Steine als auf dem Rand gibt, kann man schnell alle in Frage kommenden Puzzles benennen (d.h. man kann insbesondere nach oben abgrenzen, welche Puzzlegrößen man nicht mehr betrachten muss, weil die Teile im Inneren die Randteile deutlich übersteigen). Grundsätzlich muss an dieser Stelle darauf hingewiesen werden, wie wichtig auch die methodische Gestaltung dieser Phasen ist – eine mögliche Unterstützung für die Schülerinnen und Schüler bieten die Strategieschlüssel, die in Kapitel 9 ausführlich vorgestellt werden.

Bei (2) Marcos Zahlenreihe kann man Regelmäßigkeiten und Muster erkennen, wenn man zu jeder Zahl die möglichen Nachbarn betrachtet. Dann fällt schnell auf, dass die Zahlen 8 und 9 – im Gegensatz zu allen anderen in Frage kommenden Zahlen – jeweils nur einen Nachbarn besitzen. Setzt man 8 und 9 an die Enden seiner Zahlenreihe, ist die Aufgabe schnell gelöst.

Die (3) Schach-Quadrate kann man lösen, ohne Angst haben zu müssen, den Überblick zu verlieren und sich zu verzählen, wenn man die zugrundeliegenden Quadratmuster erkennt: Von den kleinen 1×1-Quadraten gibt es $8 \cdot 8$ Stück. Von den nächst größeren 2×2-Quadraten passen je 7 neben- bzw. übereinander, es gibt also $7 \cdot 7$ Stück davon. Setzt man dieses Muster fort, ergibt sich die Anzahl aller Quadrate als die folgende Summe: $1^2 + 2^2 + \ldots + 8^2 = 204$.

Bei der Figurenfolge in Aufgabe (4) kann man natürlich nicht alle Figuren bis zum gesuchten Folgenglied aufzeichnen; ein mathematisch geschulter Blick offenbart hier aber schnell mehrere Muster, die helfen, eine rekursive oder explizite Darstellung der Punkte pro Figur zu finden. Bei der ersten Figur sind es z.B. $1^2 + 2 \cdot 1$ Punkte, bei der zweiten Figur $2^2 + 2 \cdot 2$ usw. Andererseits kann man die Anzahl der Punkte in der ersten Figur mit $2^2 - 1$, in der zweiten mit $3^2 - 1$ usw. beschreiben.

Gemeinsam haben die vier genannten Aufgaben, dass sie mithilfe von Mustern und Regelmäßigkeiten gelöst werden können. Die gefundenen Muster unterscheiden sich zwischen den Aufgaben allerdings sehr stark voneinander. Dass der Heurismus *Suche nach Mustern* zum Erfolg geführt hat, kann man erst in einem Rückblick erkennen. Hätte man einem Problemlöser den Tipp gegeben „Suche nach Mustern", hätte er damit vermutlich nicht viel anfangen können. Heurismen eignen sich also hervorragend dazu, *im Nachhinein* Problemlöseprozesse nachzuvollziehen und zu reflektieren. *Im Vorhinein* ist nur sehr schwer absehbar, welcher Heurismus in welcher Gestalt beim Lösen des Problems helfen kann – was in der Natur der Sache liegt, da Heurismen im Gegensatz zu Algorithmen eher vage als konkret sind.

Mit dieser Betrachtung möchten wir niemanden entmutigen, Problemlösen lernen und lehren zu wollen. Wir wollen nur verhindern, dass beim Lesen der Beispiele in diesem Kapitel unrealistische Erwartungen an einen schnellen Lernerfolg entstehen. Wie man bei seinen Schülerinnen und Schülern die Problemlösekompetenz langfristig und nachhaltig aufbauen und vertiefen kann, ist Thema des nächsten Kapitels.

8 Wie kann Problemlösen in den Lernprozess integriert werden?

Die vorangehenden Kapitel haben vielfältige Perspektiven darauf eröffnet, was beachtenswert ist, wenn man im Unterricht dem Problemlösen eine wichtige Rolle geben will: geeignete Aufgaben (Kap. 3), Problemlösekompetenzen (Kap. 4), Einstiege ins Problemlösen (Kap. 5), Problemlösepläne (Kap. 6) und Problemlösestrategien (Kap. 7).

Mathematikunterricht ist mehr als ein Sammelsurium schöner Aufgaben und ertragreicher Lernsituationen. Es geht vielmehr um einen nach Phasen strukturierten, systematisch und langfristig angelegten Lernprozess, nicht nur was die Inhalte, sondern auch prozessorientierte Kompetenzen wie das Problemlösen angeht. Die Frage, die deshalb in diesem Kapitel behandelt werden soll, lautet: Wie kann man die vielen Elemente und Möglichkeiten der Förderung von Problemlösefähigkeiten systematisch und über die Schuljahre hinweg in den regulären Mathematikunterricht integrieren?

In diesem Kapitel soll also ein Gesamtbild eines Unterrichtskonzeptes dargestellt werden, welches vorwiegend aus dem Forschungs- und Entwicklungsprojekt KOSIMA (Kontexte für sinnstiftendes Mathematiklernen) entstanden ist und dem Schulbuch mathewerkstatt zugrunde gelegt wurde und ein über viele Schuljahre systematisch aufgebautes Problemlösecurriculum enthält. Für die Förderung von Problemlösekompetenzen bei den Lernenden reicht es nicht, nur punktuell problemlösendes Lernen zu ermöglichen und dieses auf eine Art Inseldasein zu reduzieren. Ebenso kann man Problemlösen nicht als neues, zusätzliches Unterrichtsthema neben den an Inhalten bereits vollen Lehrplan setzen. Daher ist es nötig, die Problemlöseförderung mit dem regulären Unterricht so zu verknüpfen, dass das mathematische Problemlösen das gesamte Unterrichtskonzept durchdringt.

Ein solches, am Problemlösen orientiertes Unterrichtskonzept durchzieht konsequent den ganzen Lernprozess – es erfordert aber nicht unbedingt eine völlige Umstellung des Unterrichts. Viele Elemente des problemlösenden Unterrichts sind nämlich bereits vertraut und fest verankert – wie z. B. entdeckendes Lernen, Modellieren oder produktives Üben – und man muss nur ihre Funktion für das Problemlösenlernen erkennen und explizit nutzen. Eine umfassende Änderung wird durch ein problemlöseorientiertes Unterrichtskonzept nur dann nötig, wenn solche Elemente bislang ganz fehlten, d. h. wenn der Unterricht sich darauf beschränkt hat, Rezepte für das Bearbeiten bestimmter Aufgabentypen zu vermitteln.

8.1 Problemlösen als Ziel und als Form des Mathematiklernens

Schon im ersten Kapitel wurden ergänzende Sichtweisen auf das Problemlösen im Mathematikunterricht unterschieden (Silver, 1985): Einerseits ist dies das „Lehren und Lernen *für* und *über* Problemlösen" – hier wird das Problemlösen zum expliziten Lernziel. Andererseits geht es um „Lehren und Lernen *durch* Problemlösen", hier ist das Erarbeiten und Üben mathematischer Inhalte im Vordergrund, das Problemlösen ist die Lernform, d. h. Arbeitsweise und Prozess, welche die Qualität der verschiedenen Lernphasen bestimmt. Man muss sich also vergegenwärtigen, welche Form des Problemlösens man mit welcher Funktion in welcher Unterrichtsphase umsetzt.

Phasen des Lernens / Unterrichtsphasen

Man kann sich schulisches Mathematiklernen als eine Abfolge von charakteristischen, sich immer wieder abwechselnden und ineinander greifenden Phasen vorstellen (Aebli, 1983; Wittmann & Müller, 1992; Zech, 1983; Büchter & Leuders, 2005; einen Überblick findet man bei Prediger et al., 2014):

In der Phase des Erkundens geht es um

- das aktive Konstruieren von Mathematik auf eigenen Wegen – hier liegt problemlösendes Arbeiten auf natürliche Weise nahe,
- das Zulassen und Wertschätzen von singulären Ideen und Divergenz,
- das Anknüpfen an lebensweltliche Vorstellungen (vgl. Winter, 1989; Gallin & Ruf, 1998).

In der Phase des Ordnens geht es um

- das Systematisieren von individuell Erkundetem,
- das Regularisieren, d. h. das Einordnen in die „fertige Mathematik",
- das Sichern, d. h. das Dokumentieren von Ergebnissen – dabei müssen nicht nur Inhalte, sondern auch Problemlösestrategien und -pläne gesichert werden (vgl. Prediger et al., 2011).

In der Phase des Vertiefens bzw. Übens geht es um

- das wiederholende Sichern von Wissen und Fertigkeiten (Trainieren) – auch Problemlösen kann und muss regelmäßig geübt werden,
- das Flexibilisieren von Fähigkeiten,
- das Erhöhen von Transferfähigkeit, auch außerhalb des Erarbeitungskontextes – Problemlösestrategien, die bereits angewendet und reflektiert wurden, müssen auch in weiteren Situationen angestoßen und übertragen werden,

- das Vernetzen mit anderem Wissen (vgl. Renkl, 2000; Winter, 1984; Leuders, 2009).

In der Phase des Überprüfens geht es um
- die kontinuierliche Beobachtung von Schülerleistungen über alle Phasen hinweg,
- die Diagnose von Schülerleistungen (z. B. welche Heurismen wenden sie an?) – auch als Ausgangspunkt für eine gezielte Förderung; d. h. auch als „Vorabinformation" zur Planung von (Problemlöse-)Unterricht,
- das Bewerten von Leistungen (Bürgermeister, 2013).

Dabei ist zu beachten, dass diese Phasen nicht unbedingt strikt aufeinander folgen und in allen Aspekten voneinander zu trennen sind. Prozesse des Entdeckens und Übens finden sich – wenn auch in verschiedener Gewichtung – sowohl in der Phase des Erkundens als auch in der Phase des Vertiefens (vgl. u. a. Wittmann & Müller, 1990/1992). Diese Phasenstruktur stellt die nachfolgende Abbildung 8.1 grafisch dar.

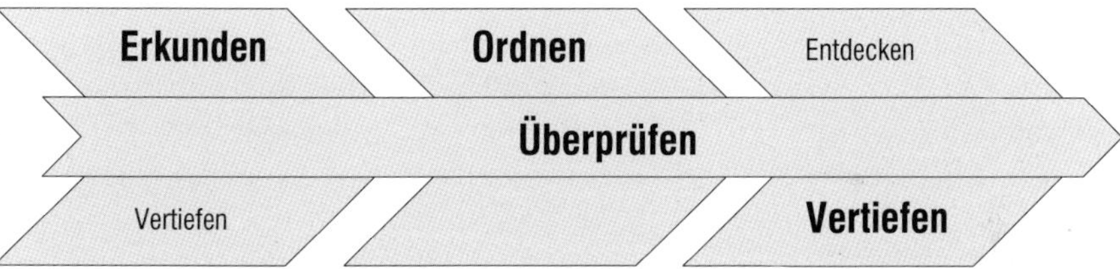

Abb. 8.1: Erkunden, Ordnen, Vertiefen und Überprüfen in verschiedenen Phasen des Unterrichts

Welche Rolle kann Problemlösen in diesen Phasen des Unterrichts spielen? Wie sieht Erkunden, Ordnen und Vertiefen aus, wenn Problemlösen explizites Lernziel ist? Wie können dann bestimmte Problemlösekompetenzen systematisiert und geübt werden? Und wie sieht Erkunden, Ordnen und Vertiefen aus, wenn es um die Erarbeitung neuer Inhalte geht? Wie kann hierbei Problemlösen als Lernform unterstützend wirken?

In den nachfolgenden Abschnitten wird Problemlösen in den verschiedenen Unterrichtsphasen dargestellt, und zwar zunächst als *Lernziel* (8.2. bis 8.5). Danach wird gezeigt, wie Problemlösen als *Lernform* (8.6 und 8.7) die Qualität der Unterrichtsphasen verändern und verbessern kann. Die Frage des Problemlösens beim Überprüfen wird in einem eigenen Kapitel behandelt (Kap. 10).

Bei dieser Darstellung entsteht ein Bild eines Unterrichts, der durch die Jahrgangsstufen hinweg immer wieder zwischen den beiden Ansätzen Problemlösen als Lernziel und als Lernform hin- und herwechselt. Ein konkretes Beispiel für ein durchgehendes Problemlösecurriculum wird abschließend dargestellt.

Funktion des Problemlösens → **↓ Unterrichtsphase**	**Problemlösen als Lernziel,** während die Erweiterung des inhaltsbezogenen Wissens eher zweitrangig ist	**Problemlösen als Form des Lernens,** während Lernziele eher das Lernen mathematischer Begriffe und Verfahren sind
Erkunden (Entdecken und Erarbeiten)	Problemlösestrategien entwickeln und erkunden (→ 8.2)	Genetisches Lernen (→ 8.6) Entdeckendes Lernen (z. B. Probleme selbst finden und formulieren, s. a. Kap. 11)
Ordnen (Systematisieren und Sichern)	Problemlösepläne erarbeiten (→ 8.3) Problemlösestrategien erarbeiten, mit dem Ziel: kennen und nutzen, flexibel einsetzen, adaptiv einsetzen (→ 8.4)	hier eher nicht problemlösend, kognitive Aktivierung fokussiert eher auf Verstehen der Inhalte
Vertiefen (Übung, Transfer)	Problemlösestrategien üben (→ 8.5)	Problemlösend üben als eine Form des produktiven Übens (→ 8.7)
Überprüfen	Problemlösekompetenzen diagnostizieren und/oder bewerten (s. Kap.10)	Überprüfen von Transfer (flexible Anwendung in unterschiedlichen Situationen)

Tab. 8.1: Funktionen des Problemlösens in verschiedenen Unterrichtsphasen

Man sieht in dieser Tabelle 8.1 gut, wie die beiden unterschiedlichen Rollen des Problemlösens unterschiedliche Schwerpunkte in den Unterrichtsphasen bedingen (Leuders, 2016):

Beim Problemlösen als *Lernziel* liegt der Schwerpunkt auf dem Anstoßen von Problemlöseprozessen, auf der Sicherung von Wissen über Problemlösen (Strategien, Pläne) und auf dem Üben von Problemlösekompetenzen. Das muss natürlich an mathematischen Inhalten geschehen. Diese wählt man aber mit Bedacht so, dass nicht zugleich besonders anspruchsvolle neue mathematische Konzepte erarbeitet werden müssen.

Beim Problemlösen als *Lernform* hingegen liegt der Schwerpunkt auf dem inhaltlichen Wissenserwerb. Dieser nutzt aber Formen des Problemlösens, um die Lernenden beim Erkunden und Üben kognitiv zu aktivieren. Diese unterschiedlichen Ziele widersprechen sich nicht, auch kann man zwischen den beiden Zielen durchaus innerhalb einer Unterrichtsreihe springen – gut ist aber, wenn man sich im Klaren ist, welchen Schwerpunkt man gerade setzt. Dies wird im Folgenden an Unterrichtsbeispielen konkretisiert.

8.2 Problemlösestrategien entwickeln und erkunden: Problemlösen als Lernziel / Unterrichtsphase Erkunden

Was bedeutet es, wenn Problemlösestrategien das Ziel (und nicht die Lernform) einer Erkundenphase sind? Das Erkunden besteht dann darin, dass Lernende konkrete Erfahrungen mit Problemlösestrategien machen. Sie erleben beim Untersuchen mathematischer Situationen, dass sie Problemlösestrategien auf ganz natürliche Weise schon anwenden. Dazu sollten mathematische Probleme gewählt werden, die möglichst wenig Vorwissen voraussetzen. Das können Probleme sein, die nur elementares Rechnen oder Zeichnen erfordern und daher entweder mit einfacheren, zugänglicheren Themen des Curriculums verbunden sind (z. B. Teiler und Vielfache statt Brüche) oder gänzlich unabhängig vom regulären Unterrichtsstoff sind. Trotzdem sollen aber die Kriterien aus Kapitel 3 auch für diese Probleme gelten, insbesondere müssen sie einen echten Prozess auslösen. Somit kann man sich voll und ganz auf das strategische Arbeiten konzentrieren. Nachfolgendes Beispiel (vgl. Mason, Burton & Stacey, 2006, S. 170) kann von Schülerinnen und Schülern nahezu voraussetzungsfrei in fast jeder Klassenstufe bearbeitet werden. Dabei können unterschiedliche Strategien zum Einsatz kommen.

Diagonale im Rechteck

In einem Rechteck aus n mal m Kästchen verläuft eine Diagonale. Sie läuft durch das Innere von mehreren Kästchen und streift einige Kästchen möglicherweise genau an einer Ecke.
Wie hängt die Zahl der durchkreuzten / der gestreiften Kästchen von n und m ab?
Kann man ganz allgemein etwas darüber sagen, wie viele Kästchen von der Diagonalen gekreuzt oder berührt werden?

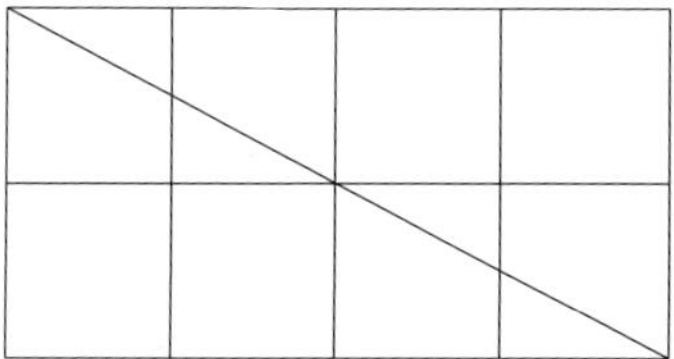

(Mason, Burton & Stacey, 2006, S. 170)

Mit dieser Aufgabe ist das Unterrichtsziel auf das Problemlösen selbst gerichtet, d. h. das (spontane oder durch Impulse angeregte) Anwenden und Reflektieren von Heurismen. Die hierbei auftretenden Strategien sind dann eher generalisierbare und flexibel einsetzbare Arbeitsweisen, wie z. B. das Anwenden der Strategien „Beispiele erzeugen", „Vermutungen aufstellen und überprüfen", oder „eine andere Darstellung wählen".

Lösen Sie dieses Problem bevor Sie weiterlesen:

NACHDENK-AUFGABE

- Überlegen Sie anschließend, welche Barrieren (vgl. Kap. 2) es bei der Bearbeitung gab und welche Strategien Sie angewendet haben.
- Überlegen Sie dann, wie Ihre Schülerinnen und Schüler dieses Problem bearbeiten würden.
- Wie würden Sie die Unterrichtsstunde gestalten, wenn Sie dieses Problem behandeln?

Bearbeitungen können wie in den Abbildungen 8.2 und 8.3 aussehen. Ersichtlich wird dabei, dass in beiden Fällen mit Strategien gearbeitet wird – diese zeigen sich beispielsweise gleich zu Beginn, wenn anfangs Beispiele notiert und zugleich auch sortiert oder systematisch angelegt werden. Die beiden Bearbeitungen unterscheiden sich vor allem darin, wie systematisch die Lernenden vorgehen.

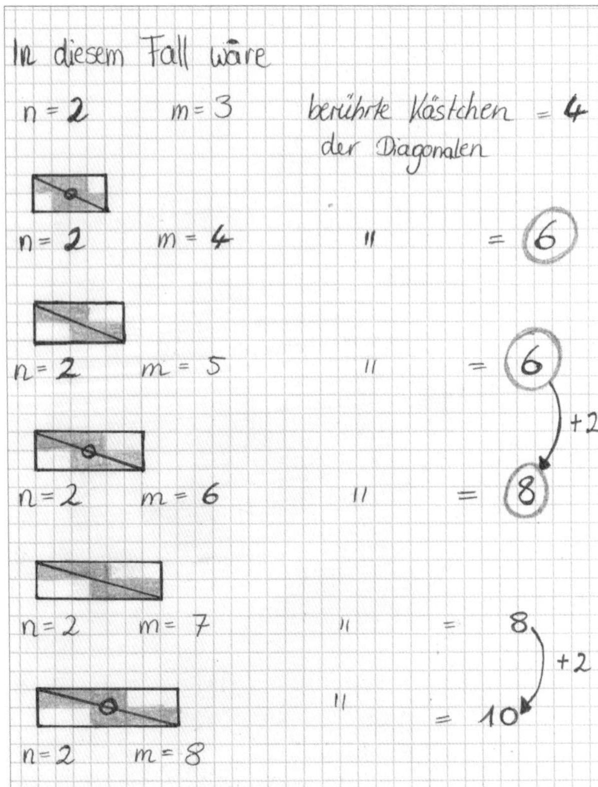

Abb. 8.2: Bearbeitung des Problems „Diagonale" grafische Darstellung von Beispielen: eine systematische Liste stets mit Rechtecken der Höhe 2 Kästchen

Die folgende Tabelle soll beide Möglichkeiten aufführen:

n	m	Gesamtanzahl Kästchen	Anzahl der durchkreuzten / gestreiften Kästchen	Anzahl der durchkreuzten Kästchen
2	3	6	4 (+2)	
2	4	8	6 (+0)	4
2	5	10	6 (+2)	
2	6	12	8 (+0)	6
2	7	14	8 (+2)	8
2	8	16	10 (+0)	8
2	9	18	10 (+2)	9
2	10	20	12 (+0)	10
2	11	22	12	12

Im folgenden → Versuch mit (n = 3)

Abb. 8.3: Bearbeitung des Problems „Diagonale“: tabellarische Darstellung von Beispielen, systematische Liste stets mit Rechtecken der Höhe 2 Kästchen

Allein an diesen beiden Bearbeitungen wird deutlich, dass verschiedene Arbeitsweisen bzw. Darstellungen möglich sind. Von der konkret-bildlichen Arbeitsweise einerseits bis hin zur Tabelle andererseits, die ein deutlich höheres Vorstellungsvermögen verlangt, da man die einzelnen Kreuzungs- und Berührungspunkte nicht mehr in einer Zeichnung sehen und ablesen kann.

Wie können Schülerinnen und Schüler in solchen Erkundungsphasen unterstützt werden und wie kann man mit den Schülerprodukten arbeiten? Dass Schülerinnen und Schüler in dieser Arbeitsphase an Barrieren stoßen, ist zu erwarten – schließlich ist das ein Charakteristikum von Problemlösen. Nach einer Würdigung der ersten Schritte bzw. Beispiele (das sollte rein aus motivationaler Perspektive nicht unterschätzt werden) können zunächst einmal die bereits produzierten Beispiele betrachtet und reflektiert werden. Hierbei bieten sich Impulsfragen an wie „Was denkst du? Wie geht es wohl weiter?“, „Hast du eine Vermutung?“ oder „Bist du dir sicher?“. Die Schülerinnen und Schüler werden somit auf die relevanten Aspekte hingewiesen und können daraufhin gezielt weiterarbeiten.

Ein weiterer Schritt ist der Dialog mit anderen, um sich Überlegungen gegenseitig zu erklären und dadurch einerseits die eigenen Überlegungen noch einmal sorgfältig zu durchdenken, andererseits auch Impulse für die Weiterarbeit zu erhalten. Hierbei spielt die Absicherung dessen, was bereits erarbeitet wurde, eine wichtige Rolle. Es kommen Fragen auf, die dann beantwortet werden müssen. Gerade in dieser Phase spielen Dokumentationen eine wichtige Rolle, da sie eine wesentliche Grundlage für den Dialog bilden (können). In Kapitel 9 wird auf die Gestaltung dieser Unterrichtsphasen näher eingegangen und es werden methodische Anregungen gegeben.

Diese Austauschprozesse mit dem gegenseitigen Vorstellen der Überlegungen, die Diskussion, das Begründen und Argumentieren sind Komponenten der „Neriage"-Methode, die im japanischen Mathematikunterricht verbreitet ist. Näheres dazu wird ebenfalls in Kapitel 9 ausgeführt.

8.3 Problemlösepläne erarbeiten: Problemlösen als Lernziel / Unterrichtsphase Ordnen

So wie man neue mathematische Inhalte nach einer eher offenen Erkundung ordnen und festhalten muss, brauchen auch Problemlösestrategien, die in einer divergenten Phase aufgetreten sind, eine konvergente Phase des Ordnens und Festhaltens. Um sich von den konkreten Problemen zu lösen, muss man die Lernenden stärker auf die Arbeitsweise und das Vorgehen beim Problemlösen aufmerksam machen. Wie im vorangegangenen Beispiel („Diagonalen-Problem") deutlich wurde, können Arbeitsweisen erkannt und beschrieben werden, die auch bei anderen Problemen hilfreich sind und zum Einsatz kommen können. Im Beispiel ist das etwa das systematische Auflisten einzelner Beispiele, die gezielte Variation einer Variablen (hier: die Breite) unter Beibehaltung anderer, fester Komponenten (hier: die Höhe) oder auch die tabellarische Darstellung, um die Übersicht zu behalten. Solche konkreten Arbeitsweisen sind beispielübergreifend nutzbare Problemlösestrategien (Kap. 7) und ihre Abfolge gibt Hinweise auf günstige Problemlösepläne (Kap. 6), die den gesamten Ablauf eines Problemlöseprozesses strukturieren können. Wie in Kapitel 6 erläutert, bieten Problemlösepläne eine Unterstützung bei der selbstständigen Steuerung eines Problemlöseprozesses. Einer der dort erwähnten Pläne ist der PADEK-Lösungsplan, welcher sich in die folgenden Schritte gliedert (vgl. Leuders, 2013):

- **P**roblem verstehen – in eigenen Worten formulieren
- **A**nsatz suchen – Annahmen beschreiben und Rechenweg planen
- **D**urchführen – Rechnung durchführen
- **E**rgebnis erklären
- **K**ontrollieren – Ergebnis, Rechnung und Ansatz prüfen

Wie nun kann ein solcher Plan eingeführt werden? Wie können Lernende angeleitet werden, ihn zu verwenden? Wir führen diese Überlegungen am Beispiel des PADEK-Plans aus, wobei auch die Aneignung anderer Pläne in gleicher Weise erfolgen kann. Sinnvoll ist es, diese Schritte gemeinsam mit den Schülerinnen und Schülern auf der Grundlage erster, noch nicht unbedingt systematischer Erfahrungen zu erarbeiten. So machen sie selbst die Erfahrung, dass es notwendig ist, das Problem zunächst zu verstehen und in eigenen Worten formulieren zu können (z. B. indem sie es ihrem Sitznachbarn erklären). Die Erarbeitung der Schritte zusammen mit den Schülerinnen und Schülern kann dann zu einer Art Merkkasten mit den entscheidenden Komponenten führen (wie sie in Kapitel 6 dargelegt sind). Ob dies dann genau zu den Schritten von PADEK führt, ist offen – jedoch gibt dieses Schema für die Lehrperson eine gute Orientierung vor und es ist sinnvoll, dass sich die Schülerinnen und Schüler mit diesem Plan auseinandersetzen und ihre eigenen Überlegungen damit abgleichen.

Um die Erarbeitung eines Problemlöseplanes etwas stärker vorzustrukturieren, kann man auch die Form des „Lernens mit Lösungsbeispielen" wählen (eine Übersicht dazu findet sich bei Renkl, 2008). Dabei erarbeiten Lernende einen komplexen Inhalt nicht selbst (wie hier: den Problemlöseplan), sondern beschäftigen sich auf angeleitete Weise mit einem „fertigen" Beispiel (d. h. einem gelösten Problem). Dieses Vorgehen hat den Vorteil, dass man von der Bearbeitung der Aufgabe an sich entlastet wird und sich auf die einzelnen Lösungsschritte konzentrieren kann. Es geht darum, diese Schritt für Schritt nachzuvollziehen, um sie dann später in gleicher Weise an einer anderen Problemstellung ausführen zu können. Unter dem Stichwort „worked examples" finden sich zahlreiche Forschungsarbeiten (u. a. von Sweller & Cooper, 1985; Renkl, 1997; Hilbert, Renkl & Holzäpfel, 2008; Atkinson et al., 2000), die auf die positiven Wirkungen dieses Vorgehens aufmerksam machen. Beim Lernen mit Lösungsbeispielen geht es insbesondere darum, gezielte Fragen zu den einzelnen Bearbeitungsschritten zu stellen und darauf zu achten, dass die Auseinandersetzung nicht nur auf der Ebene von Oberflächenmerkmalen erfolgt. Hierzu kann etwa auch angeregt werden, Begründungen für die einzelnen Schritte zu formulieren. Die zentrale Aktivität („Aneignungshandlung") ist die Zuordnung und Benennung der einzelnen Schritte und damit die Reflexion der Bedeutung und Bezeichnung.

Nach einer solchen Erarbeitung kann man den Schülerinnen und Schülern ein einfacheres Problem vorlegen, bei dessen Bearbeitung sie sich eng am Lösungsplan orientieren. Vertiefend wird dabei eine Reflexion angeregt, bei der zunächst auf der Grundlage eines Strategievergleichs ein Schritt im Lösungsplan identifiziert werden soll und dann überlegt wird, was passiert, wenn ein Schritt nicht wie erwartet erfolgen kann. Diese reflexionsanregenden Fragen führen dazu, sich intensiv mit dem Lösungsplan (und parallel mit dem Lösungsbeispiel) auseinanderzusetzen, um diesen dann (nach weiterem Üben) flexibel in unterschiedlichen Situationen einsetzen zu können.

Die Aufgabe in Abbildung 8.4 zeigt das Erarbeiten des Lösungsplans anhand eines konkreten Beispiels. Eine Flexibilisierung wird dann in nachfolgenden Aufgaben noch weiter gefestigt.

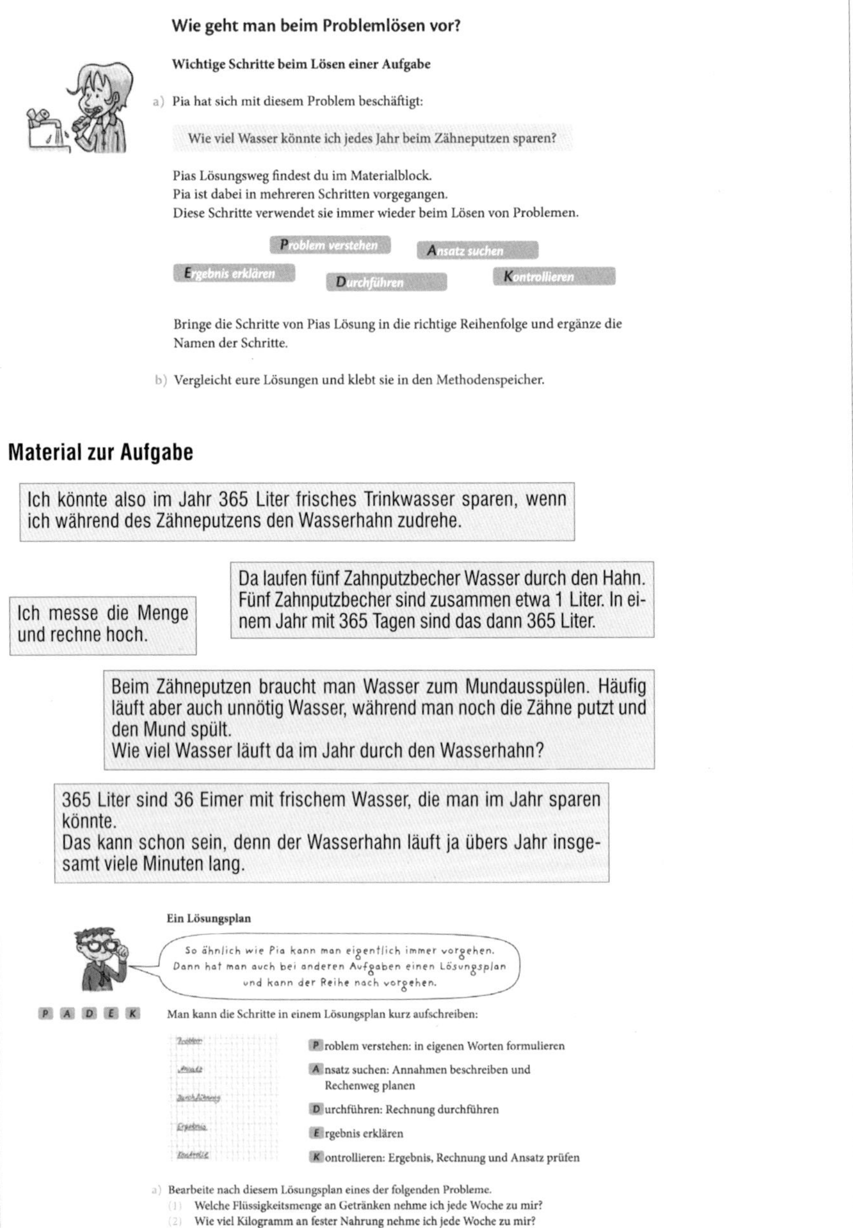

Wie geht man beim Problemlösen vor?

Wichtige Schritte beim Lösen einer Aufgabe

a) Pia hat sich mit diesem Problem beschäftigt:

Wie viel Wasser könnte ich jedes Jahr beim Zähneputzen sparen?

Pias Lösungsweg findest du im Materialblock.
Pia ist dabei in mehreren Schritten vorgegangen.
Diese Schritte verwendet sie immer wieder beim Lösen von Problemen.

Problem verstehen | Ansatz suchen | Ergebnis erklären | Durchführen | Kontrollieren

Bringe die Schritte von Pias Lösung in die richtige Reihenfolge und ergänze die Namen der Schritte.

b) Vergleicht eure Lösungen und klebt sie in den Methodenspeicher.

Material zur Aufgabe

Ich könnte also im Jahr 365 Liter frisches Trinkwasser sparen, wenn ich während des Zähneputzens den Wasserhahn zudrehe.

Ich messe die Menge und rechne hoch.

Da laufen fünf Zahnputzbecher Wasser durch den Hahn. Fünf Zahnputzbecher sind zusammen etwa 1 Liter. In einem Jahr mit 365 Tagen sind das dann 365 Liter.

Beim Zähneputzen braucht man Wasser zum Mundausspülen. Häufig läuft aber auch unnötig Wasser, während man noch die Zähne putzt und den Mund spült.
Wie viel Wasser läuft da im Jahr durch den Wasserhahn?

365 Liter sind 36 Eimer mit frischem Wasser, die man im Jahr sparen könnte.
Das kann schon sein, denn der Wasserhahn läuft ja übers Jahr insgesamt viele Minuten lang.

Ein Lösungsplan

Man kann die Schritte in einem Lösungsplan kurz aufschreiben:

- **P** roblem verstehen: in eigenen Worten formulieren
- **A** nsatz suchen: Annahmen beschreiben und Rechenweg planen
- **D** urchführen: Rechnung durchführen
- **E** rgebnis erklären
- **K** ontrollieren: Ergebnis, Rechnung und Ansatz prüfen

a) Bearbeite nach diesem Lösungsplan eines der folgenden Probleme.
(1) Welche Flüssigkeitsmenge an Getränken nehme ich jede Woche zu mir?
(2) Wie viel Kilogramm an fester Nahrung nehme ich jede Woche zu mir?
(3) Wie viel Papier verbrauche ich jedes Jahr zum Schreiben, Zeichnen, Malen, …?

Abb. 8.4: Erarbeitung des Lösungsplans PADEK durch Beispiele und reflexionsanregende Arbeitsaufträge (Greefrath & Leuders, 2013, S. 15 und Materialblock S. 9)

8.4 Problemlösestrategien erarbeiten: Problemlösen als Lernziel / Unterrichtsphase Ordnen

Strategien sind übergreifend, d. h. in verschiedenen Situationen flexibel anwendbar. Sie werden aber erst an konkreten Situationen deutlich. Man kann sie sichern, indem man bestimmte Strategien mit Beispielproblemen verknüpft, um so einen Ausgangspunkt herzustellen, auf den man dann in einer neuen Situation aufbauen kann. Dabei ist zunächst einmal zu klären, *welche* Strategien jeweils erarbeitet werden sollen. Hier gibt es für die Lehrperson eine breite Auswahl (z. B. die Strategien nach Pólya, 1949; die „Strategieschlüssel" (vgl. Kap. 9) bei Philipp & Herold-Blasius, 2016 die Systematisierung nach heuristischen Hilfsmitteln, Strategien und Prinzipien bei Bruder & Collet, 2011 u. v. m.). Auch viele Lehrpläne und Bildungsstandards geben Hinweise dazu, welches insgesamt zentrale Strategien sind. Die Entscheidung, welche Heurismen zu welchem Zeitpunkt kennengelernt, systematisch erarbeitet oder erweitert werden, kann aber nur die Lehrperson mit Blick auf ihre Klasse treffen.

Im nachfolgendem Aufgabenbeispiel wird an einem Beispiel für die Klassenstufe 5/6 deutlich, wie systematisch am Aufbau eines Strategierepertoires gearbeitet werden kann. Zu Beginn geht es um das Nachvollziehen eines Bearbeitungsprozesses: Die Schülerinnen und Schüler müssen die eingesetzten Strategien identifizieren. Nach dem Prinzip des beispielbasierten Lernens werden dabei gezielte Fragen gestellt, die auf die relevanten Aspekte fokussieren (vgl. hierzu auch das Konzept der „Selbsterklärungen" von Hilbert et al., 2006). So werden in den Teilaufgaben Hinweise gegeben, die dann die Aufmerksamkeit auf die relevanten Aspekte lenken und dazu anregen, über das jeweilige Vorgehen genauer nachzudenken und zu reflektieren. Dabei findet eine elaborierte Auseinandersetzung mit den eingesetzten Strategien und den einzelnen Lösungsschritten und deren Reihenfolge statt.

In dem in Abbildung 8.5 dargestellten Beispiel sind alle Strategien dem Schritt „Ansatz" des Problemlöseplans zugeordnet, damit sich Lernende zunächst auf diese wichtige Phase konzentrieren.

Im Laufe der folgenden Schuljahre sollte dann eine Erweiterung eines Strategierepertoires in Form eines sukzessiven Aufbaus stattfinden (s. Abb. 8.5). Die Fülle möglicher Strategien ist groß und sollte daher nicht auf einmal behandelt werden. Neue Strategien treten dann, wenn sie besonders relevant sind, hinzu (z. B. „ein einfacheres Problem lösen", wenn man das Überschlagen erarbeitet). Bekannte Strategien werden wiederholt und für neue Kontexte erweitert (z. B. „eine andere Darstellung suchen", die bei Brüchen, Variablen, Funktionen immer wieder in neuer Form auftritt).

Wie geht man vor, wenn man Zahlen erforschen will?

Wichtige Schritte beim Zahlenforschen

Pia hat das Problem Was haben alle Zahlen mit drei Teilern gemeinsam? erforscht. Rechts im Bild sind ihre Notizen abgebildet. Du findest sie auch im Materialblock.

a) Lies Pias Lösung durch. Wenn du nicht sofort alle Schritte verstehst, dann lies sie mehrmals durch oder frage bei der Lehrkraft nach.

b) Die einzelnen Lösungsschritte von Pia kommen beim Problemlösen immer wieder vor.

Ergänze im Materialblock mit Bleistift die Namen der einzelnen Lösungsschritte.

c) Beim Lösen von Problemen und beim Erforschen von Zahlen gibt es verschiedene Ansätze, die helfen können. Hier sind einige Beispiele:

A	Beispiele aufschreiben
A	Beispiele ordnen (z. B. als Liste oder Tabelle)
A	eine andere Darstellung suchen (z. B. eine Zeichnung oder Rechnung)
A	eine Vermutung formulieren und überprüfen

Notiere neben Pias Lösung mit Bleistift in der richtigen Reihenfolge, welche Ansätze sie gewählt hat.

d) Vergleicht eure Einträge im **Methodenspeicher** und korrigiert sie, wenn nötig.

e) Lest gegenseitig eure Zahlenforschungen zu Aufgabe 4 auf Seite 28. Wo würdet ihr noch Schritte und Ansätze ergänzen?

f) Du hast verschiedene Ansätze für das Zahlenforschen kennengelernt, z. B. Beispiele aufschreiben und eine andere Darstellung suchen.
- Was passiert im Lösungsplan P A D E K, wenn ein Ansatz nicht zum Ziel führt?
- Wie verändert sich der Lösungsplan dadurch?

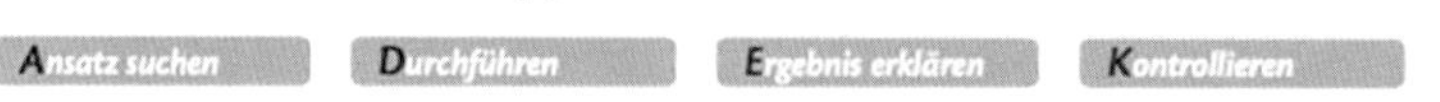

Abb. 8.5: Beispiel für eine Aufgabe, bei der auf die Erweiterung des Strategierepertoires fokussiert wird (Leuders, 2013, S. 33)

Nach mehreren Schuljahren erreicht man so ein Repertoire, das sich kumulativ und vernetzt erweitert hat und sich dann wie in nachfolgender Aufgabe (Abb. 8.6) in den Klassenstufen 7 und 8 in einem konkreten Kontext systematisch zusammengefasst werden kann. Spätestens an dieser Stelle sollte auch der Begriff „Strategie" eingeführt werden. Außerdem können die Lernenden erfahren, dass bestimmte Fragen in bestimmen Schritten des Problemlöseplans besonders nützlich sind.

Mit welchen Strategien kann man Probleme lösen?

Strategien für das Problemlösen

Strategien helfen beim Problemlösen bei ganz unterschiedlichen Themen, nicht nur beim Berechnen von Zinsen. Die Strategiekarten im Materialblock helfen dir, dich auch später bei Problemlöseaufgaben an Strategien zu erinnern.
Die Karten kannst du bei neuen Themen noch einmal ausdrucken und weitere Beispielaufgaben eintragen.

a) Bei einem Problem können auch mehrere Strategien passen.
- Schneide die Karten mit den Problemen (1)–(7) aus dem Arbeitsmaterial aus.
- Suche zu jeder Strategie eines der Probleme (1)–(7) oder ein anderes Problem heraus, bei dem du die Strategie verwenden würdest.
- Bearbeite die Probleme zu Ende.

das Problem in eigenen Worten wiedergeben | ein ähnliches Problem nutzen
Beispiele aufschreiben und ordnen | einfachere Fragen stellen
auf etwas Bekanntes zurückführen | Gegebenes und Gesuchtes aufschreiben
eine andere Darstellung suchen | eine Vermutung formulieren und überprüfen

(1) Ein Startkapital wird bei der ersten Bank für zwei Jahre zu einem festen Zinssatz angelegt. Bei der zweiten Bank wird das gleiche Startkapital für ein Jahr zum doppelten Zinssatz angelegt. Vergleiche beide Angebote.

(2) Welchen Zinssatz braucht man, wenn das Kapital in einem Jahr von 800 € auf 820 € anwachsen soll?

(3) Leo will ein Drittel seines Geldes auf einem Sparkonto zu 4 % Zinsen anlegen. Dann hätte er nach einem Jahr 25 € mehr. Wie viel Geld hat er?

(4) Wie viel Euro will Ole anlegen?

(5) Was ist besser, zweimal 5 % Zinsen oder einmal 10 % Zinsen?

(6) Wenn ich bei einem Kapital erst 4 % dazu zähle und dann vom neuen Kapital wieder 4 % abziehe, warum erhalte ich dann nicht das ursprüngliche Kapital?

(7) x % von x % sind 4 %. Wie groß ist x?

b) Vergleicht, welche Strategie ihr bei jedem Problem ausgewählt habt. Übertragt jeweils ein Beispiel auf jede Strategiekarte.

Abb. 8.6: Beispiel für eine Aufgabe, bei der auf die Erweiterung des Strategierepertoires fokussiert wird (Barzel, Bullinger & Poloczek, 2014, S. 57)

Um eine solche Aufgabe adäquat bearbeiten zu können, müssen die Schülerinnen und Schüler bereits mit einigen Strategien vertraut sein. Nur dann haben sie die Möglichkeit, sich einen Überblick zu verschaffen und schließlich begründet auszuwählen, wann sie wie vorgehen würden. So ist es in der dargestellten Beispielaufgabe, insbesondere im Teil b), notwendig, sich in Strategien eindenken zu können, die andere gewählt haben. Dabei kann auch noch einmal die Flexibilität eingeübt werden, mit der die einzelnen Strategien in verschiedenen Situationen variabel eingesetzt werden können.

Beispielsweise kann bei Aufgabenteil a) (5) ein Schüler die Strategie „Beispiele aufschreiben und ordnen" nutzen. Ebenso kann ein anderer Schüler die Strategie „eine Vermutung formulieren und überprüfen" einsetzen – etwa weil er denkt, dass es keinen Unterschied macht, ob man einmal 10 % oder zweimal 5 % Zinsen erhält. Kommen nun beide Schüler zusammen, so können sie sich gut ergänzen und beide Strategien komplementär nutzen. Möglicherweise hilft die Vermutung, gezielt Beispiele zu notieren, diese zu ordnen und dann festzustellen, dass es besser ist, zweimal 5 % Zinsen zu bekommen, weil der Ausgangswert für die zweite Berechnung (der neue Grundwert) höher liegt.

8.5 Problemlösestrategien üben: Problemlösen als Lernziel/ Unterrichtsphase Vertiefen

In der Unterrichtsphase des Vertiefens geht es insbesondere darum, gezielt einzelne Aspekte des vorher Gelernten zu üben. Das gilt auch für Elemente des Problemlösens. Wie das nachfolgende Beispiel (Abb. 8.7) zeigt, kann die Anwendung der eben erarbeiteten vier Strategien an Beispielen geübt werden. Der Gegenstand, auf den diese angewendet werden und der vorher ebenfalls erarbeitet wurde, ist an dieser Stelle „Teiler und Vielfache".

Problemlösen 9 **Zahlen mit Charakter**

Nutze die folgenden Ansätze zum Erforschen der beiden Fragen (1) und (2):

Beispiele aufschreiben

Beispiele ordnen

eine andere Darstellung suchen

eine Vermutung formulieren und überprüfen

(1) Wie viele Zahlen mit zwei Stellen sind durch 3 und zugleich durch 5 teilbar?

(2) Woran erkennt man, ob eine Zahl über 100 durch 4 teilbar ist?
Überprüfe deine Vermutung auch an Zahlen über 1000.

Abb. 8.7: Übungsaufgabe zur Vertiefung der Strategien (Leuders, 2013, S. 38)

8.6. Genetisches Lernen: Problemlösen als Form des Mathematiklernens / Unterrichtsphase Erkunden

Im Folgenden findet ein Schwerpunktwechsel statt. Nun geht es nicht primär um Problemlösen als Lernziel, die Frage ist eher, wie problemlösendes Arbeiten als Lernform beim Lernen förderlich sein kann. Nachfolgendes Beispiel zum Thema Ähnlichkeit und zentrische Streckung illustriert, wie ein solcher, problemgenetischer Lernprozess aussehen kann (s. Abb. 8.8 und 8.9). Die Lernenden müssen sich damit auseinandersetzen, wie man ohne Verzerrung vergrößern bzw. verkleinern kann. Hier spielen Problemlösepläne und auch konkrete Strategien eine wichtige Rolle. Sie müssen darin unterstützt werden, diese zu nutzen, um so die Barriere überwinden zu können.
Natürlich ist der Lernprozess mit der Lösung des Problems durch einen oder mehrere Lernende nicht abgeschlossen. Lernende können eine ganze Reihe divergierender Ideen verfolgt haben: Sie können herausfinden, dass man beim Vergrößern und Verkleinern darauf achten muss, stets sowohl Höhe als auch Breite mit dem gleichen Faktor zu verändern, damit das vergrößerte bzw. verkleinerte Bild nicht verzerrt ist. Sie können feststellen, dass das Vergrößern eine Multiplikation und keine Addition erfordert; und sie können Aussagen über Seitenverhältnisse gefunden haben. Auch können sie feststellen, dass Verkleinerungen ebenfalls durch Multiplikation – nämlich mit einer Zahl kleiner 1 – erfolgen kann.

Die Ergebnisse einer problemgenetisch angelegten Erkundung sind in der Regel divergent und individuell verschieden. Aus einem solchen mathematischen Reichtum kann man in einer nachfolgenden konvergenten, systematisierenden Ordnenphase aber schöpfen. Bei der hier beschriebenen Form des Problemlösens erkennt man aber auch, dass eben nicht die Problemlöseprozesse gesichert werden, sondern dass der Schwerpunkt auf der Sicherung der Inhalte liegt. Das soll nicht davon abhalten, während des Problemlöseprozesses Lernende auf die von ihnen genutzten Strategien hinzuweisen oder sie zur Strategienutzung oder zum planvollen Vorgehen anzuregen („Wie könntest du denn anfangen"? „Hast du jetzt das Problem gelöst?", „Welche Vermutung hast du?" usw.).

8.7 Problemlösend üben als Form des produktiven Übens: Problemlösen als Form des Lernens / Unterrichtsphase Vertiefen

Dass und wie Problemlösen explizit geübt werden kann, wurde bereits in Abschnitt 8.5 beschrieben. Aber auch ohne beim Üben explizit auf die Pläne und Strategien des Problemlösens einzugehen, können problemlösen-

Wie vergrößere ich so, dass die Formen nicht verzerrt sind?

1 **Filmkulisse mit viel zu kleinem oder großem Bühnenbild**

In Filmen mit besonders kleinen oder großen Hauptdarstellern wird oft damit getrickst, dass der Hintergrund verändert wird.
Denn dann wirkt ein Lebewesen besonders groß oder klein.

Bei „Alice im Wunderland" musste das Bühnenbild so vergrößert werden, dass Alice aussieht, als sei sie nur eine Handbreite groß.

In dem Bild aus dem Film „King Kong" musste das Bühnenbild so verändert werden, dass ein Gorilla aussieht, als wäre er größer als ein Haus.

a) Sucht euch einen der beiden Filme aus und bearbeitet die zugehörige Materialblockseite.

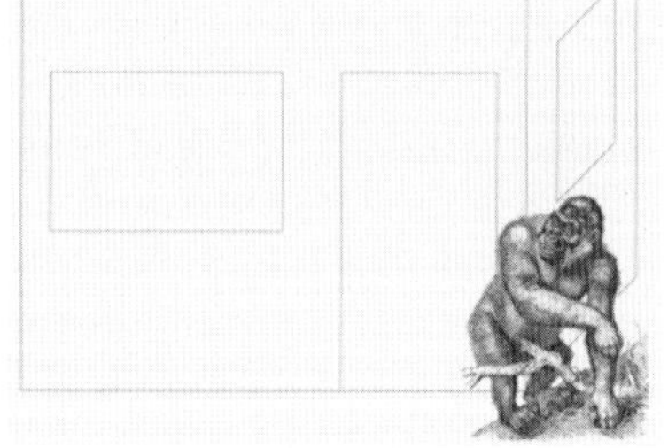

- Wie muss man verkleinern oder vergrößern, damit Alice ganz klein und King Kong riesengroß wirkt?
- Zeichne das vergrößerte oder verkleinerte Bild auf die Materialblockseite.

b)
- Schreibe die wichtigen Denkschritte und Rechenwege genau auf, sodass andere sie nachvollziehen können.
- Schreibe die alten und neuen Maße an die Zeichnungen.
- Mit welcher Zahl hast du vergrößert oder verkleinert? Versuche einen Maßstab anzugeben.

Abb. 8.8: Genetische Lernsituation zur Entdeckung des Ähnlichkeitsbegriffs (Prediger, Glade & Blomberg, 2016, S. 48)

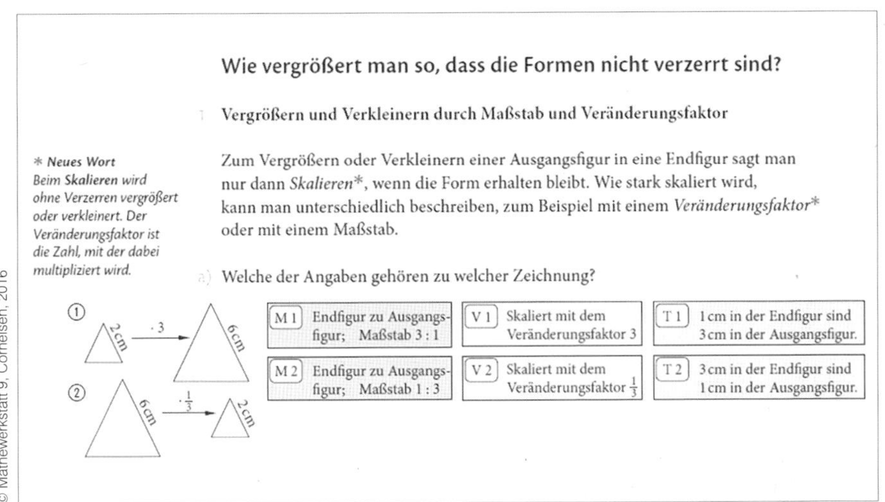

Abb. 8.9: Aufgabe zum Ordnen der Überlegungen, die in der problemhaltigen Erkundung gemacht wurden (Prediger, Glade & Blomberg, 2016, S. 54)

de Arbeitsweisen berücksichtigt werden. Verschiedene Übungsformate, die so etwas leisten, werden schon seit vielen Jahren unter dem Stichwort „produktives Üben" oder „intelligentes Üben" beschrieben (Wittmann, 1992; Leuders, 2009). Solche Aufgaben zeichnen sich dadurch aus, dass sie nicht nur Automatisierungsprozesse durch vielfaches Wiederholen von geschlossenen Aufgaben im Blick haben (s. Tab. 8.2), sondern auch komplexere Denkprozesse anstoßen – man könnte das hierdurch angeregte Üben aufgrund seiner Aufgabenformate also auch als „problemlösendes Üben" bezeichnen. Entsprechend der verschiedenen Problemlösesituationen, wie sie in Kapitel 3 unterschieden sind, lassen sich wieder verschiedene Aufgabentypen unterscheiden:

Problemlösetyp	Wann liegt er vor?
Bestimmungsprobleme	Berechnen von Zahlen und Größen; Konstruieren einer Figur
Modellierungsprobleme	Bewältigen einer Realsituation
Entdeckungsprobleme	Aufstellen einer Vermutung über einen Zusammenhang; Formulieren eines interessanten Problems
Begründungsprobleme	Überprüfen einer Vermutung; Finden eines Beweises
Begriffsbestimmungsprobleme	Finden eines Objektes mit bestimmten gegebenen Eigenschaften; Finden einer geeigneten Definition; Verallgemeinerung eines Begriffs

Tab. 8.2: Problemlösetypen

Produktives Üben mit Bestimmungsproblemen

Bei Bestimmungsproblemen wird eine konkrete Lösung (z.B. eine Zahl oder eine geometrische Konstruktion) gesucht, bei ihnen ist das Aufgabenziel oft besonders klar – der Lernende weiß, wann er die Aufgabe gelöst hat. Allerdings ist der Weg dorthin nicht durch ein eben erst gelerntes Verfahren vorgegeben, denn sonst wäre die Aufgabe ja kein Problem. Aufgaben mit dem Auftrag „Verfahre wie im Beispiel" gehören also nicht zu diesem Typ; sie bergen die Gefahr, dass das Verfahren nur oberflächlich übertragen wird (vgl. Abb. 8.10, Luchins, 1965). Warum aber sollte man Lernenden die Lösung der Übungsaufgabe erschweren? Das ist nur dann sinnvoll, wenn diese schwierigere Form, bei der der Weg erst gefunden oder aus bestehenden Elementen kombiniert werden muss, gerade das Lernziel ist. Bestimmungsprobleme sind also produktiv, weil sie gezielt die Flexibilität und den Transfer üben (s. Abb. 8.11).

17 Klammern auflösen mit der dritten binomischen Formel

Wende die dritte binomische Formel an.

(1) $(3+x)(3-x)$
(2) $(7+w)(7-w)$
(3) $(y-5)(y+5)$
(4) $(8x-4)(8x+4)$
(5) $(3a+5)(3a-5)$

(1) $(9z-2)(9z+2)$
(2) $(3-7y)(3+7y)$
(3) $(10p+0{,}1)(10p-0{,}1)$
(4) $(2{,}5+2z)(2{,}5-2z)$
(5) $\left(\frac{1}{2}+x\right)\left(\frac{1}{2}-x\right)$

Abb. 8.10: Eher unproduktive Aufgabe zur Automatisierung der Umformung quadratischer Terme: Das Umformen wird mehrfach geübt, es werden aber keine Probleme gelöst oder Entdeckungen gemacht. Die wiederholte Anwendung soll Sicherheit beim Umformen fördern (mit zwei Differenzierungsniveaus), (Leuders et al., 2015, S. 166)

Training

33 Mit Termumformungen komplizierte Rechnungen vereinfachen

Tipp
Überprüfe deine Umformung durch Einsetzen.

a) Die folgenden Rechnungen sehen kompliziert aus, aber mit binomischen Formeln kannst du sie vereinfachen. Vereinfache so weit wie möglich.

(1) $(x+1)^2-x^2$
(2) $(a+b)^2-(a-b)^2$
(3) $(x-6)^2+(x-8)^2-(x-10)(x+10)-x^2$
(4) $(x+1)(x+2)(x-1)(x-2)$
(5) $(100+x)(100-x)+x^2-10\,000$
(6) $(2x+1)^2+(2x-2)^2+(2x+3)^2+(2x-4)^2$
(7) $(x+a)(x+b)+(x-a)(x+b)+(x+a)(x-b)+(x-a)(x-b)$

$((x+100)^2-x^2-100^2):2$

b) Wenn du den linken Term umformst, kommt etwas sehr Einfaches heraus. Überprüfe durch Einsetzen und erkläre das Ergebnis mit einem Bild.

Abb. 8.11: Produktive Bestimmungsaufgabe – das übergreifende Problem in der Aufgabe ist die möglichst umfassende Vereinfachung. Das Ziel ist dabei nicht eindeutig vorgegeben („so weit wie möglich"), (Leuders et al., 2015, S. 171)

Typische Fragen (ausführlicher bei Leuders, 2009):

- Welches ist das größte ...? (führt meist zu systematischem Ausprobieren und operativem Durcharbeiten)
- Wann kommt ... heraus? (führt meist zu offeneren Umkehraufgaben und operativem Durcharbeiten)
- Was passiert, wenn ...? (fordert zum Variieren der Ausgangswerte auf, fördert funktionales Denken, wiederum durch operatives Durcharbeiten)
- Wie viele Möglichkeiten gibt es ...? (führt zur kombinatorischen Ausschöpfung)

Produktives Üben mit Entdeckungsproblemen

Bei Entdeckungsproblemen sollen Muster und Strukturen untersucht und Vermutungen aufgestellt werden. Das klingt zunächst eher nach Problemlösen in einer Erkundungsphase. Aber auch beim Üben kann es Sinn machen, zu mathematischen Entdeckungen und Vermutungen aufzufordern. Diese Entdeckungen sind dann nicht das Lernziel der Übungsaufgaben und müssen auch nicht gesammelt und gesichert werden. Sie sind vielmehr der Anlass, Reflexionen über den mathematischen Gegenstand anzuregen. Dabei können bestehende Erkenntnisse wiederholt und gefestigt, oder auch vertieft oder erweitert werden (s. Abb. 8.12).

Muster in Termen erkennen

Der Zauberer hat Muster in Rechnungen mit Zahlen erkannt.
Viele Muster kann man mit binomischen Formeln beschreiben.
Mit ihrer Hilfe kann man viele Terme umformen und vereinfachen.

a) Untersuche die folgenden Päckchen mit Termumformungen.
- Übertrage sie zunächst ins Heft und setze noch zwei Zeilen weiter fort.
- Fülle dabei die quadratischen Platzhalter so, dass die beiden Terme gleichwertig sind.
- Beschreibe die Muster, die du dabei entdeckst.

(1)	(2)	(3)
$(x+1)^2 = x^2 + ■x + ■$	$(x+1)^2 = x^2 + ■x + ■$	$(x+3)(x-3) = x^2 - ■$
$(x+2)^2 = x^2 + ■x + ■$	$(x-0)^2 = x^2 - ■x + ■$	$(x+2)(x-2) = x^2 - ■$
$(x+3)^2 = x^2 + ■x + ■$	$(x-1)^2 = x^2 - ■x + ■$	$(x+1)(x-1) = x^2 - ■$

b) Bei den folgenden Päckchen kann man nicht immer passende Zahlen finden.
- Übertrage die Terme ins Heft und setze weiter fort.
- Versuche wieder so zu ergänzen, dass die beiden Terme gleichwertig sind.
- Beschreibe, wann es passende Zahlen gibt und wann nicht.

(1)	(2)	(3)
$x^2 + ■x + 1 = (x + ■)^2$	$x^2 - ■x + 1 = (x - ■)^2$	$x^2 - 0 = (x + ■)(x - ■)$
$x^2 + ■x + 2 = (x + ■)^2$	$x^2 - ■x + 2 = (x - ■)^2$	$x^2 - 1 = (x + ■)(x - ■)$
$x^2 + ■x + 3 = (x + ■)^2$	$x^2 - ■x + 3 = (x - ■)^2$	$x^2 - 2 = (x + ■)(x - ■)$
$x^2 + ■x + 4 = (x + ■)^2$	$x^2 - ■x + 4 = (x - ■)^2$	$x^2 - 3 = (x + ■)(x - ■)$

Abb. 8.12: Produktives Entdeckungsproblem zur Struktur binomischer Formeln (Leuders et al., 2015, S. 155)

Typische Fragen:
- Welches Muster kannst du finden / beschreiben?
- Wie lässt sich das Muster fortsetzen?
- Wie lauten ähnliche Aufgaben?
- Wie kann man die Beispiele / Teilaufgaben zu Gruppen zusammenfassen?

Produktives Üben mit Modellierungsproblemen

Beim Modellieren werden Lernende aufgefordert, eine Verbindung zwischen einem mathematischen Inhalt und einer Realsituation herzustellen (Abb. 8.13). Eine solche Verbindung geschieht meist nicht schematisch, sondern verlangt ein Verständnis der mathematischen Konzepte. Dabei kann man zwei Typen von Modellierungsproblemen unterscheiden:

1. Probleme, bei denen Mathematik dazu dient, ein reales Problem zu lösen. Hier geht es um das Üben des Anwendens mathematischer Konzepte in wechselnden Zusammenhängen. Bei derartigen Aufgaben sollte man darauf achten, dass eine verstehende Anwendung eines Konzeptes erforderlich ist und nicht nur ein oberflächliches Kombinieren der Zahlenwerte.

Problemlösen 32 **Einen Zaubertrick durchschauen**

Der Zauberer sagt: „Dreht an beiden Rädern. Berechnet die Summe der beiden Zahlen und auch deren Differenz. Multipliziert die beiden Ergebnisse und nennt mir das Ergebnis eurer Rechnung."
Zum Erstaunen des Publikums kann der Zauberer ohne sich umzudrehen sofort beide Zahlen auf den „Zauberrädern" sagen.

a) Spielt die Situation in Partnerarbeit durch. Einer ist der Zauberer, der andere das Publikum. Versucht dem Ergebnis „anzusehen", wie der Trick funktioniert.

b) Erklärt mit einer Termumformung, wie der Zauberer arbeitet.

Abb. 8.13: Produktives Modellierungsproblem: Anwendung binomischer Formeln auf eine Situation zur Lösung eines Problems. In diesem Fall ist der Schritt von der Situation zur Mathematisierung ein kleiner, weil die mathematische Darstellung (Formel) nur verbalisiert ist und nicht etwa durch eine geometrische Überlegung erst gefunden werden muss (Leuders et al., 2015, S. 171)

2. Probleme, bei denen die Anwendung das mathematische Verständnis unterstützt, z.B. indem die relevanten Grundvorstellungen geübt werden. Das Herstellen einer Verbindung zwischen Situation und mathematischen Objekt ist dabei eine gedankliche, kreative Leistung und kann als Problemlösen angesehen werden.

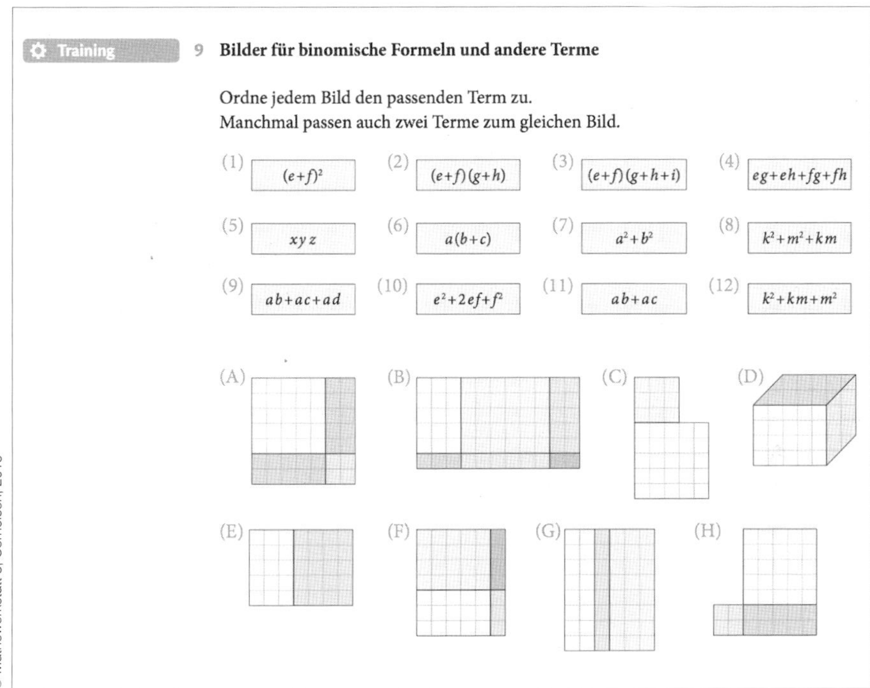

Abb. 8.14: Produktives Modellierungsproblem: Anwendung binomischer Formeln auf eine Situation zur Festigung der Vorstellung (Leuders et al., 2015, S. 163)

Produktives Üben mit Begründungsproblemen

Auch hier sollen zwei unterschiedliche Formen von Begründungsproblemen unterschieden werden:

1. Begründungsprobleme können entstehen, wenn man ein Muster gefunden und / oder eine Vermutung aufgestellt hat. Dann folgen Fragen wie: Ist das immer so? Warum ist das so? Solche Begründungsprobleme sind in hohem Maße produktiv, sie müssen allerdings nicht grundsätzlich verfolgt werden. Sie können auch als differenzierende Zusatzaufgaben für stärkere oder schnellere Lernende genutzt werden. (Ein solches Begründungsproblem findet man weiter unten als Teil der Aufgaben in Abb. 8.15.)
2. Zur Vertiefung des Verständnisses kann es aber auch wichtig sein, die Lernenden in einer Situation aufzufordern, zu begründen. Solche Begründungsprobleme fördern das Wissen um Anwendungsbedingungen, also auch das sogenannte negative Wissen (vgl. Oser et al., 1999) und führen zu einem tieferen mathematischen Verständnis (Abb. 8.16).

25 Als Produkt schreiben geht nicht immer

Schreibe alle Terme, bei denen das möglich ist, als Produkt.
Erkläre bei den anderen Termen, warum es nicht möglich ist.

a) (1) $a^2 + 16b^2$ (1) $49a^2 - 64b^2$
(2) $25a^2 - 144$ (2) $16a^2 - 1000b^2$

b) (1) $4x^2 + 6x + 9$ (1) $9a^2 + 1 + 6a$
(2) $36x^2 + 36x + 9$ (2) $25x^2 - 20x - 4$

Abb. 8.15: Produktive Begründungsaufgabe, die das Verständnis der Struktur binomischer Formeln vertieft (Leuders et al., 2015, S. 169)

Typische Fragen:

- Kann man das Verfahren X/den Begriff Y in dieser Situation anwenden? Warum bzw. warum nicht?
- Im Anschluss an Entdeckungsprobleme: Warum entsteht das gefundene Muster/Warum besteht der gefundene Zusammenhang?
- Im Anschluss an Bestimmungsprobleme: Warum hat man alle Beispiele gefunden? Warum ist das das größte?

Oft kann man als produktive Fragen die folgende Reihe verwenden (und damit auch nach der Fähigkeit der Lernenden zur allgemeinen Durchdringung differenzieren, vgl. Prediger, 2009):

1. Kennst du ein Beispiel/eine Lösung?
2. Kennst du mehrere Beispiele/Lösungen?
3. Kennst du alle Beispiele/Lösungen?
4. Wie kannst du sicher sein, dass du alle gefunden hast (vgl. z.B. Kap. 5, „Fünferformen")?

Produktives Üben mit Begriffsbestimmungsproblemen

Mathematische Begriffe können durch präzise Definitionen festgelegt werden. Für das Erlernen eines Begriffs ist aber weniger die Definition als die Praxis des Umgangs mit einem Begriff relevant (Winter, 1983): Wann gehört ein Beispiel zu einem Begriff dazu? Was ist die Grenze des Begriffs, d.h. was gehört nicht mehr dazu? Wann kann man den Begriff anwenden, wann nicht (Abb. 8.16)? Bei der Definition geometrischer Objekte ist die Bedeutung die-

29 Passt – passt nicht – machen wir passend

Sortiere die folgenden Terme in drei Gruppen.

- passt zur 1. binomischen Formel (▲ + ■)²
- passt zur 2. binomischen Formel (▲ – ■)²
- passt zur 3. binomischen Formel (▲ + ■) (▲ – ■)

Es sind auch Terme darunter, die zu keiner der drei Formeln passen oder solche, die erst umgeformt werden müssen.

(1) $(x-y)(x+y)$	(2) $x^2+3x-3x-y^2$	(3) $(3-x)(3+x)$
(4) $6x+x^2+9$	(5) $(x+3)(x+3)$	(6) $x^2+3x-3x+y^2$
(7) $(3-x)(x+3)$	(8) $(x-3)(x-3)$	(9) $x^2+12x+24$
(10) $6x+x^2+3$	(11) $x^2+10+25x$	(12) $x^2+5x+5x+25$

Abb. 8.16: Produktives Begriffsbestimmungsproblem für ein besseres Verständnis des Begriffs „binomische Formel" (Leuders et al., 2015, S. 170)

ser Form des begrifflichen Problemlösens offensichtlich, hier kennt man passende Übungsaufgeben, bei denen eine Zugehörigkeit erkannt und meist auch begründet werden muss (z. B. „Welche Bilder stellen einen mathematischen Kegel dar? Woran kann man das erkennen?").

Typische Fragen (vgl. auch die Unterrichtsmethode „Passt/Passt nicht" in Barzel, Büchter & Leuders, 2007):

- Welche der Beispiele passen/gehören dazu, welche nicht?
- Welche Eigenschaften hat ein …?
- Was ist hier falsch? Warum durfte man … nicht anwenden?

Produktives Üben: Doppelter Gewinn

Die Beispiele zeigen, auf welche Weise es die Verwendung von produktiven Übungsaufgaben möglich macht, zwei Ziele des Mathematikunterrichts in den Blick zu nehmen: Das vertiefte Verständnis und die flexible Anwendung mathematischer Begriffe und Verfahren einerseits und das problemlösende Denken, also insbesondere das nicht-schematische mathematische Handeln andererseits. Die Beispiele haben auch gezeigt, dass das Problemlösen im Rahmen des Übens sicherlich zu einer Erhöhung des Anspruchs führt, aber eben nicht zu unpassenden Erschwernissen, sondern, wenn es gut gemacht ist, zu genau den Ansprüchen, die wir an *alle* Lernenden haben.

Die Beispielaufgaben stellen nur einige mögliche Typen dar, die Beispielfragen zu den Problemlösetypen haben angedeutet, welche anderen Aufgaben denkbar sind. Natürlich gibt es auch Mischformen wie in Abb. 8.17.

weitergedacht **27 Viele verwandte Terme und Gleichungen**

Till hat versucht, eine lückenhafte binomische Formel auszufüllen.

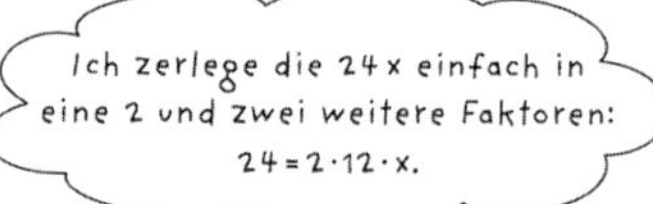

$\underline{144} + 24x + \underline{x^2} = (\underline{12} + \underline{x})^2$

a) Fülle anders als Till die Lücken so aus, dass die Gleichung stimmt.
$\_\_\_\_ + 24x + \_\_\_\_ = (\_\_\_\_ + \_\_\_\_)^2$

b) Es gibt zahlreiche Möglichkeiten, die Lücken zu füllen.
- Übertrage dazu die Zeile aus a) mehrmals ins Heft und probiere es mit verschiedenen Einsetzungen aus.
- Wer findet die meisten Einsetzungen?
- Wer findet alle ganzzahligen Einsetzungen und kann begründen, dass es wirklich alle sind?

c)
- Versuche dasselbe für einen Term mit $30xy$ in der Mitte. Was fällt dir auf?
- Untersuche andere Terme in der Mitte. Wie viele verschiedene Möglichkeiten gibt es mindestens? Wovon hängt die Anzahl der verschiedenen Möglichkeiten ab?

Abb. 8.17: Produktive Übungsaufgabe mit verschiedenen Problemtypen: a) und b) sind Bestimmungsprobleme („alle finden“) und auch schon ein Begründungproblem. c) ist ein Entdeckungsproblem, in dem allgemeine Vermutungen aufgestellt werden sollen, bei denen aber weiterhin das Umformen im Mittelpunkt steht. Alle drei Typen tragen zu einem vertieften Verständnis der Struktur der binomischen Formel bei (Leuders et al., 2015, S. 169)

9 Wie kann man Problemlösestunden methodisch und organisatorisch gestalten?

Wie in jedem Unterricht, spielt auch beim Problemlösen die Unterrichtsgestaltung eine bedeutende Rolle; zudem tragen auch die Methoden maßgeblich zum Gelingen bei. Doch welche Formen der Unterrichtsgestaltung eignen sich hierfür besonders? Worauf ist zu achten, wenn man die Gestaltung des Unterrichts plant? Was muss man berücksichtigen, wenn man Methoden auswählt? Wie in den vorangegangenen Kapiteln deutlich wurde, geht mit der Einführung von Problemlösen auch eine Erweiterung des Methodenrepertoires einher. Dies gilt sowohl für Schülerinnen und Schüler als auch für Lehrpersonen. So müssen Schülerinnen und Schüler beispielsweise selbstständig neue Wege finden oder auch einmal die Darstellung wechseln, um eine neue Perspektive auf das Problem zu erhalten – all dies bedarf einer adäquaten methodischen Unterstützung im Unterricht. In diesem Kapitel wird daher ein Blick auf die organisatorische und methodische Gestaltung von Problemlösestunden geworfen und es werden geeignete Möglichkeiten vorgestellt, die diese Prozesse in einem Problemlöseunterricht fördern und unterstützen. Der Begriff der Unterrichtsmethode wird hier sehr breit verstanden und es werden auch Hinweise auf Hilfestellungen oder Sozialformen gegeben, die man nicht im engeren Sinne als „Methode" einordnen würde (vgl. Meyer, 1987, 2002). Daher sollte man als Leser bzw. Leserin in den nachfolgenden Abschnitten nicht nur Hinweise auf Sozialformen (z.B. Frontalunterricht oder Gruppenarbeit) oder Handlungsmuster (z.B. Lehrervortrag oder Gruppenpuzzle) erwarten – es wird die gesamte Breite der Elemente der Unterrichtsgestaltung und der Struktur von Unterricht in den Blick genommen.

9.1 Methodenwahl – ein Entscheidungsfeld bei der Unterrichtsplanung

Die Gestaltung von Unterricht (und damit auch die Methodenwahl als eine wesentliche Komponente hierfür) kann niemals isoliert erfolgen – sie steht stets in Wechselbeziehung zu den Zielen des Unterrichts, zur Klasse und auch zu Inhalten und Medien. Dies wird u. a. im Berliner Modell zur Unterrichtsplanung von Heimann, Otto und Schulz (1965) deutlich herausgestellt. Hier werden insbesondere auch noch Rahmenbedingungen ins Feld geführt, die beispielsweise die Klasse, die Unterrichtskultur, die Räumlichkeiten etc. in den Blick nehmen. Barzel, Büchter und Leuders (2007) setzen die Methodenwahl ebenfalls in Bezug zu anderen Entscheidungsfeldern, nämlich zu Voraussetzungen und Zielen wie auch zu Medien und Aufgaben, wie Abbildung 9.1 zeigt (eine ausführliche Vertiefung des Themas Unterrichtsmethoden im Mathematikunterricht findet sich in Barzel, Büchter & Leuders, 2007).

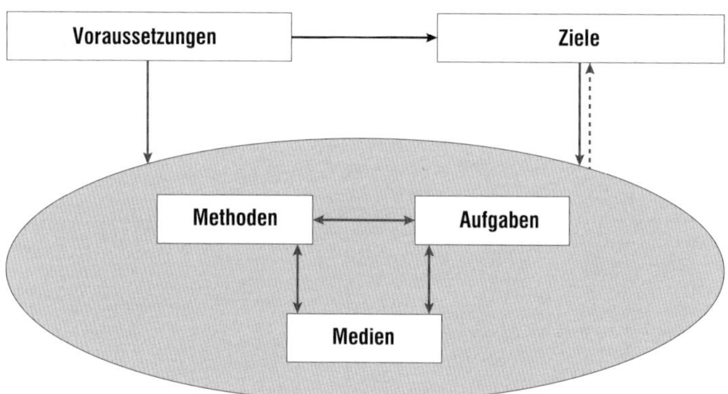

Abb. 9.1: Entscheidungsfelder bei der Unterrichtsplanung (nach Barzel, Büchter & Leuders, 2007, S. 14)

Wie in den ersten Kapiteln deutlich wurde, kommt es beim Problemlösen sehr darauf an, dass die Schülerinnen und Schüler zunächst einmal in ihren eigenständigen Denk- und Arbeitsprozessen unterstützt werden. In einer weiteren Phase geht es mitunter darum, kommunikative Momente zu initiieren und schließlich einen Austausch in der gesamten Klasse zu ermöglichen. Auf diesem Weg gilt es, immer wieder die (kognitive) Aktivierung der Schülerinnen und Schüler im Blick zu behalten und sie herauszufordern, selbst weiter zu denken (anstatt sie durch Aktivitäten der Lehrperson an eigenen Überlegungen zu hindern). Bei all diesen Prozessen kann eine geeignete Methodenwahl unterstützend wirken – also möglichst optimale Bedingungen herstellen.

Insofern stellen sich mehrere Ansprüche an die Unterrichtsgestaltung. Je nach Problem lassen sich die folgenden Überlegungen hierfür formulieren.

Kommunikation: Um Kommunikationsprozesse anzuregen, ist es günstig, wenn die Schülerinnen und Schüler zunächst individuell überlegen können. Hierdurch wird in der Austauschphase eine Anknüpfung an eigene Denk- und Arbeitsweisen ermöglicht – im Klassenraum entsteht dadurch Unterschiedlichkeit, über die im Anschluss gesprochen werden kann. Gestaltungselemente, die die Kommunikation besonders anregen, sind u. a. Ich – Du – Wir, Placemat, Neriage.

Dokumentation: Individuelle Überlegungen sollten dokumentiert werden, um sie später in den kommunikativen Phasen auch einbringen zu können – sie fallen dann nicht unter den Tisch. Dies ist insbesondere dann von besonderer Bedeutung, wenn wortstarke und stille Schülerinnen und Schüler im kommunikativen Austausch aufeinander treffen. Gestaltungselemente, die die Dokumentation gezielt anregen sind u. a. Placemat, Lernprotokoll, Lerntagebuch, Plakat, Kartenabfrage.

Plenum: Neben dem Austausch in Einzel-, Partner- und Kleingruppenarrangements ist auch die Diskussion im Plenum mit der gesamten Klasse wichtig. Hierfür ist es hilfreich, wenn die Überlegungen bzw. Produkte sichtbar kommuniziert bzw. vorgetragen werden können. Dies bedeutet aber auch, dass die Kommunikation von Prozessschritten noch keine „Fertigprodukte" sind und daher noch weiterverarbeitet werden – es geht an dieser Stelle also noch nicht darum, eine aufwendige Darstellung zu verwenden, sondern kurz die eigenen Überlegungen zu skizzieren (sprich: keine aufwendige Plakatgestaltung). Gestaltungselemente, die zum Gelingen von Plenumsphasen beitragen sind u. a. Plakat, Ich – Du – Wir, Neriage, Kartenabfrage.

Motivation: Schülerinnen und Schüler müssen – gerade zu Beginn eines Problemlöseprozesses – oftmals zur Weiterarbeit motiviert werden. Es dürfen nicht zu früh konkrete Anweisungen zur Problemlösung erfolgen; vielmehr geht es darum, den Arbeitsprozess am Problem immer wieder aufrechtzuerhalten. Gestaltungselemente, die zur Motivation beitragen sind u. a. Strategie-Schlüssel, minimale Hilfen, Kreativitätstechniken.

Organisation: Insbesondere in Stunden, in denen nicht alle Schülerinnen und Schüler gleichzeitig an derselben Sache arbeiten, dienen Methoden auch dem Classroommanagement. So können – wie beispielsweise bei einem Lerntempoduett – Schülerpaarungen geschickt organisiert werden, die dann gemeinsam weiterarbeiten. Gestaltungselemente, die zur Strukturierung und Organisation von problemlösendem Unterricht beitragen, sind u. a. Ich – Du – Wir, Placemat, Kartenabfrage, Neriage.

9.2 Die Gestaltungselemente im Einzelnen – und wofür sie sich eignen

Im Folgenden werden die oben eingeführten Elemente zur Gestaltung von Unterrichtsstunden ausführlicher beschrieben. Dabei wird jeweils aufgezeigt, was mit der Methode bezweckt wird, wie die konkrete Umsetzung beim Problemlösen aussehen kann und in welcher Phase ein Einsatz sinnvoll ist.

Zunächst aber noch ein allgemeiner Hinweis: Generell ist es für Lehrpersonen zu empfehlen, Transparenz bezüglich der Methodenwahl zu schaffen (vgl. Meyer, 1987, 2002): Aus welchen Gründen wurde genau diese Methode ausgewählt? Warum ist es z. B. sinnvoll, dass sich jeder zuerst allein mit dem Problem beschäftigt, bevor ein Austausch in Paaren, Gruppen oder im Plenum erfolgt? Warum bekommen die Schülerinnen und Schüler zunächst gar keine oder nur sehr vage Hilfen, auch wenn das die Arbeit an einem Problem zunächst vielleicht zu einem frustrierenden Erlebnis macht? Mit der Kenntnis der Gründe für solche Entscheidungen fällt es den Lernenden in der Regel deutlich leichter, sich auf die „Spielregeln" der Stunde einzulassen.

Minimale Hilfen

Was? Das Prinzip der minimalen Hilfen wurde bereits von George Pólya (1949) als essentiell für das Problemlösen hervorgehoben. Dabei geht es im Kern um die Frage, wie man als Lehrperson einen Problemlöseprozess unterstützen kann, wenn die Lernenden nicht selbstständig, zielorientiert und erfolgreich agieren. Wie kann man seinen Schülerinnen und Schülern Tipps und Hilfestellungen geben, ohne ihnen gleich die Lösung zu verraten oder zumindest große Schritte vorzugeben?

Wie? Einen Vorschlag hierfür hat Friedrich Zech (1983, S. 278 ff.) aufbauend auf der Idee von Pólya mit dem Prinzip der gestuften Hilfen konkretisiert. Zech plädiert dafür, den Lernenden immer so wenige Hilfestellungen wie möglich bzw. nötig zu geben. Zunächst sollte eine Lehrperson nur *Motivationshilfen* (z. B. „Probiert noch ein wenig weiter, dann findet ihr sicherlich eine Lösungsidee.") geben, die Lernenden also dazu ermutigen, am Ball zu bleiben und nicht aufzugeben. Dies ist vor allem wichtig bei Schülerinnen und Schülern, die noch nicht viel Erfahrung mit dem Problemlösen sammeln konnten. Solche Lernende geben schnell ihre Bemühungen auf, wenn sie noch nicht wissen, dass Durststrecken normal sind beim Problemlösen.

Auf die nächste Stufe stellt Zech *Rückmeldungshilfen* (z. B. „Das ist ein vielversprechender Ansatz." oder „So könnte es schwierig werden."). Die Lernenden werden bestärkt, einen Ansatz weiterzuverfolgen oder zu wechseln, ohne dass ihnen auf strategischer oder inhaltlicher Ebene geholfen wird.

Die nächst stärkere Kategorie von Hilfen sind die *allgemein-strategischen Hilfen* (z. B. „Habt ihr geklärt, was gegeben und was gesucht ist?" oder „Versucht mal, eine Skizze zu der Situation anzufertigen."). In Anlehnung an die allgemeinen Fragen von Pólya werden die Lernenden angeregt, heuristisch zu denken und auf diese Weise eventuelle Barrieren zu überwinden.

Etwas konkreter sind die *inhaltsorientiert-strategischen Hilfen* (z. B. „Bei Problemen dieser Art ist es oft hilfreich, ein ähnliches Problem mit weniger Variablen zu betrachten." oder „Betrachtet doch mal Spezialfälle."), mit denen die Lehrperson auf Heurismen verweist, die beim konkreten Problem behilflich sein können.

Wenn all dies nicht hilft, sollten erst im letzten Schritt *inhaltliche Hilfen* (z. B. „Zeichne doch mal die Hilfslinie ein, die diese beiden Punkte verbindet." oder „Was passiert denn, wenn ihr 0 für x einsetzt?") gegeben werden.

Wann? Diese Kategorien sind nicht immer trennscharf, insbesondere eine Unterscheidung zwischen allgemein- und inhaltsorientiert-strategischen Hilfen ist nicht immer möglich. Und damit ist auch nicht eindeutig, wann die jeweiligen Hilfen zum Einsatz kommen – das hängt von der Situation und insbesondere auch vom einzelnen Lernenden ab. Natürlich sollte man nicht immer in einem solchen Fünfschritt vorgehen. Als Lehrperson kann man in der Regel gut einschätzen, welche Art von Hilfe die einzelnen Lernenden gerade benötigen (das ist eine individuelle Entscheidung und gilt selten für die komplette Klasse). Dabei sollte man den Schülerinnen und Schülern aber immer zuerst einmal die Gelegenheit geben, selbst etwas zu entdecken und allein auf die Lösung zu kommen – was nicht mehr funktionieren kann, wenn die Lehrperson das Ergebnis oder konkrete Schritte zu seiner Erreichung vorgibt. Mit möglichst unkonkreten Hilfen, die sich auf andere Aufgaben und Situationen übertragen und verallgemeinern lassen, bereitet man seine Lernenden mittel- und langfristig auf erfolgreiches Problemlösen vor.

Neriage

Was? „Neriage" (japanisch für „kneten, formen, polieren") ist das Herzstück des v. a. in Japan praktizierten Unterrichtskonzepts „Teaching Through Problem Solving", bei dem es darum geht, dass sich Lernende mathematische Konzepte (z. B. Flächenberechnung des Parallelogramms) durch Problemlösen aneignen sollen (vgl. u. a. Takahashi, 2008, 2016).

In einer ersten Phase dieses Unterrichtskonzepts arbeiten die Lernenden individuell oder in Gruppen an einem geeigneten Problem. Danach erfolgt die eigentliche „Neriage". Damit ist die Unterrichtssequenz innerhalb des Unterichtskonzepts „Teaching Through Problem Solving" gemeint, in der Ideen, die die Lernenden allein (oder in Gruppen) gefunden haben, in einer Diskussion im Klassenverband neu geformt bzw. „poliert" (z.B. besser formuliert, in ein Gesamtkonzept integriert etc.) werden sollen. Neriage ist damit also eine spezielle Form einer Besprechung von Lösungsideen von Lernenden.

Im Gegensatz zur häufig verbreiteten simplen Präsentation der Lösungen bzw. Lösungsansätze hat aber die Methode Neriage das explizite Ziel, die verschiedenen Ideen der Lernenden in einem Diskurs so zu verknüpfen, dass daraus mathematische Konzepte (wozu auch Heurismen selbst gehören können) entstehen.

Wie? Die Unterrichtsmethode Neriage ist aus Sicht der Lehrperson in zwei Phasen geteilt.

1. Vor dem Unterricht: Die Lehrperson analysiert das Problem hinsichtlich mathematischer Kernideen und antizipiert mögliche Lösungen und Lösungswege der Lernenden.
2. Im Unterricht: Die Lehrperson hilft den Lernenden, eine Brücke zu bilden von ihren eigenen Lösungen und Strategien zur mathematischen Kernidee und idealtypischen Heurismen, mit denen sich das Problem lösen lässt. Dazu muss während der ersten Bearbeitungsphase des Problems durch die Lernenden die nachfolgende Besprechung (Neriage) geplant werden.

Konkret läuft das folgendermaßen ab:

Überlegungen vor jeder Besprechung:

- Welche neuen mathematischen Ideen und Heurismen sollen sich Lernende durch das Problem aneignen?
- Welche mathematischen Konzepte und Strategien, die die Lernenden bereits verstehen, können ein Ausgangspunkt für das Erlernen der neuen Elemente sein?

Plane die Besprechung während der Arbeit der Lernenden am Problem:

- Wähle aus den Lösungsansätzen der Lernenden geeignete aus und arrangiere sie so, dass sie die Kernideen des Problems erschließen. Die Auswahl und Reihenfolge der Ansätze soll didaktisch Sinn machen.
- Notiere mögliche Lehrerfragen und Hinweise, die Lernenden helfen können, Lösungsstrategien zu präsentieren, zu entfalten, zu vergleichen und zu analysieren.
- Überlege dir, was die Lernenden nach jedem präsentierten Lösungsansatz erkennen sollen und welche Gemeinsamkeiten und Unterschiede zwischen den Ansätzen bestehen.

Wichtig:

- Die Lernenden sollen während der Besprechung bedeutsame mathematische Ideen entdecken können, indem sie Lösungsansätze vergleichen und analysieren.
- Die Rolle der Lehrperson ist nicht, die beste Lösung herauszustreichen, sondern die Diskussion verschiedener Ansätze auf eine integrierende Idee hin zu leiten.

Abschluss der Diskussion:

- Die Diskussion soll mit einer Reflexion abschließen, in der die Lernenden für sich selbst notieren, welche neuen „Big Ideas" sie aus der Besprechung gelernt haben (z.B. mathematische Konzepte oder auch Heurismen).

Wann? Neriage eignet sich besonders dafür, mathematische Konzepte durch Problemlösen zu erschließen (vgl. Kap. 8.6). Dabei kann die Methode vor allem in der Unterrichtsphase des Ordnens gewinnbringend eingesetzt werden.
Es ist aber auch denkbar, Neriage nur für die Entwicklung relevanter Heurismen einzusetzen, also wenn Problemlösen selbst das Lernziel des Unterrichts bildet (vgl. Kapitel 8.2). Dort kann sie bereits in der Erkunden-Phase, aber auch in der Ordnen-Phase eingesetzt werden.

Strategie-Schlüssel

Was? Nach dem Konzept von Philipp und Herold-Blasius (2016) werden idealtypische Heurismen in Form eines symbolischen Schlüsselbunds zusammengefasst. Auf jedem Schlüssel steht dabei eine Strategie. Diese werden schülernah in einfachen Sätzen formuliert und mit einer passenden Symbolik versehen (Abb. 9.2):

- Erstelle eine Tabelle.
- Beginne mit einer kleinen Zahl.
- Finde ein Beispiel.
- Suche nach einer Regel.
- Male ein Bild.
- Verwende verschiedene Farben.
- Arbeite von hinten.
- Lies die Aufgabe noch einmal.

© Benjamin Rott

Abb. 9.2: Strategieschlüssel

Wie? Die Herstellung des Schlüsselbunds kann entweder systematisch in ein Unterrichtskonzept (vgl. Kap. 8, Abschnitte 8.2-8.5) eingebettet werden oder die Schlüssel werden einfach als Hilfe bereits durch die Lehrperson als offenes Angebot zu Verfügung gestellt. Damit die Schlüssel immer verfügbar sind, hat es sich bewährt, im Klassenraum ein Schlüsselbrett zu installieren, an dem die Schlüsselbunde der Lernenden hängen; die Gestaltung der Schlüsselbunde kann dabei zu Identifikationszwecken individualisiert werden (z. B. durch Schlüsselanhänger). An einem solchen Schlüsselbrett holen sich die Lernenden zu Beginn der Lektion ihren Bund und hängen ihn am Ende der Stunde wieder zurück. Der Schlüsselbund gehört so zum eigenen, alltäglichen Unterrichtsmaterial, genauso wie der Bleistift und das Lineal, geht aber nicht in der Schultasche verloren oder wird beschädigt.

Die Schlüssel können im Unterricht auf vielfältige Weise eingesetzt werden: Entweder sind sie einfach nur vorhanden und die Lernenden entnehmen dem Schlüsselbund selbst Anregungen für den Lösungsprozess oder die Lehrperson kann während der Betreuung des Lösungsprozesses in individuellen Gesprächen auf einzelne Schlüssel hinweisen. Es ist auch denkbar, die Schlüssel in die Dokumentation des Lösungswegs einzubeziehen, in der Form, dass die Lernenden notieren sollen, welchen Schlüssel sie wo verwendet haben und was er ihnen gebracht hat. Auch in Diskursen über Lösungen und Heurismen können die Schlüssel verwendet werden.

Wann? Die Strategie-Schlüssel können immer dann eingesetzt werden, wenn die Schülerinnen und Schüler eigenständig an Problemen arbeiten. Je nach Thema der Unterrichtseinheit können auch themenspezifische Schlüssel ergänzt und später wieder entfernt werden (z. B. „Kürze Brüche vollständig" in einer Einheit zur Bruchrechnung). Mit der Zeit werden die Lernenden die Schlüssel verinnerlichen und nicht mehr so oft zum Schlüsselbund greifen.

Ich – Du – Wir

Was? Die Ich–Du–Wir-Methode (die auf Lyman, 1981, zurückgeht und im englischsprachigen Raum als „Think–Pair–Share" bekannt ist) gliedert sich in die drei Sozialformen Einzelarbeit („allein nachdenken"), Partnerarbeit („Gedankenaustausch in der kleinen Runde") und Plenum („Gesamtblick auf alle Lösungsansätze und gemeinsame Lösungsfindung"). Entscheidend für ein Gelingen dieser Methode ist die Stufung, ausgehend von der Einzelarbeit. Diese ist insofern von großer Bedeutung für die weiteren Arbeitsschritte, als hierbei die individuellen Überlegungen zur

Geltung kommen und dann in die nachfolgenden Phasen integriert werden. Beim Problemlösen bietet sich diese Stufung an, weil oftmals schnell erste Überlegungen entstehen, aber später häufig eine Phase folgt, in der der Lösungsprozess stagniert. Besonders dann ist ein Austausch mit anderen hilfreich und sinnvoll. Wenn man einen entscheidenden Impuls bekommen hat, kann es dann durchaus sinnvoll sein, wieder in eine Ich-Phase zurückzukehren.

Die Du-Phase ermöglicht unsicheren Lernenden zudem, sich auszutauschen und abzusichern, bevor die eigenen Ideen vor der gesamten Klasse zur Diskussion gestellt werden. Mit einer abschließenden Wir-Phase werden am Ende die Überlegungen der Du-Phase im größeren Rahmen zusammengefasst und können gesichert werden. Für die Lehrperson ist dann auch möglich, über alle Teilprozesse hinweg einen Überblick zu bekommen, was insbesondere in größeren Klassen aus zeitökonomischen Gründen notwendig sein kann.

Wie? Unterstützt werden kann der gesamte Arbeitsprozess z. B. durch eine gezielte Dokumentation in den einzelnen Phasen. So tragen z. B. Notizen während der Einzelarbeit zur besseren Kommunikation in der Du-Phase bei; und genauso unterstützen Poster, auf denen die Überlegungen der Du-Phase oder auch schon erste Ergebnisse aus der Wir-Phase zusammengetragen sind, die Kommunikation im Plenum. Zeitlich ist es oft sinnvoll, die Ich- und die Du-Phase in eher kurzen Sequenzen (10–20 Minuten) zu planen. Für die Wir-Phase ist meist mehr Zeit notwendig (20–30 Minuten). Es ist wichtig, darauf zu achten, dass die den Phasen entsprechenden Sozialformen von den Lernenden auch tatsächlich eingehalten werden (insbesondere die Einzelarbeit der Ich-Phase). Lernenden, die in der Ich-Phase keine Ideen haben, wie sie vorgehen sollen, kann empfohlen werden, Fragen an das Problem bzw. die anderen Lernenden aufzuschreiben.

Wann? Ich–Du–Wir kann in Phasen der Erkundung eingesetzt werden. Hierbei wird den einzelnen Schülerinnen und Schülern ermöglicht, sich erst einmal selbst Gedanken zu machen, bevor sie ins Gespräch mit anderen kommen. Aber auch dann, wenn noch einmal etwas zusammengefasst werden soll (Ordnen-Phase), bietet sich dieses methodische Vorgehen an. Insofern kann mit diesem Dreischritt sehr gut in verschiedenen Unterrichtsphasen gearbeitet werden.

Placemat

Abb. 9.3: Die Placemat-Methode im Einsatz

Was? Die Placemat-Methode verläuft wie Ich – Du – Wir, nur mit dem Unterschied, dass die Kommunikationsprozesse über das Schreiben erfolgen. Angefangen wird damit, dass man in einer 4er-Gruppe (oder in 3er- oder 5er-Gruppen) um einen Tisch sitzt und in der Mitte ein Blatt DIN A2 liegt, auf das alle in ein Feld direkt vor ihnen eigene Überlegungen zum Thema (bzw. in diesem Fall zum gestellten Problem) schriftlich notieren (Abb. 9.3). Anschließend wird das Blatt um 90° gedreht und die Überlegungen des Nachbarn / der Nachbarin werden zunächst gelesen und anschließend kommentiert. Es erfolgt die nächste Drehung um 90° usw. Nachdem das Blatt wieder in der Ausgangslage liegt, kann das Feld in der Mitte (oder eine Folie, die dort hingelegt wurde) genutzt werden, um ein Gruppenergebnis schriftlich festzuhalten.

Wie? Die Klasse wird in 4er-Gruppen (auch 3er- oder 5er-Gruppen möglich) eingeteilt. Jeder Gruppe wird ein DIN-A2-großes Blatt Papier mit einer vorbereiteten Einteilung wie in Abbildung 9.3 ausgeteilt. Die Schülerinnen und Schüler sitzen so um einen Tisch, dass sie eine gute Schreibposition haben. Es muss darauf geachtet werden, dass die Lernenden nicht miteinander sprechen, die Kommunikation also wirklich ausschließlich schriftlich erfolgt, bis das Blatt wieder in der Ausgangsposition liegt.

Wann? Beim Problemlösen wird reichlich Zeit für den Einstieg in ein Problem benötigt. Es bedarf einiger eigener Überlegungen, dann auch oftmals wieder Verwerfungen von ersten Ansätzen usw. Für eine komplette Bearbeitung eignet sich das Placemat nicht, da solche Prozesse in der Regel zu lange dauern und dabei die Arbeit an einem gemeinsamen Blatt zu beengt ist (Störungen, Mangel an Platz, auf dem Beispiele ausprobiert werden können usw.). Für eine erste Ideensammlung, mit welchen Ansätzen ein Problem angegangen werden könnte, und ein diesbezüglicher Austausch – bevor dann eine längere Arbeitsphase beginnt – ist die Placemat-Methode hingegen sehr gut geeignet. Dadurch, dass die Kommunikation anfangs rein schriftlich erfolgt, trainieren die Lernenden das Aufschreiben von Ideen und Ansätzen und es ist im Klassenraum ruhig genug, sodass sich alle Schülerinnen und Schüler konzentrieren können.

Kartenabfrage

Abb. 9.4: Kartenabfrage am Beispiel von Würfelnetzen

Was? Schülerinnen und Schüler sammeln zunächst ihre eigenen Überlegungen auf einzelnen Karten. Danach treten sie miteinander in Dialog und zeigen ihre Beispiele. Anschließend beginnt das Systematisieren. Dies kann in Kleingruppen und/oder im Plenum erfolgen. Der Vorteil von Karten liegt darin, dass eine hohe Flexibilität in der Systematisierungsphase ermöglicht wird, da die Karten schnell wieder neu sortiert und angeordnet werden können. Das Beispiel „Alle Würfelnetze finden" (siehe Abb. 9.4) zeigt, wie auf diese Weise gleiche (kongruente) Netze identifiziert werden können (z. B. auch durch Drehen der Blätter) und so angeordnet werden können, dass auch eine Systematik in der Aufzählung entsteht.

Wie? Schülerinnen und Schüler arbeiten zunächst allein. Gerade bei Problemen, bei denen es darum geht, viele Beispiele zu erzeugen, bevor systematisiert wird, bietet sich diese Herangehensweise an. Diese Phase sollte ausführlich genug erfolgen, um später viele Beispiele zur Verfügung zu haben. Der Dialog muss in der Regel nicht weiter angeregt werden, weil die Schülerinnen und Schüler schnell von sich aus anfangen, die einzelnen Karten / Blätter in eine Sortierung zu bringen.

Wann? Diese Methode bietet sich besonders beim Erkunden neuer Sachverhalte an. Aber auch in einer Übungsphase kann diese Methode sinnvoll eingesetzt werden, zum Beispiel, um eigene Aufgaben zu einem Thema herzustellen. Nicht zuletzt auch dann, wenn umfangreichere Themengebiete (z.B. algebraische Rechenregeln) zusammengefasst werden (z.B. am Ende einer Einheit), kann es sinnvoll sein, sich dadurch noch einmal einen größeren Überblick zu verschaffen.

Plakate

Was? Um Kommunikationsprozesse im Klassenzimmer zu unterstützen, ist die Anfertigung von Plakaten hilfreich. Hierbei werden die wichtigsten Überlegungen und Erkenntnisse aus einer Arbeitsphase festgehalten. Die Anfertigung von Plakaten bietet sich z.B. in Gruppenarbeiten an, weil durch Plakate Gruppenprozesse gesteuert werden können. Das gemeinsame Arbeitsergebnis wird sichtbar und lässt somit auf die Produktivität in der Gruppe schließen. Insofern spornt es die Schülerinnen und Schüler an, sich konzentriert mit dem Arbeitsauftrag zu befassen. Neben dieser Steuerung des Gruppenprozesses hat das Plakat aber auch die Funktion, nachfolgende Kommunikationsprozesse zu unterstützen. Um im Plenum eine Diskussion über die verschiedenen Gruppen hinweg sinnvoll führen zu können, ist es hilfreich, wenn die wichtigsten Erkenntnisse sichtbar sind und noch einmal im Überblick betrachtet werden können (Abb. 9.5). Dabei ist es möglich, zentrale Aspekte herauszugreifen und zu vergleichen.

Wie? Entscheidend ist, dass Überlegungen schnell und unkompliziert festgehalten werden, um sie später dann übergreifend besprechen und diskutieren zu können. Dies bedeutet, dass die Plakate später lediglich die Funktion haben, den Kommunikationsprozess zu unterstützen und nicht im Klassenzimmer in Form von „Merke-Plakaten" aufgehängt werden. Damit unterscheiden sich diese Plakate deutlich von aufwendig hergestellten Plakaten, die ab-

gesichertes Wissen in schöner Form darstellen. Wichtig ist daher, dass sie auch Fehler enthalten dürfen – die ja später u. U. hilfreich sein können, wenn es z. B. darum geht, ein Konzept auszuschärfen. Auch Elemente des Lösungsprozesses, wie Probleme, Schwierigkeiten, offene Fragen usw., dürfen hier zum Ausdruck kommen. Es würde die Kreativität deutlich einschränken, wenn man zu diesem Zeitpunkt erwartet, dass nur Richtiges in ordentlicher Darstellung festgehalten werden darf.
Daher ist es hilfreich, von vornherein anzukündigen, was mit diesen Plakaten geschehen soll. Dann haben Lernende weniger Hemmungen, auch einmal etwas Falsches auf ein Plakat zu schreiben, wenn sie wissen, wie es weiter geht bzw. weshalb es jetzt wichtig sein kann. Es wird weder eine aufwendige Gestaltung noch Schönschrift erwartet (das endet nämlich oft darin, dass Plakate nicht in der vorgegebenen Zeit fertig werden). Zudem muss für diese Methode auch kein hochwertiges Papier (teures Zeichenpapier) eingesetzt werden.

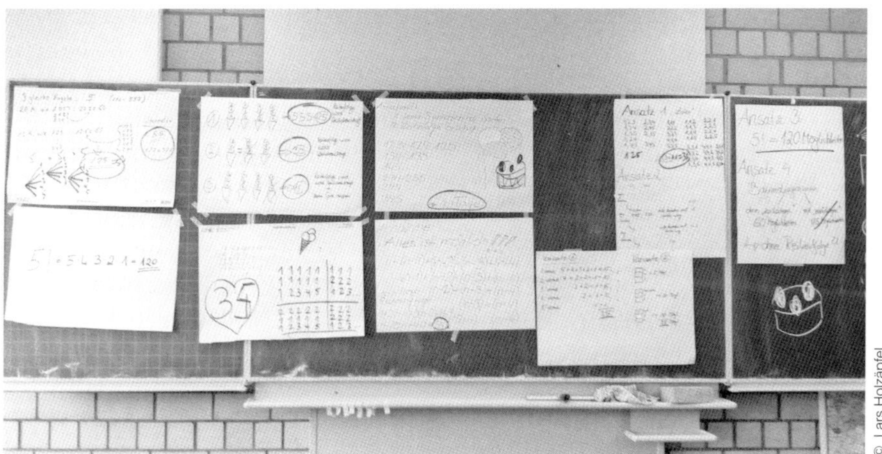

Abb. 9.5: Plakate an einer Tafel

Wann? Plakate eignen sich in allen Lernphasen und in jeder Phase eines Problemlöseprozesses, wenn es darum geht, verschiedene Überlegungen und Lösungsansätze gemeinsam diskutieren und vergleichen zu wollen. Die Funktion muss entsprechend mit den Zielen der Unterrichtsphase abgeglichen werden – insbesondere beim Problemlösen kommt es immer wieder auf Kommunikation und Argumentation an.

Schreiben: Lerntagebuch & Lernprotokoll

© Lars Holzäpfel

Abb. 9.6: Auszug aus einem Lerntagebuch

Was? Die Dokumentation von Überlegungen sowie die Fixierung von Beispielen sind hilfreich – oftmals sogar entscheidend – im Problemlöseprozess. Oftmals, wenn später im Prozess auf anfängliche Ideen zurückgegriffen werden soll, sind die Gedanken nicht mehr fassbar. Insofern ist das Anfertigen von Lernprotokollen oder Lerntagebüchern hier eine hilfreiche und gewinnbringende Methode. Wie auf Abbildung 9.6 ersichtlich wird, ist für gewisse Probleme (hier „Diagonale", vgl. Mason, Burton & Stacey, 2006) die Dokumentation zahlreicher Beispiele inkl. Notizen notwendig, um sich überhaupt dem Problem annähern zu können. Die Darstellung in Abbildung 9.6 ist zunächst eher durch Visualisierungen geprägt, wohingegen bei anderen Problemen oder auch zwischendurch durchaus auch Textpassagen notwendig sind.

Wie? Schülerinnen und Schüler zum Schreiben zu motivieren, ist sicherlich ein langfristig angelegter Prozess und es darf nicht erwartet werden, dass dies ohne Mühe gelingt. Es muss deutlich werden, wie hilfreich Dokumentationen für die Arbeit an Problemen sind. Dies sollte daher im Laufe der Zeit immer wieder reflektiert werden – im Rückblick auf erfolgte Lösungsprozesse, bei denen systematisch auf Dinge zurückgeblickt wurde. Wie Schülerinnen und Schüler an das Schreiben herangeführt werden können, wird ausführlich in Abschnitt 9.3 dargelegt.

Wann? Eigentlich immer; in jeder Unterrichtsphase. Das Schreiben fördert grundsätzlich eine vertiefte Elaboration (vgl. Glogger et al.,

2012; Holzäpfel et al., 2009b) und wird auch bewusst für Problemlöseprozesse z. B. in Form von Forschungsheften (Bernack et al., 2011; Gallin & Ruf, 1998) eingesetzt. Es können damit explorierende Phasen unterstützt werden und genauso kann resümierend auf Dinge zurückgeblickt werden, indem man sich einen Überblick verschafft.
Wie beim Anfertigen von Plakaten haben Lernende erfahrungsgemäß oftmals auch beim Schreiben von Lerntagebüchern Hemmungen, Unfertiges und Falsches aufzuschreiben. Um dem entgegenzuwirken, brauchen Schülerinnen und Schüler das Vertrauen, dass ihnen die eventuell fehlerhaften Überlegungen im Lerntagebuch nicht negativ ausgelegt werden. Im Gegenteil, diese müssen wertgeschätzt werden – schließlich ist das eine der wenigen Gelegenheiten, dass Schülerinnen und Schüler offen ihre Überlegungen darbieten. Darüber hinaus haben sie einen hohen diagnostischen Wert.
„Dokumentieren" ist auch nicht gleichbedeutend mit „lange Texte schreiben" (womit insbesondere schwächere und nicht deutschmuttersprachliche Kinder Mühe haben). Ein Lösungsweg kann auch mit wenigen Sätzen oder gar in Stichworten und aber guten Zeichnungen, Skizzen, Tabellen, Diagrammen etc. nachvollziehbar dokumentiert werden.

9.3 Dokumentation von Bearbeitungsprozessen

Eng verknüpft mit dem Aufbau von planvollem Vorgehen ist die Dokumentation des Bearbeitungsprozesses. Im Idealfall beschreiben die Lernenden ihre Denkwege so ausführlich, dass andere oder sie selbst zu einem späteren Zeitpunkt diese noch einmal nachvollziehen können. Erst wenn Lösungen bzw. Gedankengänge nachvollziehbar beschrieben werden, kann man sie auch überprüfen (und ggf. bewerten, s. Kap. 10). Gleichzeitig geben ausführliche Dokumentationen auch Einblicke in die Denkprozesse der Lernenden und haben somit einen nicht zu unterschätzenden diagnostischen Wert, sodass Problemlöser gezielt unterstützt werden können. Diese doppelte Funktion – Steuerung und Diagnose zugleich – stellt für Lehrende und Lernende eine Herausforderung dar, weil insbesondere auf Schülerseite das Vertrauen entstehen muss, dass ihre Fehler nicht negativ bewertet werden. Sie würden sonst recht schnell dazu übergehen, ihre Lösungswege nicht mehr zu zeigen, sondern nur noch „fertige" und „perfekte" Lösungen, aber keine authentischen Überlegungen mehr zu notieren. Auf diesen beurteilungsspezifischen Umstand wird im Kapitel 10 nochmals eingegangen. Um Lernprozesse sichtbar zu machen, ist es wichtig, die eigenen Überlegungen, Strategien und Vorgehensweisen deutlich zu beschreiben, man kann dann nämlich später wieder darauf zurückgreifen und auch die eigenen Fortschritte sehen. Zudem gilt, dass gerade in der Mathematik (aber auch im Leben) Strategien und Vorgehensweisen häufig wichtiger sind als die eigentliche Lösung.

Das Aufschreiben von Denkwegen in einer Form, die später – und dann evtl. auch noch für andere – nachvollziehbar ist, ist allerdings kein einfaches Unterfangen. Gerade während der Arbeit an einem Problem ist man oft so stark ausgelastet, dass man keine kognitiven Kapazitäten frei hat, um auch noch zu beschreiben, was man gerade aus welchen Gründen tut. Dies verlangt aber auch niemand. Während man einen Gedanken verfolgt, kann man sich auf das (möglichst übersichtliche) Notieren von Ideen, Ansätzen, Zwischenschritten und -ergebnissen beschränken.

Bevor man allerdings die Arbeit an einem Ansatz unterbricht, um einen anderen Ansatz auszuprobieren oder eine Pause einzulegen, sollte man sich die Zeit nehmen, den Arbeitsstand zu dokumentieren. Das müssen auch nicht immer ausformulierte Sätze sein, oft reichen Stichwörter oder eine Skizze. Am Ende eines Prozesses – insbesondere, wenn vereinbart wurde, dass die Lehrperson einen Einblick in die Lerntagebücher bekommt – können Schülerinnen und Schüler in ein paar Sätzen beschreiben, wie sie vorgegangen sind, welche Wege sie ausprobiert haben, wo sie steckengeblieben sind und wie sie schließlich eine Lösung gefunden haben bzw. welche Ideen sie noch verfolgen könnte, falls sie noch keine Lösung gefunden haben.

Es wird deutlich, dass die Prozessbeschreibung neben Diagnose (und evtl. Bewertung) noch einen weiteren Zweck erfüllt: Sie soll die Metakognition, also die Reflexion über das eigene Denken, anregen: Die Lernenden sollen sich ihrer Strategien, aber auch Fehler und daraus entstehenden Lerngelegenheiten, bewusst werden. Erst die Metakognition erlaubt ein weiterführendes Denken, was insbesondere wichtig ist, wenn man einmal in einer Sackgasse steckt. Und so gilt schließlich: Erst die Reflexion und Dokumentation der eigenen Gedankengänge erlaubt am Ende ein planvolles Vorgehen und die Steuerung des eigenen Prozesses (vgl. Kap. 4).

Damit ergeben sich für die Anfertigung der Dokumentation eines Prozesses zwei Herausforderungen: Einerseits ist Metakognition, also das Denken über das eigene Denken, erforderlich. Andererseits ist eine „handwerkliche" Komponente notwendig: Die Darstellung auf Papier oder im Heft. Dazu gehört die Strukturierung der Darstellung (räumlich, Zwischentitel etc.), der Einsatz von Farben, das Anfertigen von Skizzen und Tabellen usw. Diese Komponente wird häufig auch unter dem Titel „Organisationsstrategien" zusammengefasst. Beispiele für den Mathematikunterricht finden sich z. B. in Holzäpfel et al. (2009).

9.3.1 Wie kann die Lehrperson das Dokumentieren initiieren bzw. stimulieren?

In einem ersten Schritt müssen die Lernenden erkennen, was eine gute Darstellung (bzw. Dokumentation) ausmacht. Die Kriterien dazu sammelt man am besten gemeinsam mit der Klasse (z. B. mit der Methode „Problemlösen im Kreis", siehe unten). Danach müssen diese Kriterien in einer längeren Phase eingeübt werden. Dazu empfiehlt es sich, jeweils vor der Bearbeitung einer Problemaufgabe die Kriterien mit den Lernenden zu wiederholen und die Darstellung während oder nach der Bearbeitung des Problems durch schriftliche Rückmeldungen von anderen Lernenden oder der Lehrperson (sinnvollerweise anhand der gesammelten Kriterienliste) formativ beurteilen zu lassen. Durch die Reflexion der Beurteilung kann der Schüler seine Darstellungskompetenzen verbessern.

9.3.2 Methodische Ideen zur Sammlung von Darstellungskriterien

Es gibt verschiedene Methoden, wie man mit Lernenden Kriterien einer guten Darstellung sammeln kann. Die Methode „Problemlösen im Kreis" hat sich im Rahmen langjähriger Unterrichtspraxis bewährt und wird deshalb hier exemplarisch beschrieben:

- In einer Gruppe von drei bis fünf Lernenden erhält jede Person eine andere Problemstellung. Sie haben ca. zehn Minuten Zeit, selbstständig daran zu arbeiten.
- Danach werden die Probleme inklusive aller Notizen in der Gruppe im Kreis weitergegeben. Die Lernenden sollen nun an dem neuen Problem arbeiten und versuchen, es zu lösen, wobei sie die Aufzeichnungen ihrer Vorgänger nutzen sollen.
- Nach vier bis fünf Runden unterbricht die Lehrperson die Arbeit und bespricht die Probleme bzw. Lösungen im Plenum. Dies ist zwar für das inhaltliche Ziel der Methode nicht relevant, in der Praxis aber meist unumgänglich, da sich die Lernenden stark in die Probleme involviert haben und eine metakognitive Weiterarbeit ohne fachliche Besprechung kaum möglich ist.
- Die Schülergruppe wertet nun alle von ihr erzeugten Dokumente anhand zweier Fragen aus und notiert sich die Ergebnisse (stichwortartig):
  - Welche Darstellungsaspekte waren für die Verständlichkeit besonders günstig?
  - Welche haben die Verständlichkeit eher erschwert?

- Daraus gewinnt man anschließend im Klassengespräch eine Liste von Kriterien für eine gute Darstellung. Die Liste ist gewinnbringender, wenn die Formulierungen positiv gewählt werden (z. B. statt „kein Radieren" besser „alle Notizen stehen lassen").
- Die Lehrperson überarbeitet die Formulierungen der Kriterien und ordnet sie gegebenenfalls.

Natürlich sind auch Varianten der hier vorgeschlagenen Vorgehensweise denkbar. Zum Beispiel kann man nach zwei Problembearbeitungen eine Feedback-Phase einführen, in der sich die Lernenden untereinander Rückmeldung zu ihren Darstellungen geben. Anschließend wird dann mit den neuen Erkenntnissen zwei bis drei Runden weitergearbeitet.

Die Durchführung der Methode dauert insgesamt rund 90 Minuten. Die gewonnene Kriterienliste dient der weiterführenden Arbeit (siehe unten) und wird zum Beispiel im Problemlöseheft ganz vorn eingeklebt, damit sie bei jeder weiteren Problemstellung nochmals durchgelesen werden kann. Die Liste in Abbildung 9.7 ist im Unterricht mit einer 7. Klasse entstanden.

Hinweis: Bei dieser Methode sollte man die Lernenden vor der Arbeit unbedingt darauf hinweisen, dass es nicht möglich sein wird, innerhalb der zehn Minuten das Problem zu lösen, sondern dass es in diesem Block nur darum geht, verschiedene Darstellungen miteinander zu vergleichen und daraus Kriterien für eine gute Darstellung abzuleiten. Unterlässt man diesen Hinweis, kommt bei den Lernenden ein ungutes Gefühl auf („ich konnte keine einzige Aufgabe lösen", „ich kann gar nichts beim Problemlösen"). Diesen Effekt kann man durch die geschickte Auswahl der Problemstellungen für diesen Block abschwächen (leicht verständliche Probleme, bei denen die Lernenden schnell eine Teillösung finden).

Natürlich gibt es auch andere Methoden, die helfen, solche Kriterien zu gewinnen. Besonders ergiebig sind solche, die sich einerseits auf konkrete Produkte von Problemlösearbeit stützen und andererseits möglichst alle Lernenden in den Gewinnungsprozess von Kriterien aktiv einbeziehen, z. B. „Ich – Du – Wir" oder „Placemat" (s. o.).

Die Kriterien können natürlich auch durch die Lehrperson vorgegeben werden. Der Vorteil der Erarbeitung durch die Lernenden selbst ist, dass sie sich selbst überlegen, was eine gute Darstellung ist. Neben der Metakognition während des Sammelns und Ordnens ist auch die Akzeptanz (wichtig in allenfalls folgenden Beurteilungsphasen) höher: Es sind dann *ihre* Kriterien und nicht die der Lehrperson.

Gedanken
- Eigene Gedankengänge, Ideen etc. präzise erklären
- Offene Fragen notieren
- Antworten auf Fragen hinschreiben
- Hinweise zu (möglichem) weiterem Vorgehen angeben
- Nur wichtige Sachen aus der Problemstellung erneut notieren

Strukturierung
- Platz großzügig und übersichtlich einsetzen (z. B. Gedanken zum Vorgehen von Rechnungen trennen)
- Titel / Zwischentitel setzen
- Wichtige Erkenntnisse hervorheben (z. B. farblich, Unterstreichung etc.)

Grafische Hilfsmittel
- Tabelle, Graph oder Skizzen erstellen. Dabei beachten:
  - Klar (sauber) und verständlich (alles Wichtige angeschrieben)
  - Spezielle / wichtige Teile farbig hervorheben
  - einfach (lieber mehrere Skizzen als eine komplizierte)
  - nicht zu klein
- Leserliche Schrift, keine Schmierereien

Abb. 9.7: Darstellungskriterien einer 7. Klasse

9.3.3 Wie kann ich mithilfe der gesammelten Kriterien die Darstellung der Lernenden verbessern?

Nachdem die Darstellungskriterien gesammelt wurden, folgt erst die eigentliche Arbeit: Die Lernenden müssen dazu angeleitet werden, die Kriterien auf ihre eigenen Problemlösungen zu übertragen. Dies ist ein langwieriger Prozess, der meist nicht innerhalb weniger Tage oder Wochen gelingt. Er braucht für Lernende wie Lehrperson viel Geduld und Energie. Man kann es z. B. so angehen:
- Die Zusammenstellung der Darstellungskriterien wird im Problemlöseheft auf der ersten Seite eingeklebt, sodass die Lernenden immer wieder darauf zurückgreifen können.
- Vor jeder Bearbeitung einer neuen Problemaufgabe lesen die Lernenden die Kriterienliste nochmals durch.
- Am Ende der Bearbeitung schreiben die Lernenden anhand der Kriterienliste eine Selbstbeurteilung. Wenn diese in ganzen Sätzen („kleiner Auf-

satz") erfolgt, ist die Auseinandersetzung erfahrungsgemäß intensiver, nach einigen Malen kann auch zu einer tabellarischen oder aufzählenden Form in Stichworten übergegangen werden.
- Die Lernenden tauschen ihre Lösungen inkl. Selbstbeurteilungen aus und schreiben sich (wieder anhand der Kriterienliste) gegenseitig eine Peerbeurteilung.
- Die Lernenden lesen die erhaltene Beurteilung und setzen sich für die nächste Bearbeitung eines Problems ein Ziel im Bereich der Darstellung.

Wie man im konkreten Fall mit einer solchen Kriterienliste umgeht, d. h. welche Kriterien man der eigenen Prozessdokumentation zugrunde legt, hängt auch immer vom Zweck und dem Adressaten der Dokumentation ab. Wenn man Prozessnotizen nur für sich selbst aufschreibt, kann man in der Regel weniger detailliert schreiben, als wenn man sein Vorgehen für Mitlernende verständlich aufschreiben möchte. Wenn Lösungen und die zugehörigen Dokumentationen sogar Gegenstand einer Bewertung sein sollen, sind Ausführlichkeit und Vollständigkeit der Darstellung sicherlich von größerer Bedeutung als wenn die Bearbeitung bewertungsfrei bleiben soll. Weitere Hinweise und Beispiele zu Beurteilungsformen für Problemlöseprozesse befinden sich in Kapitel 10.

10 Wie kann man Problemlösekompetenzen diagnostizieren, rückmelden und bewerten?

In den vorigen Kapiteln gab es eine ganze Reihe von konkreten Vorschlägen und Konzepten, wann und wie das Problemlösen in den Mathematikunterricht integriert werden kann. Wenn es aber erst einmal selbstverständlich geworden ist, dass immer wieder Probleme zu lösen sind, ob beim entdeckenden Lernen oder beim produktiven Üben, kommt irgendwann die Gretchenfrage (frei nach Goethe, 1808, V3415): „Wie hast du's mit der Benotung?"

Wenn Problemlösen relevanter Teil des Mathematikunterrichts ist und von Lehrpersonen und Lernenden ernst genommen werden soll, dann muss es auch Gegenstand der regelmäßigen lernbegleitenden Diagnose, Rückmeldung, Bewertung und letztlich auch der Zeugnisnote im Fach Mathematik sein. Aber wie kann Problemlösen Teil etwa einer herkömmlichen Klassenarbeit werden? Oder braucht es hierfür alternative Beurteilungsformen jenseits von Klassenarbeiten? (vgl. z.B. Sundermann & Selter, 2006; Leuders, 2003b, 2004)

Problemlösen ist im Gegensatz zum Faktenwissen oder Rechenfertigkeiten eher eine „weiche" Kompetenz, bei der man die Leistung der Lernenden nicht einfach nach richtig oder falsch unterscheiden kann. Das stellt uns vor entsprechende Herausforderungen: *Wie* kann man Problemlösen angemessen und möglichst objektiv beurteilen? Woran orientiert man eine Bewertung überhaupt, sprich: *Was* kann man am Problemlösen beurteilen? Und schließlich sollte man sich auch fragen, *wozu* die Beurteilung dienen soll: Geht es vor allem darum, den Schülerinnen und Schülern die Bedeutung des Themas vor Augen zu führen (denn „was nicht bewertet wird, ist auch nichts wert")? Geht es um eine Rückmeldung an Lernende zu ihren Fähigkeiten und möglichen Verbesserungen dieser, oder geht es um die Vergabe von Noten und Berechtigungen (Zeugnis, Selektionsfunktion)?

Bei der Beurteilung kommt es letztlich immer darauf an, dass sie zum Lernen im Klassenraum passt und dieses nicht negativ beeinflusst. Das soll im Folgenden zunächst an einem Beispiel (10.1) und dann an verschiedenen Beurteilungsanlässen (10.2) und Beurteilungsformen (10.3) möglichst konkret dargestellt werden.

10.1 Grundsätzliche Überlegungen an einer Beispielaufgabe

Beim folgenden Beispiel handelt es sich um ein Problem, das in einer achten Klasse speziell für die Diagnose, Rückmeldung und Bewertung von Problemlösefähigkeiten eingesetzt wurde. Die Schülerinnen und Schüler haben in den Monaten zuvor bereits verschiedene Probleme bearbeitet und ihre Problemlösekompetenzen weiterentwickelt. Eine solche Aufgabe ohne diese Vorarbeiten zu bewerten, wäre weder fair noch zielführend.

Summen

Hinweis vorab: Das folgende Problem spielt sich nur im Zahlenraum der natürlichen Zahlen („Zählzahlen", 1, 2, 3, 4, ...) ab.

12 lässt sich als Summe aufeinander folgenden Zahlen errechnen (in diesem Fall sind es drei Zahlen):

$$12 = 3 + 4 + 5$$

1. Stelle 100 als Summe von mehreren aufeinander folgenden Zahlen dar.
2. Wie viele Lösungen findest du? Hinweis: Es müssen nicht zwingenderweise drei Summanden sein!
3. Welche Zahlen kleiner als 100 lassen sich nicht als solche Summe darstellen?
4. Erfinde selbst eine ähnliche Frage und beantworte sie.

Die Lösung einer Schülerin zu den Aufgabenteilen 1) und 2) findet sich auf der nachfolgenden Seite (Abb. 10.1). Betrachten Sie zunächst die Lösung und bearbeiten die Nachdenkaufgabe.

NACHDENK-AUFGABE

Beurteilen Sie die Arbeit der Schülerin (Abb. 10.1).

Die Schülerin zeigt in ihrer Ausarbeitung probierendes Verhalten, das sie sogar reflektiert, z. B. als Kommentar zu ihrer ersten Summe: „bei diesen habe ich sehr Glück gehabt [...]." Ihr Ausprobieren ist aber nicht zufällig, sondern mit Bedacht gewählt: Alle Beispiele – zumindest die, die sie aufschreibt – liegen in der richtigen Größenordnung. Nachdem sie sich auf diese Weise einen Überblick verschafft hat, beginnt sie systematisch zu probieren: von zwei bis elf geht sie alle möglichen Anzahlen an Summanden durch und überprüft jeweils, ob sich die Zahl 100 damit darstellen lässt. Letztlich bestätigt sie damit

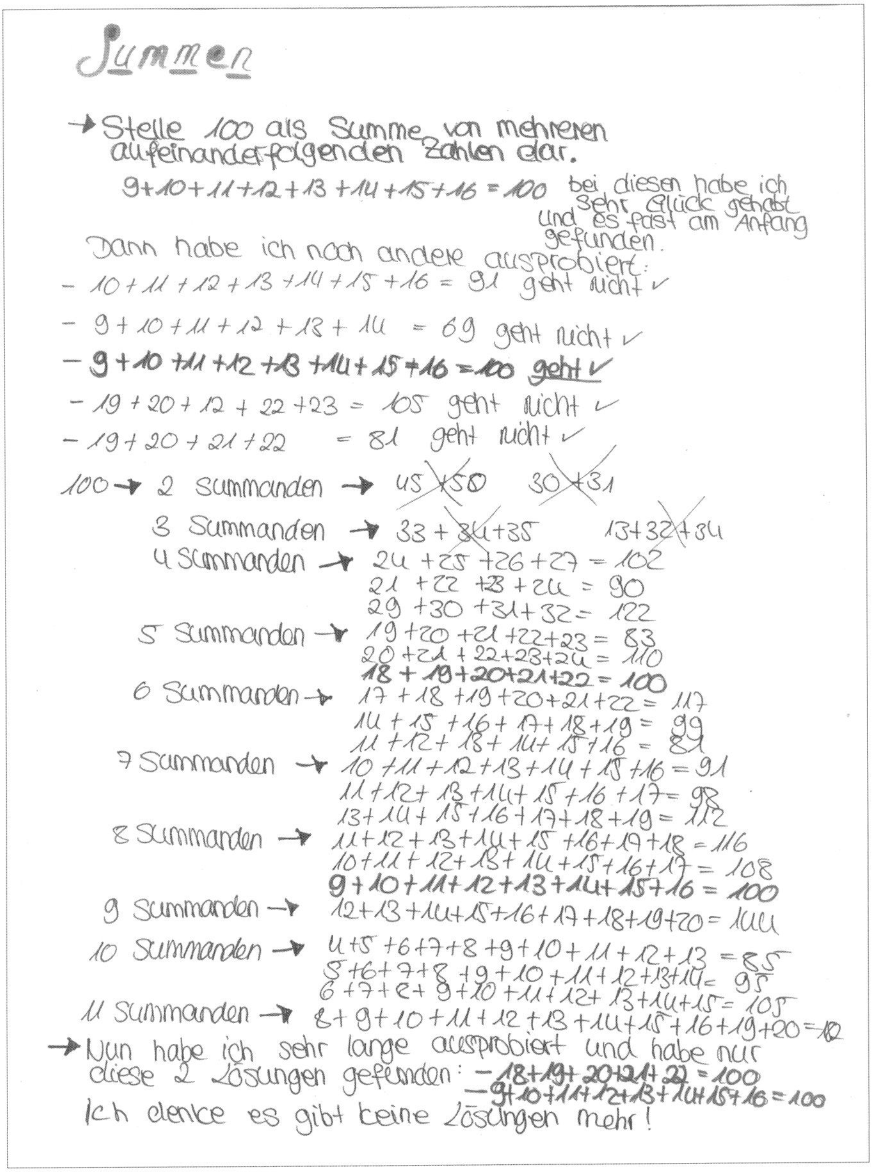

Summen

→ Stelle 100 als Summe von mehreren aufeinanderfolgenden Zahlen dar.

9+10+11+12+13+14+15+16=100 bei diesen habe ich sehr Glück gehabt und es fast am Anfang gefunden.

Dann habe ich noch andere ausprobiert:

- 10+11+12+13+14+15+16 = 91 geht nicht ✓
- 9+10+11+12+13+14 = 69 geht nicht ✓
- 9+10+11+12+13+14+15+16 = 100 geht ✓
- 19+20+12+22+23 = 105 geht nicht ✓
- 19+20+21+22 = 81 geht nicht ✓

100 → 2 Summanden → ~~45+50~~ ~~30+31~~

3 Summanden → ~~33+34+35~~ ~~13+32+34~~

4 Summanden → 24+25+26+27 = 102
21+22+23+24 = 90
29+30+31+32 = 122

5 Summanden → 19+20+21+22+23 = 83
20+21+22+23+24 = 110
18+19+20+21+22 = 100

6 Summanden → 17+18+19+20+21+22 = 117
14+15+16+17+18+19 = 99
11+12+13+14+15+16 = 81

7 Summanden → 10+11+12+13+14+15+16 = 91
11+12+13+14+15+16+17 = 98
13+14+15+16+17+18+19 = 112

8 Summanden → 11+12+13+14+15+16+19+18 = 116
10+11+12+13+14+15+16+17 = 108
9+10+11+12+13+14+15+16 = 100

9 Summanden → 12+13+14+15+16+17+18+19+20 = 144

10 Summanden → 4+5+6+7+8+9+10+11+12+13 = 85
5+6+7+8+9+10+11+12+13+14 = 95
6+7+8+9+10+11+12+13+14+15 = 105

11 Summanden → 8+9+10+11+12+13+14+15+16+19+20 = [illegible]

→ Nun habe ich sehr lange ausprobiert und habe nur diese 2 Lösungen gefunden: – 18+19+20+21+22 = 100
– 9+10+11+12+13+14+15+16 = 100

Ich denke es gibt keine Lösungen mehr!

Abb. 10.1: Schülerlösung zur Aufgabe „Summen"

ihre zwei bereits zuvor gefundenen Lösungen und schließt mit: „Ich denke es gibt keine Lösungen mehr!"

Die Lösung ist korrekt, mehr Möglichkeiten, die Zahl 100 als Summe aufeinanderfolgender Zahlen darzustellen, gibt es nicht. Dass der Schülerin hierfür kein „Beweis" gelingt, ist nicht schlimm, das war auch gar nicht erwartet worden.

Wie geht man als Lehrperson nun mit der Schülerbearbeitung um? Anhand welcher Kriterien kann das Produkt beurteilt und letztlich eine Note dafür vergeben werden? Ist das überhaupt das Ziel? Oder möchte man der Schülerin Rückmeldungen geben, um ihre Problemlösekompetenzen weiter zu fördern? Allgemeiner: Wozu soll die Beurteilung dienen?

Vielleicht haben Sie sich auch schon überlegt:
- Wie viel Zeit und Engagement hat die Schülerin in diese Arbeit gesteckt? Wie ist sie mit Schwierigkeiten umgegangen? Welche Einstellungen besitzt die Schülerin und wie beeinflussen diese ihr Resultat? Sollen all diese Aspekte mit in die Beurteilung einfließen?
- Wie würde es sich auf das Ergebnis auswirken, wenn die Schülerin unter Zeitdruck stünde (z. B. in einer traditionellen Klassenarbeit)? Ist Problemlösen überhaupt in einer traditionellen Klassenarbeit beurteilbar?
- Welche Beurteilungsformen sind für das Problemlösen geeignet? Ist auch eine Gruppenarbeit denkbar?
- Wie objektiv/angreifbar ist meine Beurteilung? Wie viel Zeit muss ich für die Beurteilung einer solchen Arbeit aufwenden? Wie kann ich sie effizient und trotzdem gewinnbringend umsetzen?

Diese und weitere Fragen stellt man natürlich nicht nur beim Problemlösen, sie stellen sich bei jeder Form der Erfassung und Bewertung von Leistung. Ihre Beantwortung hängt von mehreren Faktoren ab, die im Folgenden diskutiert werden. Dafür ist es notwendig, mit inhaltlich klaren Begriffen zu arbeiten.

Leistungserfassung und Leistungsbewertung

Den Beurteilungsprozess kann man in mehrere Stufen aufteilen: Die Diagnose, ggf. die Rückmeldung und die Leistungsbewertung. Eine Diagnose ist zunächst eine reine Feststellung der Leistungen; ein wertneutrales Urteil darüber, welche Art und welchen Umfang die gezeigten Leistungen haben. Eine solche Feststellung verläuft oft in mehreren Schritten: von der Beobachtung, über die Beschreibung bis zur Einordnung (z. B. zu einem bestimmten Fehlermuster oder einer Kompetenzstufe). Eine Diagnose ist niemals Selbstzweck, sie kann von der Lehrperson zur Steuerung ihres Unterrichts verwendet werden, oft wird sie aber auch mit einer *Rückmeldung* an die Lernenden verbunden. Ganz unabhängig davon, kann man in einem weiteren Schritt diesem Urteil noch einen Wert (z. B. Note) zuschreiben und damit eine *Leistungsbewertung* vornehmen. Wenn die Begriffe *Leistungsbeurteilung* oder *Beurteilung* verwendet werden, so befindet man sich eher auf einer allgemeinen Ebene, die die genannten Unterscheidungen in Diagnose, Rückmeldung und Leistungsbewertung nicht macht (vgl. Winter, 2015, S. 21; für Mathematik: Hußmann, Leuders & Prediger, 2007).

Formative und summative Beurteilungen

Im Zusammenhang mit Beurteilungen und Diagnosen trifft man oft auf die zwei Begriffe *formativ* und *summativ*. Schon in den 1960er-Jahren definiert Scriven (1967) *formative Evaluationen* als Evaluationen, die während des Lehr-Lernprozesses stattfinden und zum Ziel haben, diesen zu verbessern. Er unterscheidet davon *summative Evaluationen*, die am Ende des Prozesses stattfinden und deren Ziel es ist, den Prozess zu bewerten. Diese Begriffe wurden im Laufe der Jahrzehnte auch in den pädagogischen Kontext übernommen und mit weiteren Bedeutungen versehen. Heute versteht man unter formativer Beurteilung meist eine Beurteilung zum Zweck der Rückmeldung und Lernförderung und unter summativer Beurteilung eine zum Zweck der Bewertung einer Lernleistung (vgl. z. B. Bloom, 1968; Black & William, 2009; Sacher, 2014; Winter, 2015).

10.2 Planung von Beurteilungsanlässen zum Problemlösen

Bei der Planung von Beurteilungsanlässen im Unterricht – also auch für das Beurteilen des Problemlösens – kann man sich an drei Fragen orientieren (vgl. auch Winter, 2015, S. 24): *Was*, *wie* und *wozu* soll beurteilt werden? Zusätzlich zu der Zusammenstellung in Abbildung 10.2 werden diese Fragen in Tabelle 10.1 konkretisiert.

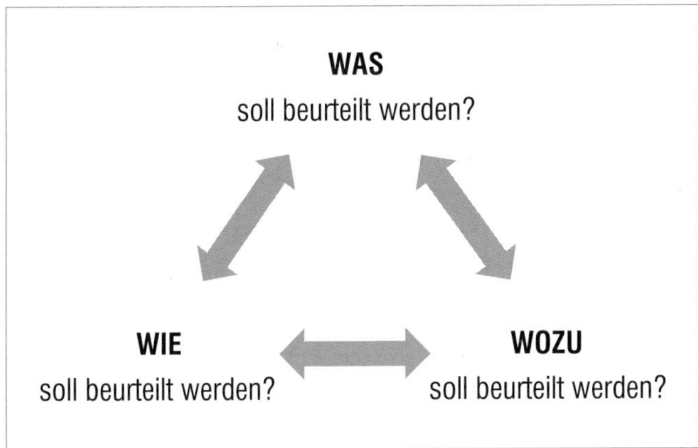

Abb. 10.2: Drei Fragen zur Beurteilung von Leistungen

Neben diesen drei Fragen hat jede Unterrichtsplanung eine zeitliche Komponente. Es stellt sich also auch die Frage, *wann* ein Beurteilungsanlass erfolgen soll. In der allgemeindidaktischen Fachliteratur (z. B. Winter, 2015) findet man zudem noch die Frage, *wer* die Beurteilung durchführt.

Wozu wird beurteilt?

Die Frage *wozu* steht bei der Planung von Beurteilungsanlässen an erster Stelle und steuert die anderen Fragen mit. Beurteilungen erfüllen in unserer Schultradition verschiedene gesellschaftliche und pädagogische Funktionen (vgl. Lütgert et al., 2001; Lötscher et al., 2017, S. 17 ff.):

- Im Rahmen einer gesellschaftlichen Perspektive bildet die Leistungsbeurteilung (meist in Form von Zeugnissen) die Grundlage für die Versetzung am Ende eines Schuljahres und die Zuordnung zu verschiedenen Schulformen oder weiterführenden Ausbildungen (z. B. eine Berufslehre). Sie dient also der *Selektion* von Lernenden. Die Leistungsbeurteilung sorgt auch für eine *Legitimation* von Lerninhalten, frei nach dem Motto: „Dieser Lerninhalt wird beurteilt, also ist er wichtig."
- Gegenüber Eltern hat die Leistungsbeurteilung die pädagogische Funktion der *Rückmeldung und Verständigung*, wobei eine solche Rückmeldung traditionell oft auf eine einzige Zahl (Note) reduziert wird.
- Auf der Ebene der Lernenden – im eigentlichen Unterricht – dient die Leistungsbeurteilung der *Steuerung des Lernens* der Schülerinnen und Schüler. Darin eingeschlossen ist auch die Unterrichtsplanung der Lehrperson. Damit Schülerinnen und Schüler ihre Problemlösekompetenzen effektiv fortentwickeln und die Lehrpersonen einen darauf abgestimmten Unterricht ermöglichen können, benötigen sie ausführlichere Informationen als lediglich eine „Zahlnote" (die aber nicht notwendigerweise zeugnisrelevant sein müssen).

Was wird beurteilt?

Die Frage, *was* inhaltlich beurteilt werden soll, ist im Bereich des Problemlösens interessant: Beschränken wir uns bei der Beurteilung auf das Resultat (weil es besonders objektiv ist)? Oder beziehen wir den Bearbeitungsprozess mit ein (eventuell sogar Aspekte wie Durchhaltevermögen)? Die Antwort auf die Frage, was beim Problemlösen beurteilt werden kann, wurde in Kapitel 4 implizit bereits gegeben: Problemlösen greift auf die dort beschriebenen Komponenten zurück: (Vor-)Wissen, Heurismen, Steuerung und Einstellungen.

Diese vier Komponenten geben also auch den inhaltlichen Rahmen einer möglichen Beurteilung vor. Auf der Suche nach möglichen Kriterien für die vier Komponenten sind in der Praxis die in Abbildung 10.3 verwendbar.

Mögliche Kriterien für die Beurteilung der vier Komponenten des Problemlösens

(Vor-)Wissen
- Du bringst das Problem mit passendem Vorwissen in Verbindung.
- Du erlernst neue Wissensstrukturen und setzt diese sinnvoll ein.
- Du findest korrekte bzw. plausible Lösungen.

Heurismen
- Du gehst nach einem Plan vor (z. B. PADEK).
- Du entwickelst eine Lösungsstrategie (oder wählst eine bekannte aus), die zum Ziel führen kann.
- Du setzt deine Strategie konsequent um.
- Du passt deine Strategie neuen Erkenntnissen an.
- Du setzt Hilfsmittel (Skizzen, Tabellen, Computer etc.) sinnvoll ein.

Steuerung
- Du beschreibst Pläne, Überlegungen und Vermutungen, Strategien und Denkwege genau, falls möglich im Voraus.
- Du beschreibst auftauchende Probleme, falls möglich inkl. Lösungsansätze.
- Du überprüfst (Teil-)Lösungen, korrigierst sie gegebenenfalls.
- Du erklärst bei gefundenen (Teil-)Lösungen ihre Bedeutung für das Problem.
- Du benennst Hilfe von außen (Internet, andere Personen) und gibst ggf. Quellen an.
- Du gestaltest deinen Lösungsweg nachvollziehbar und leserlich.

Einstellungen
- Du lässt dich auf das Problem ein und investierst genügend Zeit.
- Du gibst bei Schwierigkeiten nicht gleich auf.
- Du erkennst gegebenenfalls, dass mehrere Lösungen möglich sind.
- Du siehst weitere Anwendungsmöglichkeiten des Problems.

Abb. 10.3: Mögliche Kriterien für die Beurteilung der vier Komponenten des Problemlösens

Wie diese Liste zeigt, stehen wir vor einer großen Zahl zu beurteilender Faktoren. Damit die Beurteilung effizient und praktikabel bleibt, sind einige Dinge zu beachten:

1. Es ist gut möglich, nur eine Auswahl der Komponenten zu beurteilen, also z.B. nur die Steuerung oder nur die Anwendung von Heurismen, je nach Anlage des eigenen Unterrichts.
2. Es lässt sich nicht in jeder Schülerarbeit zu jedem Kriterium zwingend eine Aussage machen. Kriterien, die sich nicht beurteilen lassen (z.B. Anga-

be von Hilfen/Quellen von außen), sollen deshalb ignoriert werden. Das impliziert, dass nicht jedes einzelne Kriterium mit einer Werteskala versehen wird, sondern lediglich die Komponenten (ein konkretes Beispiel dazu folgt in Abschnitt 10.3.2).

Aspekt der Beurteilung / Zeitliche Planung der Beurteilung	**Formative Beurteilungsform** **Feststellung/Diagnose** Beobachten – Beschreiben – Interpretieren *Wozu:* Schülerinnen und Schüler verstehen, Lehrprozesse steuern **Rückmeldung** Setzt Diagnose voraus. Rückmeldung zu individuellen Leistungsfortschritten. *Wozu*: Schülerinnen und Schülern rückmelden, Lernprozesse unterstützen, Selbstregulation	**Summative Beurteilungsform** **Bewertung** Vergabe von Wortbewertungen („ungenügend", „ausreichend") bzw. Noten. Setzt Diagnose voraus, ist auch eine Art von Rückmeldung, reduziert diese aber auf einen Skalenwert. *Wozu*: Wert beimessen, Leistung vergleichen
Wann: Zu Beginn oder während des Lernprozesses	Abschnitt 10.3.1 *Wozu*: Problemlöseprozesse beobachten und rückmelden. Problemlöseprozesse fördern. Problemlösekompetenzen entwickeln. *Wie:* • 10-Minuten-Eingangstest • Beobachtungen im Prozess • Diagnostisches Gespräch • Lösungspräsentationen (z. B. Neriage) • Problemlösejournale	Abschnitt 10.3.2 *Wozu*: Zwischenbewertung sammeln für Endbewertung. Problemlöseprozesse fördern. *Wie:* • Diagnostisches Gespräch • Problemlösejournale
Wann: Am Ende des Lernprozesses	Abschnitt 10.3.3 *Wozu*: Problemlösekompetenzen diagnostizieren und Kompetenzen sichtbar machen, Konsequenzen für die Weiterarbeit an Problemlösekompetenzen ableiten. *Wie:* • Beurteilungsumgebung (vgl. Kap. 10.3)	Abschnitt 10.3.4 *Wozu*: „Endnote" *Wie:* • Benotete Klassenarbeit • Vorbereitete Präsentation einer Lösung, mündlich • Beurteilungsumgebung

Tab. 10.1: Formative und summative Beurteilungsformen im Überblick

3. Beim Diagnostizieren können auch Selbst- und Peerbeurteilungen (gegenseitige Beurteilung durch Lernende) angewendet werden. Dabei profitiert nicht nur die Lehrperson durch weniger Arbeitsaufwand, sondern auch die Schülerinnen und Schüler, die Arbeiten anderer Lernenden analysieren, gewinnen dadurch. Der Gefahr der Oberflächlichkeit beugen dabei die Kriterien vor.

Wie wird beurteilt?

Die Frage, *wie* ein Beurteilungsanlass durchgeführt wird, hängt natürlich mit dem *wann* und *wozu* eng zusammen. Die Tabelle (Tab. 10.1) gibt einen Überblick und strukturiert die nachfolgenden Beispiele (Abschnitte 10.3.1 bis 10.3.4).

10.3 Konkrete Beispiele für Beurteilungsformen zum Problemlösen

In den folgenden vier Abschnitten 10.3.1 bis 10.3.4 werden die vier Zellen der Tabelle 10.1 durch konkrete Beispiele für Beurteilungsformen illustriert. Natürlich sind für jede Zelle weitere Formen denkbar.

10.3.1 Beurteilungsformen zur Diagnose und Rückmeldung während des Lernprozesses

Wozu: Problemlöseprozesse beobachten und rückmelden. Problemlöseprozesse fördern. Problemlösekompetenzen entwickeln.

Wenn der Zweck der Beurteilung darin liegt, Problemlöse*prozesse* zu fördern und Kompetenzen zu *entwickeln*, dann wird die zeitliche Komponente (in der Tabelle 10.1 „wann" genannt) ein wichtiger Aspekt bei der Planung von Beurteilungsanlässen.

So ist die Feststellung von Problemlösekompetenzen zu Beginn des Lernprozesses für die Lehrperson im Hinblick auf die Unterrichtsplanung äußerst hilfreich. Auch während des Unterrichts bildet sie ein wichtiges Korrektiv, wenn man feststellt, dass die Lernprozesse der Schülerinnen und Schüler nicht in die gewünschte Richtung laufen.

Mit einem kurzen *Eingangstest* können wichtige Informationen über die bereits vorhandenen Problemlösekompetenzen der Lernenden gewonnen werden. Diese sind dann als Grundlage für die Planung des Unterrichts hilfreich – ebenso können solche Informationen während des Lernprozesses eingeholt werden, um ggf. eine Anpassung an die Bedarfe der Lernenden vornehmen zu können. Dazu braucht es Instrumente, die eine bewertungsfreie

Beobachtung im Prozess ermöglichen. Gerade dieser Punkt ist äußerst sensibel zu handhaben, weil die Schülerinnen und Schüler das Vertrauen haben müssen, dass die Lehrperson sie in diesem Fall nicht benotet, sondern möglichst detaillierte Informationen über den Stand der Lernenden bekommen möchte, um einen möglichst optimalen Unterricht durchführen zu können. Die Öffnung seitens der Schülerinnen und Schüler, in der sie ihre Schwächen offenbaren, wäre sofort zunichte, würden sie den Eindruck gewinnen, an dieser Stelle bereits bewertet zu werden.

Beurteilungsform „10-Minuten-Eingangstest"

Ein *10-Minuten-Eingangstest* ist eine unkomplizierte und niederschwellige Möglichkeit, um einen Überblick über den Stand der Schülerinnen und Schüler zu bekommen und deren Problemlösekompetenzen zu überblicken. Hierfür können z.B. Probleme wie das Summenproblem (s.o.) eingesetzt werden, wobei eine Beschränkung auf wenige Minuten erfolgen sollte, weil es ja nur um eine möglichst rasche Informationsaufnahme geht, um den nachfolgenden Unterricht planen zu können. Der Test kann beispielsweise am Ende der vorherigen Stunde erfolgen, damit man als Lehrperson dann auf dieser Grundlage den nachfolgenden Unterricht vorbereiten kann.

Beurteilungsform „Beobachtungen im Prozess"

Auch durch *Beobachtungen im Prozess* können wertvolle Informationen zum Problemlöseverhalten der Schülerinnen und Schüler gewonnen werden. Beobachtungsbögen mit vorgegebenen Kriterien bieten hierfür eine wichtige Unterstützung. Ein solcher Bogen kann auf der Basis der oben aufgeführten Kriterien entwickelt werden und ggf. auch nur eine Teilmenge der Kriterien / Aspekte abbilden. Ideal ist es, wenn Schülerinnen und Schüler in kleinen Gruppen arbeiten, weil sie dann miteinander kommunizieren und man als Lehrperson mitbekommt, welche Gedanken sie austauschen. In einer Einzelarbeit ist das nur schwer möglich, weil man sich ausschließlich auf die schriftlichen Produkte der Lernenden fokussieren müsste.

Eine einfache und effiziente Methode, Beobachtungen für mehrere Lernende festzuhalten, ist die Markierung von Kriterien eines Rasters mit einem Textmarker. Dabei markiert die Lehrperson Kriterien, die ihr besonders positiv auffallen z.B. grün und solche, die noch Defizite aufweisen, rot. Es werden bewusst nicht alle Kriterien markiert, sondern nur diejenigen, zu denen wichtige Aussagen gemacht werden können. Die Markierungen können dann in einem späteren Gespräch mit der Schülerin oder dem Schüler in konkrete Rückmeldungen und Maßnahmen ausformuliert werden.

Beurteilungsform „Diagnostische Gespräche"

Hat man die Möglichkeit, sich punktuell auf einzelne Schülerinnen und Schüler zu konzentrieren, so bietet sich das *Diagnostische Gespräch* an. Hierbei ist die Methode des lauten Denkens ein Zugang, wobei das immer wieder gut unterstützt werden muss – denn laut denken ist kein Selbstläufer. Einfacher ist es auch hier, wenn sich zwei Schülerinnen bzw. Schüler miteinander unterhalten. Der Vorteil solcher kommunikativen Methoden ist, dass die Schülerinnen und Schüler vom Schreiben entlastet werden.

Beurteilungsform „Auswertung von Lösungspräsentationen"

Die *Auswertung von Lösungspräsentationen* (z. B. innerhalb einer Neriage, vgl. Kap. 9) kann ebenfalls dazu dienen, sich ein Bild von den Kompetenzen der Schülerinnen und Schüler zu machen. Hierbei bietet sich ebenfalls der Einsatz eines vorbereiteten Beobachtungsbogens an, weil man sich dann in der Situation besser an den unterschiedlichen Kriterien orientieren kann, die man (simultan) erfassen möchte.

Beurteilungsform „Problemlösejournale / Forschungshefte"

Die Arbeit mit *Problemlösejournalen* bzw. *Forschungsheften* (ausführlich dazu: siehe Kap. 9 zum Lerntagebuch) ist ebenfalls eine Möglichkeit, Problemlöseprozesse zu erfassen und zu beurteilen. Dabei dokumentieren die Lernenden ihre Problemlöseprozesse schriftlich. Diese Schreibprodukte lassen sich dann später in Ruhe auswerten – im Unterschied zu mündlichen Beobachtungen, die unmittelbar erfolgen müssen und dann möglichst noch simultan notiert werden sollten. Jedoch können Problemlösejournale bzw. Forschungshefte recht ausführlich geschrieben werden, sodass dies auch eine gewisse Zeit in Anspruch nimmt bei der Auswertung.

Neben dem Diagnosepotenzial haben Problemlösejournale bzw. Forschungshefte jedoch auch noch weitere Funktionen. Sie dienen auch der Prozesssteuerung; d. h. sie fungieren gleichzeitig auch als Interventionsinstrument und wirken somit als Gestaltungselement für den Lernprozess.

Wenn mit klaren Kriterien (siehe oben) gearbeitet wird, bietet sich für die diagnostische Arbeit mit Problemlösejournalen auch die Selbst- und Peerbeurteilung an (d. h. Lernende beurteilen sich selbst und gegenseitig). Diese haben mindestens zwei positive Effekte: Erstens wird die Lehrperson entlastet und zweitens können die Lernenden voneinander lernen, indem sie gute Aspekte einer Bearbeitung übernehmen und ggf. auch erkennen, dass gewisse Aspekte hinderlich sind (z. B. unverständliche Darstellungen).

10.3.2 Beurteilungsformen zur Bewertung vor oder während des Lernprozesses

Wozu: Zwischenbewertung sammeln für Endbewertung. Problemlöseprozesse fördern.

Einige im oberen Abschnitt aufgeführten Instrumente können auch dafür benutzt werden, eine Zwischenbeurteilung zu generieren. Insbesondere geeignet dafür sind *Journale* und *Gespräche*.

Damit die Bewertungen dieser Produkte für das Weiterlernen wirksam werden können, müssen sie aber auf einer Diagnose beruhen. Diese Bedingung verbindet also Bewertungen (Noten) zwingend mit inhaltlichen Rückmeldungen. Besonders wichtig, vor allem bei der Bewertung schriftlicher Arbeiten wie Journalen, ist dabei die Transparenz, mit anderen Worten: dass die Lernenden vor Beginn der Arbeit Einsicht in das Beurteilungsraster erhalten. Wie Holzäpfel und Mailänder (2007) berichten, konnten mit einer begleitenden Dokumentation der Rückmeldungen in Verbindung mit den Kriterien insgesamt sehr gute Erfahrungen gemacht werden – nicht nur beim Problemlösen.

Man muss sich als Lehrperson bewusst sein, dass zu viele bewertete Zwischenbeurteilungen Problemlöseprozesse der Lernenden erschweren können, weil die Lernenden sich nicht mehr trauen Fehler zu machen, insbesondere dann, wenn hoher Wert auf korrekte Resultate gelegt wird.

Beurteilungsform „Problemlösejournale / Forschungshefte"

Im Abschnitt 10.3.1 wurde gezeigt, wie Problemlösejournale für die Diagnose verwendet werden können. Soll die Leistung dieser Schülerarbeiten nicht nur diagnostiziert und rückgemeldet, sondern auch bewertet werden, muss man einige weitere Aspekte beachten:

- Eine Peerbewertung ist eher ausgeschlossen, Bewertung ist Sache der Lehrperson (auch wenn man die Lernenden in den Bewertungsprozess exemplarisch und vorsichtig einbeziehen kann). Sinnvoll hingegen kann auch hier eine Selbstbewertung sein, man kann damit Wahrnehmungsunterschiede eruieren und später (z. B. in Auswertungsgesprächen) für Förderungszwecke nutzen.
- Die Komponenten sollen auf einer groben Skala bewertet werden (vgl. Wälti, 2014; Sacher, 2014). Vorgeschlagen werden höchstens vier Stufen (z. B. sehr gut – gut – genügend – ungenügend), drei (gut – mittel – schlecht), allenfalls sogar nur zwei (erfüllt – nicht erfüllt).
- Die Verrechnung von Kriterien zu Zahlbeurteilungen ist ein zweischneidiges Schwert: In vielen Bewertungsrastern wird vorgeschlagen, die Synthese der beurteilten Kriterien arithmetisch erfolgen zu lassen. Das geht

	Selbstbeurteilung				Fremdbeurteilung			
	sehr gut	gut	genügend	ungenügend	sehr gut	gut	genügend	ungenügend
(Vor-)Wissen Du bringst das Problem mit passendem Vorwissen in Verbindung. Du erarbeitest dir neue Wissensstrukturen und setzt diese sinnvoll ein. Du findest korrekte bzw. plausible Lösungen. Aber auch falsche.	O	O	X	O	O	O	X	O
Heurismen Du gehst mit einem Plan vor. Du entwickelst eine Lösungsstrategie (oder wählst eine bekannte aus), die zum Ziel führen kann. Die Strategie wird konsequent umgesetzt. Du passt deine Strategie neuen Erkenntnissen an (bzw. wählst eine neue, falls notwendig). Du setzt Hilfsmittel (Skizzen, Tabellen, Computer etc.) sinnvoll ein.	O	O	X	O	O	O	X	O
Steuerung des Prozesses Du beschreibst Pläne, Überlegungen und Vermutungen, Strategien und Denkwege genau, falls möglich im Voraus. Du beschreibst auftauchende Probleme, falls möglich inkl. Lösungsansätze. Du überprüfst (Teil-)Lösungen, korrigierst sie gegebenenfalls. Du erklärst bei gefundenen (Teil-)Lösungen ihre Bedeutung für das Problem. Du deklarierst Hilfe von aussen (Internet, andere Personen) und gibst ggf. Quellen an. Du gestaltest deinen Lösungsweg nachvollziehbar und leserlich.	O	X	O	O	O	O	X	O
Einstellungen Du lässt dich auf das Problem ein und investierst genügend Zeit. Du gibst bei Schwierigkeiten nicht gleich auf. Du erkennst gegebenenfalls, dass mehrere Lösungen möglich sind. Du siehst weitere Anwendungsmöglichkeiten des Problems und stellst dir weiterführende Fragen.	X	O	O	O	X	O	O	O
Gesamtbeurteilung	O	X	O	O	O	X	O	O

Abb. 10.4: Beispiel für ein Beurteilungsraster: Positives Feedback hell markiert, kritische Rückmeldung dunkel markiert

allerdings nur dann, wenn jedem Kriterium eine eindeutige Punkteverteilung zugeordnet werden kann und diese transparent zur Bewertung der Aspekte (z.B. Steuerung) verrechnet werden. Dabei wird einerseits vorausgesetzt, dass die Bewertungsskala eine Intervallskala ist (ansonsten darf man mit den Punkten streng genommen nicht rechnen). Andererseits

seits ist wichtig, dass alle Kriterien gleich gewichtet werden und es kein Kriterium gibt, das als voraussetzend für das Bestehen insgesamt betrachtet wird. In der Praxis ist aber meist weder die eine noch die andere Voraussetzung gegeben. Zudem hat eine fein abgestufte Punkteverteilung häufig unproduktive Diskussionen mit Lernenden zur Folge, bei der die Motivation lediglich darin liegt, höhere Punktzahlen zu gewinnen, statt über lernzielrelevante, inhaltliche Aspekte nachzudenken. Des Weiteren kommt hinzu, dass die Gewichtung von Kriterien durch Punkte nicht notwendig in einen (angestrebten) höheren Objektivierungsgrad mündet, als die ganzheitliche Bewertung eines Aspekts.

- Die Alternative liegt darin, die Bewertung der einzelnen Komponenten (z. B. Heurismen) ganzheitlich vorzunehmen – natürlich unter Berücksichtigung der Indikatoren, die als Begründung der Bewertung dienen. Dann steht auch in Gesprächen mit den Lernenden nicht die Punktvergabe in Zentrum, sondern weshalb die Lehrperson aufgrund der Indikatoren auf die Bewertung des Aspekts gekommen ist, der Fokus liegt also direkt auf den (in den Indikatoren versteckten) Lernzielen und ist damit wesentlich produktiver.

Wie ein solches Beurteilungsraster konkret aussehen kann, zeigt das Beispiel aus dem Unterricht (Abb. 10.4). Es bezieht sich direkt auf die Schülerbearbeitung des Problems „Summen“, das zu Beginn des Kapitels vorgestellt wurde. Weiter unten werden einzelne Punkte noch genauer kommentiert.

Wie in der Selbst- und Fremdbeurteilungsspalte ersichtlich, werden nur die einzelnen Aspekte („(Vor-)Wissen“ etc.) auf einer groben Skala in vier Stufen bewertet (sehr gut, gut, genügend, ungenügend).

Die Selbstbeurteilung verfolgt zwei Zwecke: Einerseits dient sie den Lernenden bereits während der Arbeit und an ihrem Ende als Kontrolle, ob sie auf die beim Problemlösen relevanten Aspekte Acht geben. Andererseits hilft es der Lehrperson bei Gesprächen über die Arbeit, Diskrepanzen in der Wahrnehmung der Ergebnisse aufzudecken und darüber sprechen zu können.

Die Kriterien werden mit der oben bereits beschriebenen Textmarker-Methode (siehe 10.3.1, „Beobachtungen im Prozess“) bearbeitet, aus den markierten Kriterien wird (nicht arithmetisch, sondern im Sinne eines Expertenurteils) die Bewertung der jeweiligen Komponente abgeleitet.

Mit diesem Beurteilungsraster wird etwa festgestellt, dass es der Schülerin nicht gelingt, neue Wissensstrukturen aufzubauen (vgl. Abb. 10.4). Sie untersucht zwar bei der Summe 100 verschiedene Anzahlen von Summanden systematisch, stellt aber dabei nicht fest, weshalb es mit 5 und 8 Summanden eine Lösung gibt, jedoch mit 2, 3, 4, 6, 7, 9, 10 und 11 nicht. Hätte sie sich dieses Wissen erarbeitet, würde ihr die Teilaufgabe 3. viel leichter fallen. Trotzdem kann sie einige korrekte Lösungen finden, deshalb wird die Komponente *Wissen* insgesamt als genügend bewertet.

Innerhalb der Steuerungskomponente wird v. a. positiv festgehalten, dass der Lösungsweg nachvollziehbar und auch leserlich gestaltet ist, diese Fertigkeiten soll sie unbedingt beibehalten.

So wird hier auch die Komponente *Steuerung* als genügend beurteilt, weil zwar grundsätzliche Beschreibungen der Überlegungen vorhanden sind und der Prozess nachvollziehbar gestaltet ist, aber darüber hinaus kaum weitere Elemente einer sichtbaren Prozesssteuerung vorhanden sind (weder Lösungsüberprüfung noch Beschreibung von Plänen und Strategien).

Die markierten Kriterien dienen nicht bloß der Rechtfertigung der Bewertung, sie können auch in hohem Maß förderorientiert genutzt werden. So können z. B. bei der Bearbeitung des nächsten Problems die Lernenden die letzte(n) Beurteilung(en) hervornehmen und sich ein Ziel setzen, auf welchen Punkt besonders Wert gelegt werden soll. Das zeigt noch einmal, dass eine substanzielle und differenzierte Erfassung der Leistung vor allem die Rückmeldequalität erhöht. Sie ermöglicht es aber auch, bei der Bewertung rational vorzugehen und die Bewertungskriterien zur Diskussion zu stellen.

Dennoch ist man immer wieder durch die gesetzlich vorgeschriebenen Formen der Leistungsbewertung gezwungen, die differenzierten Beurteilungen der Komponenten in eine Gesamtbeurteilung der Problembearbeitung fließen zu lassen. Oft ist es auch dabei besser, sie nicht streng arithmetisch aus den Beurteilungen der einzelnen Komponenten herzuleiten, sondern als Expertenurteil des Gesamtproduktes zu verstehen.

Bei dieser Schülerin könnte das so aussehen: Sie hat mit großem Engagement gearbeitet und ein sehr gutes Durchhaltevermögen (Einstellungen) gezeigt. Hätte sie bei ihrer Strategie zu 3. nicht bloß maximal drei Summanden berücksichtigt (auf der Abbildung 10.1 nicht sichtbar), sondern gemerkt, dass man z. B. die Summe 10 aus den vier Summanden 1, 2, 3 und 4 zusammensetzen kann oder die Summe 70 analog zu 100 aus fünf Summanden mit 14 als Mittelwert (also $70 = 12+13+14+15+16$), dann hätte sie vermutlich alle fälschlicherweise aufgeführten Zahlen bei 3. eliminieren können, was einen direkten und relevanten Einfluss auf die Bewertung der Komponenten *(Vor-)Wissen* wie auch *Heurismen* gehabt hätte. Sie hätte dann wohl auch ihr großes Engagement in die Bearbeitung weiterer Fragestellungen investieren können. Im Wesentlichen hat ihr also ein kleiner „Aha"-Effekt gefehlt, um die Güte ihres Ergebnisses deutlich zu erhöhen. Aus diesem Grund wurde die Endbewertung des Produkts auf *gut* festgelegt, da insgesamt mit großem Engagement ein (für diese Klassenstufe) doch recht ansprechendes Produkt entstanden ist.

Natürlich kann das Beurteilungsraster angepasst werden, indem z.B. Komponenten weggelassen werden (bis zum Spezialfall, in dem nur eine Komponente beurteilt wird). Wichtig ist dabei immer, dass die beurteilten Kriterien den Lernenden bereits *vor* der Arbeit am Problem bekanntgegeben werden.

Um die Vielfalt *möglicher* Beurteilungsraster aufzuzeigen, wird noch eine zweite Form aufgeführt, in dieser können ebenfalls Markierungen vorgenommen werden wie in Abb.10.4. Sie nutzt den oberen Teil eher zu summativen Zwecken, sieht aber ein Bemerkungsfeld für formative Aspekte vor (vgl. Tab 10.1, zur gleichen Problembearbeitung). Auch nach diesem Raster wird die Gesamtbeurteilung nicht arithmetisch, sondern ganzheitlich vorgenommen.

Beurteilung der Gestaltung des Lösungswegs

Traditionell kommt bei der Bewertung solcher Unterrichtsprodukte oft ein Aspekt ebenfalls noch vor: Die *Gestaltung des Lösungswegs.* In der Literatur wird im Zusammenhang mit Lernstrategien (vgl. u. a. Weinstein & Mayer, 1986; Glogger et al., 2009; Holzäpfel et al., 2009a) auf die Bedeutung von Organisationsstrategien hingewiesen, die auf die Strukturierung des Lernstoffs fokussieren und mitunter die Darstellung in den Blick nehmen. Dieser Aspekt taucht in diesen Rastern absichtlich nur marginal auf, im ersten Beispiel nur im letzten Punkt des Abschnitts Steuerung, beim zweiten ebenfalls im gleichnamigen Abschnitt.

Es wäre denkbar, Aspekte der Darstellung und Organisation zusätzlich als eigene Komponente zu beurteilen, z. B. mit folgenden Kriterien:

Darstellungs- und Organisationsaspekte

- Du gliederst deinen Lösungsweg (z.B. mit Zwischentiteln, genügend Raum, klare Trennung von Bemerkungen und Berechnungen etc.).
- Du machst Resultate und Zwischenresultate deutlich sichtbar.
- Du gestaltest Skizzen und Tabellen sauber und beschriftest sie aussagekräftig.
- Du erläuterst Abkürzungen und Variablen.
- Du schreibst Texte leserlich und verständlich.

Die Betonung dieser Aspekte bringt den Vorteil, dass Lernende stärker auf die Darstellung achten und sie übersichtlicher wird. Im Idealfall lernen die Schülerinnen und Schüler dadurch, ihre Ergebnisse von Anfang an sauber zu

Rückmeldung zum Problem „Summen“

Indikatoren			
(Vor-)Wissen			
Markante sachliche Fehler. Die Ausführungen sind isoliert vom Vorwissen. Es werden keine passenden mathematischen Konzepte erkannt.	Es werden passende mathematische Konzepte des Problems erkannt, jedoch nicht gewinnbringend eingesetzt.	Vorhandenes Vorwissen wird eingebracht und gewinnbringend eingesetzt.	Die Bearbeitung zeichnet sich durch hohe Fachkompetenz aus. Vorwissen wird gewinnbringend eingebracht und neue Wissensstrukturen werden erarbeitet.
Heurismen			
Weder ein Plan noch heuristische Vorgehensweisen sind erkennbar.	Es ist erkennbar, welche Heurismen verwendet werden. Sie werden jedoch nicht zielgerichtet und konsequent umgesetzt.	Das Vorgehen ist geprägt von sinnvollen heuristischen Strategien und planvollem Vorgehen. Diese werden konsequent umgesetzt.	Werkzeuge und Heurismen werden gekonnt eingesetzt und gegebenenfalls dem Problem entsprechend angepasst oder gewechselt.
Steuerung des Prozesses			
Prozessinformationen fehlen mehrheitlich. Die Darstellung ist mangelhaft.	Probleme und Momente der Erkenntnis sind ersichtlich und nachvollziehbar. Hilfsmittel/Quellen werden deklariert. Die Verständlichkeit der Darstellung ist beeinträchtigt.	Das Vorgehen wird geplant und Resultate reflektiert bzw. überprüft. Die Darstellung ist verständlich und gut lesbar.	Das Vorgehen zeichnet sich aus durch hohe Reflexion, z. B. Beschreibung der Planung im Voraus, Zwischenhalte, Rückschau etc. Sehr gute Darstellung des eigenen Lernpfades.
Einstellungen			
Die Bearbeitung umfasst den geforderten Rahmen nicht. Wenig engagierte Arbeitsweise. Bei Problemen wird sofort aufgegeben. Kaum Eigenleistung sichtbar.	Die Auseinandersetzung umfasst den gesteckten Rahmen. Beschränkung auf naheliegende Ergebnisse. Wenig Engagement bei Hindernissen.	Die Bearbeitung entspricht dem gesteckten Rahmen. Auch größere Schwierigkeiten werden ausdauernd überwunden.	Große Motivation auch bei schwierigen Hindernissen. Die Produktion geht deutlich über den gesteckten Rahmen hinaus. Eigene Fragen werden gestellt und bearbeitet.
Bemerkungen			
Deine Lösungen zu 2. sind korrekt. Leider ist dein Vorgehen nicht komplett einsichtig. Wieso hörst du bei 11 Summanden auf? Und: Was macht es aus, dass es für 5 Summanden eine Lösung gibt, für z. B. 4 aber nicht? Und für 8 Summanden dann wieder? Wenn du diese Fragen beantworten kannst, bist du auch bei 3. wesentlich effizienter und findest vermutlich die korrekten Lösungen. Bei 3. leistest du viel Arbeit, findest aber leider viele falsche Lösungen, da du nur mit maximal 3 Summanden arbeitest. Hier musst du deine Strategie erweitern, sonst kommst du nicht weiter. Deine Darstellung ist übersichtlich und gut lesbar, behalte das bei. Die Beschreibungen deines Vorgehens sollten noch etwas ausführlicher werden, insbesondere bei den Plänen und Strategien.			
Gesamtbeurteilung	*gut bis befriedigend, Note: 2,5*		

Tab. 10.1: Beurteilungsraster mit vorformulierten Kompetenzstufen

dokumentieren – um sich das spätere Abschreiben zu sparen; ein sauberes Strukturieren hilft ihnen aber auch im Prozess.

Sie bringt den Nachteil mit sich, dass manche Lernende das Problem zuerst in Entwurfsform bearbeiten und schließlich davon noch eine Reinschrift anfertigen, insbesondere dann, wenn das Produkt bewertet wird. Dabei können wichtige Aspekte des Lösungsprozesses verloren gehen, Lösungen „steril" und in der Prozessbeschreibung sprunghaft wirken, weil die Lernenden den Prozess nachträglich nicht mehr lückenlos zusammensetzen können. Zudem benötigen sie für diesen Teil der Arbeit oft sehr viel Zeit, die vielleicht besser in die eigentliche mathematische Arbeit investiert wäre.

In diesem Sinne muss man sich (mit Bezug auf die aktuelle Phase im Lernprozess von Problemlösekompetenzen) gut überlegen, wie stark man die Darstellungs- und Organisationsaspekte gewichten will.

Beurteilungsform „Diagnostisches Gespräch"

Auch für ein diagnostisches Gespräch kann man das zweite Raster gut einsetzen: Während des Gesprächs macht man sich Notizen im Bemerkungsfeld, am Ende kann man (ggf. auch im Gespräch mit den Lernenden) die passenden Felder der Komponenten markieren und schließlich die Gesamtbeurteilung auf demselben Weg ermitteln.

10.3.3 Beurteilungsformen zur Diagnose/Rückmeldung am Ende des Lernprozesses

Wozu: Problemlösekompetenzen diagnostizieren und Kompetenzen sichtbar machen, Konsequenzen für die Weiterarbeit an Problemlösekompetenzen ableiten.

Will man am Ende des Lernprozesses diagnostizieren und rückmelden, wie sich die Problemlösekompetenzen verändert haben, dies aber unabhängig von den im Prozess entstandenen Produkten (z. B. Journalen, siehe 10.3.1) tun, muss man einen Beurteilungsanlass mit hohem Problemlösegehalt und großem diagnostischem Potenzial entwerfen, der gegebenenfalls auch eine curriculare Passung aufweist. Ein beispielhaftes Konzept dafür haben Jundt und Wälti (2011) entwickelt. Sie berücksichtigen dabei viele Aspekte von Leistungsbewertung in ganzheitlicher Weise und stellen auch Ansätze vor, wie man das Punkte-/Bewertungsproblem lösen kann (mehr dazu in Abschnitt 10.3.4).

Beurteilungsform: Mathematische Beurteilungsumgebungen (MBU)

Jundt und Wälti (2011) haben das Konzept der Mathematischen Beurteilungsumgebungen entwickelt. Diese

> möchten [...] einen Beitrag leisten zur Reaktivierung des Beurteilungsdiskurses, zur Weiterentwicklung persönlicher Unterrichtskonzepte und zu einer alternativen Beurteilungspraxis. [...]
>
> Die MBU ermöglichen eine offenere und breitere Leistungsbeurteilung, die in den Lernprozess integriert ist. Lernende erfahren so Beurteilung als Teil des Lernens, nicht als dem Lernen nachgeschaltete Veranstaltung. Die Arbeitsbedingungen sind in solchen Beurteilungssituationen möglichst gleich wie im «normalen» Unterricht. Insbesondere soll die Lehrperson als Coach zur Verfügung stehen. (Jundt & Wälti, 2011, S. 4)

Die Beurteilungsumgebungen sind an den Kompetenzen von HarmoS und dem Schweizer Lehrplan 21 (vgl. Linneweber-Lammerskitten et al., 2009) ausgerichtet und damit – besonders, wenn Aufgaben die Kompetenzen der Handlungsaspekte „Erforschen und Argumentieren" abdecken – stark problemorientiert aufgebaut.

Wenngleich Jundt und Wälti die MBU als in den Lernprozess integrierten Bestandteil sehen, lassen sich diese auch sehr gut dazu verwenden, am Ende des Lernprozesses festzustellen, wie sich Problemlösekompetenzen verändert haben. Die Rückmeldungen, die sich daraus ergeben, können natürlich für eine Fortsetzung des Lernprozesses genutzt werden. In diesem Sinne können die MBU stetige Begleiterinnen des Lernprozesses werden.

Die MBU „Dreiecke und Trapeze" (Jundt & Wälti, 2012, S. 80) soll dieses Konzept verdeutlichen (Abb. 10.5 bis 10.7). Wie insbesondere aus den Beurteilungskriterien ersichtlich ist, handelt es sich um eine gestufte Leistungsaufgabe, die zunehmend problemlösenden Charakter enthält und die immer innerhalb derselben Sachstruktur (Dreiecke und Vierecke) situiert ist. Damit erfüllt sie einerseits Kriterien zur Differenzierung (vgl. Kap. 3), andererseits aber auch die Anforderungen von Wittmann und Müller (1990 und 1992) an strukturierte Übungsaufgaben. Während die Zugangsaufgabe (Z) noch nicht problemorientiert ist (sondern eben den Zugang zu den anderen Aufgaben eröffnen soll), ist bei den Aufgaben U1/O1/O2 sowie insbesondere U2 die forschende Komponente (und damit der problemorientierte Charakter) offensichtlich zentral. Die Aufgabe Z erfordert lediglich die Anwendung bereits bekannten Wissens, namentlich die Berechnung von Flächeninhalten von Dreiecken und Trapezen. Dabei ist es den Lernenden auch erlaubt, Strecken zu messen. U1 und U2 bezeichnen das „Untere Anspruchsniveau", das

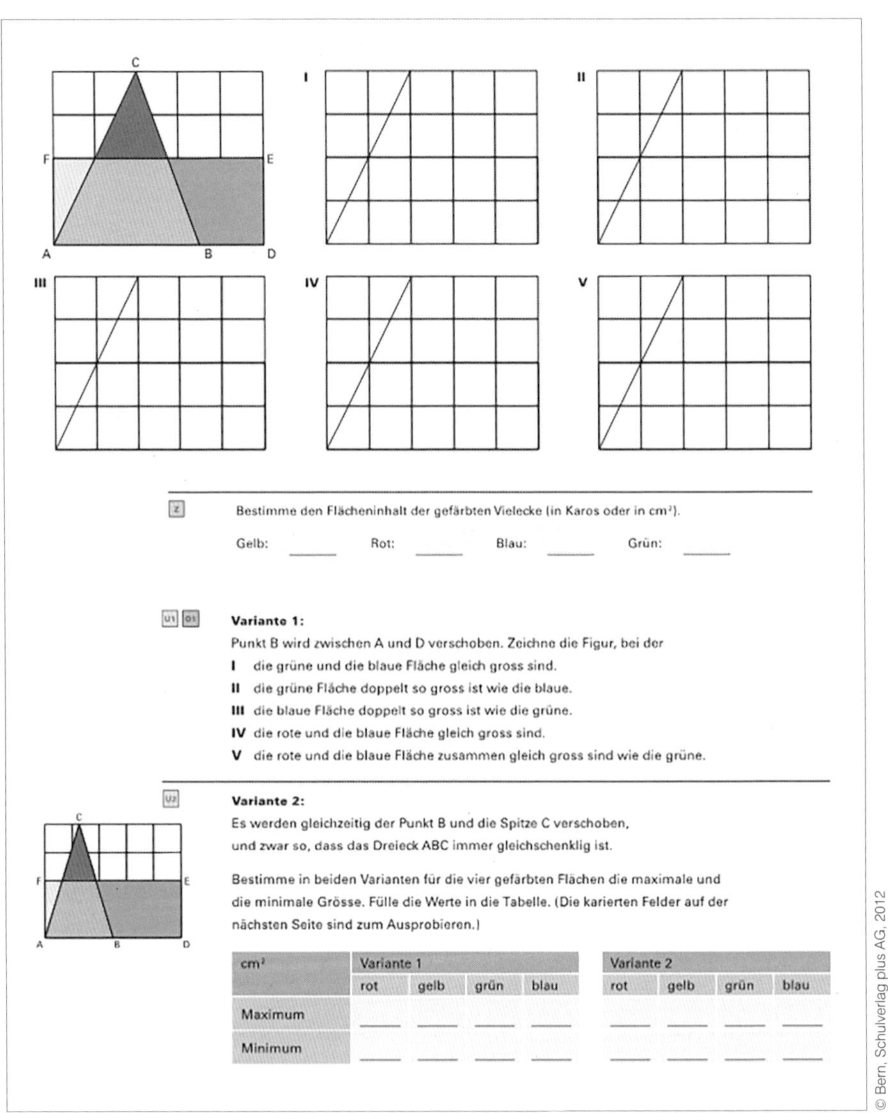

Z Bestimme den Flächeninhalt der gefärbten Vielecke (in Karos oder in cm^2).

Gelb: ____ Rot: ____ Blau: ____ Grün: ____

U1 O1 **Variante 1:**

Punkt B wird zwischen A und D verschoben. Zeichne die Figur, bei der

I die grüne und die blaue Fläche gleich gross sind.
II die grüne Fläche doppelt so gross ist wie die blaue.
III die blaue Fläche doppelt so gross ist wie die grüne.
IV die rote und die blaue Fläche gleich gross sind.
V die rote und die blaue Fläche zusammen gleich gross sind wie die grüne.

U2 **Variante 2:**

Es werden gleichzeitig der Punkt B und die Spitze C verschoben, und zwar so, dass das Dreieck ABC immer gleichschenklig ist.

Bestimme in beiden Varianten für die vier gefärbten Flächen die maximale und die minimale Grösse. Fülle die Werte in die Tabelle. (Die karierten Felder auf der nächsten Seite sind zum Ausprobieren.)

cm^2	Variante 1				Variante 2			
	rot	gelb	grün	blau	rot	gelb	grün	blau
Maximum	____	____	____	____	____	____	____	____
Minimum	____	____	____	____	____	____	____	____

Abb. 10.5: Mathematische Beurteilungsumgebungen (MBU: Dreiecke und Trapeze, Beispiel 1, Jundt & Wälti, 2012, S. 80 f.)

Jundt und Wälti mit „Eher einfache Kriterien, die von vielen Lernenden erfüllt werden können." charakterisieren, O1 und O2 das „Obere Anspruchsniveau", das „anspruchsvolle Kriterien, die vorwiegend von leistungsstarken Lernenden erfüllt werden [,]" enthält, wobei die Zahlen lediglich eine Nummerierung und keine zusätzlichen Niveaubezeichnungen darstellen.

O2 Formuliere allgemein gültige Grössenbeziehungen zwischen

- der roten und der grünen Fläche in Variante 1.
- der grünen und der blauen Fläche in Variante 1.
- der roten und der grünen Fläche in Variante 2.
- der roten und der gelben Fläche in Variante 2.
- der gelben und der grünen Fläche in Variante 2.

Abb. 10.6: Mathematische Beurteilungsumgebungen (MBU): Dreiecke und Trapeze, Teil 2 (Jundt & Wälti, 2012, S. 80f)

	Beurteilte Tätigkeiten	**Kriterien zum Erfüllen der Aufgabe**
Z	Flächeninhalt von Dreiecken und Trapezen bestimmen.	Du bestimmst die nötigen Längen auf mm genau und berechnest die vier Flächeninhalte korrekt.
U1	Figuren mit bestimmten Flächenverhältnissen erzeugen.	Du zeichnest mindestens drei der verlangten Figuren. Punkt B muss auf mm genau bestimmt sein.
U2	Flächenverhältnisse an Figuren überprüften.	Du bestimmst 12 der 16 Maximal- und Minimalwerte in der Tabelle korrekt.
01	Figuren mit bestimmten Flächenverhältnissen erzeugen.	Du zeichnest alle fünf verlangten Figuren. Punkt B muss auf mm genau bestimmt sein.
02	Flächenverhältnisse an Figuren beschreiben.	Du drückst mindestens vier der Grössenbeziehungen konkret aus (z. B. „viermal so gross wie"; „3 cm^2 kleiner als").

Abb. 10.7: Mathematische Beurteilungsumgebungen (MBU): Dreiecke und Trapeze. Kriterien für die summative Bewertung (Jundt & Wälti, 2012, S. 80f)

Für die formative Nutzung der MBU reicht es grundsätzlich zu wissen, welche Tätigkeiten in den jeweiligen Aufgaben beurteilt werden. Die Kriterien zur Erfüllung sind erst für die summative Bewertung (siehe S. 222) relevant. Interessant sind hingegen die in den Lösungen aufgeführten Fördermaßnahmen (Abb. 10.8):

		Zu den Kriterien	**Kompetenzen**	**Förderansatz**
elementar	**Z**	Die Werte sollen auf 0.1 cm^2 genau sein.	Operieren und Benennen	Zuerst einfachere Figuren (AB = 2 cm; 4 cm; 3 cm) ohne Formeln berechnen. cm^2 abzählen, Flächen vergleichen.
eher einfach	**U1**	Punkt B muss entweder genau eingetragen sein oder die Grundlinie des grünen Trapezes muss mit der genauen Länge bezeichnet sein.	Erforschen und Argumentieren	Zwei verschiedene Figuren zeichnen (AB = 2 cm; 4 cm) und Verhältnisse überprüfen. B verschieben und Auswirkungen feststellen.
	U2	Es werden keine Zeichnungen verlangt.	Erforschen und Argumentieren	Extrempositionen von B in beiden Varianten klären. Werte „farbweise" bestimmen (gelb, blau, rot, grün).
anspruchsvoll	**O1**	Punkt B muss entweder genau eingetragen sein oder die Grundlinie des grünen Trapezes muss mit der genauen Länge bezeichnet sein.	Erforschen und Argumentieren	Zwischenstufen zu schon gefundenen Figuren untersuchen.
	O2	Nur „grösser als" oder „zusammen gleich gross" genügen nicht.	Mathematisieren und Darstellen	Figuren beider Varianten systematisch variieren, bestimmte Flächenpaare verfolgen und beschreiben.

Abb. 10.8: Fördermaßnahmen für eine formative Nutzung einer MBU (Jundt & Wälti, 2012, S. 82)

Mithilfe dieser Fördermaßnahmen kann man den Lernenden nicht nur eine Rückmeldung über die Leistungsfeststellung geben, sondern auch Hinweise, wie sie ihre Defizite aufarbeiten können.

Die MBU als Gesamtwerk überziehen nicht nur inhaltlich fast das gesamte Curriculum der Klassen 7 bis 9, sondern haben auch den Anspruch, den Kompetenzrahmen des Schweizerischen Lehrplan 21 (und damit auch weite Teile der KMK-Bildungsstandards (2004) in Deutschland) in problemlösender Weise möglichst breit abzudecken.

Im Schulalltag ist es wohl eher selten der Fall, dass man umfangreiche und zeitintensive Beurteilungen durchführt, um die Resultate nur für die Diagnose zu verwenden. Es lohnt sich aus (mindestens) zwei Gründen, diese Produkte auch für die summative Bewertung zu verwenden: Einerseits, um der investierten Zeit und Energie auch einen Wert beizumessen (vgl. Einleitung des Kapitels), andererseits weil man durch solche Produkte die Gesamtbeurteilung der mathematischen Leistung im Zeugnis breiter abstützen kann.

10.3.4 Beurteilungsformen zur Bewertung am Ende des Lernprozesses

Wozu: „Endnote"

In diesem Abschnitt werden drei Beurteilungsformen besprochen: Für die Bewertung am Ende des Lernprozesses steht traditionell die *Klassenarbeit*. Kann man darin auch Problemlösen beurteilen? Eine weitere Möglichkeit ist die *Präsentation*. Beim Problemlösen können dabei (Forschungs-)Ergebnisse aber auch Prozesse vorgestellt werden. Schließlich können auch die bereits vorgestellten *Mathematischen Beurteilungsumgebungen* summativ zu Bewertungszecken verwendet werden.

Beurteilungsform: Traditionelle Klassenarbeiten

Drüke-Noe (2014) hat eine empirische Studie über die Aufgabenkultur in Klassenarbeiten im Fach Mathematik in Deutschland erstellt und dabei herausgefunden, dass die überwältigende Mehrheit der Aufgaben auf Fertigkeiten im Bereich „technisches Arbeiten" ausgelegt ist. Den Tätigkeiten Modellieren, Argumentieren und Gebrauch von Darstellungen kam jeweils nur eine geringe Bedeutung zu. Mit anderen Worten: Eigentliche Problemlöseaufgaben kommen in deutschen Klassenarbeiten kaum vor.

Wie könnten denn Problemlöseaufgaben in Klassenarbeiten aussehen? Eine Problemlöseaufgabe im Bereich Arithmetik, Quadratzahlen könnte z. B. in einer Klassenarbeit für Kl. 7 / 8 so aussehen.

Differenzen von Quadratzahlen

Bildet man Differenzen zwischen zwei beliebigen, nicht benachbarten Quadratzahlen, sind viele Zahlen möglich, aber nicht alle (z. B. ist die Differenz nie 1).

Welche Zahlen lassen sich nicht als Differenzen zweier Quadratzahlen finden? Beschreibe den Lösungsweg nachvollziehbar und begründe die gefundenen Erkenntnisse.

Es ist offenkundig, dass bei dieser Aufgabe reiner Kalkül nicht zu einer Lösung führt. Lernende müssen neben dem inhaltlichen Wissen, was eine Quadratzahl und was Differenzen sind, auch Heurismen entwickeln, die sie am Ende zu einer Argumentation über mögliche Lösungen führen (Die Lösung: 1, 2, 6, 10, 14, 18, ... (jeweils + 4).)

Welche Kriterien kann man im Rahmen einer Klassenarbeit beurteilen und wie lassen sich diese transparent machen? Wie bereits im vorhergehenden Abschnitt angedeutet, lassen sich in traditionellen Klassenarbeiten (schriftlicher Einzelanlass während des Unterrichts) nur beschränkt alle Aspekte des Problemlösens beurteilen. Wichtig ist es, dass die Beurteilung auf die Pluralität von Lösungswegen Rücksicht nimmt und die Problemlösefähigkeiten nicht auf die Erbringung der korrekten Lösung einschränkt. Kriterien für die Beurteilung lassen sich durch das Erstellen eines einfachen Kategoriensystems transparent machen. In diesem Beispiel werden für die Aufgabe maximal 4 Punkte vergeben, aufgrund folgender Abstufung:

Punktevergabe (Kategoriensystem):

1 P: Es wurden einige Erkenntnisse über mögliche/nicht mögliche Differenzen gefunden (Teillösung).

2 P: Es wurden einige Erkenntnisse über mögliche/nicht mögliche Differenzen gefunden. Die Beschreibung des Lösungswegs ist mehrheitlich nachvollziehbar.

3 P: Die Aufgabe wurde korrekt gelöst, die komplette Lösungsmenge beschrieben. Die Beschreibung des Lösungswegs ist mehrheitlich nachvollziehbar.

4 P: Die Aufgabe wurde korrekt gelöst, die komplette Lösungsmenge beschrieben. Die Beschreibung des Lösungswegs ist vollständig nachvollziehbar, Erkenntnisse werden begründet.

In einer Klassenarbeit können, müssen und sollen natürlich nicht alle Aufgaben Problemlöseaufgaben sein. Unter anderem zeitlich bedingt muss man sich wohl auf eine oder zwei solcher Aufgaben beschränken. Der zeitlich begrenzte Rahmen einer traditionellen Klassenarbeit verursacht bei den Lernenden auch einen entsprechenden Leistungsdruck, der sich meist negativ auf kreative Prozesse auswirkt.

Will man einem ganzheitlichen Anspruch einer Leistungsüberprüfung von Problemlöseprozessen gerecht werden, kann man sich auch in Leistungssituationen gestufter Aufgaben bedienen (vgl. Kap. 3). Ein Konzept, welches das besonders umfassend macht, sind die bereits oben vorgestellten „Mathematischen Beurteilungsumgebungen" (Jundt & Wälti, 2011), weitere Anregungen finden sich auch bei Maaß (2004).

Beurteilungsform: „Mathematische Beurteilungsumgebungen" für summative Bewertung

Die im Abschnitt 10.3.3 vorgestellten „Mathematischen Beurteilungsumgebungen" lassen sich auch für die summative Bewertung nutzen. Dazu dient die Tabelle (Abb. 10.9) mit den „beurteilten Tätigkeiten", ergänzt um die „Kriterien zum Erfüllen der Aufgabe".

	Beurteilte Tätigkeiten	Kriterien zum Erfüllen der Aufgabe
Z	Flächeninhalt von Dreiecken und Trapezen bestimmen.	Du bestimmst die nötigen Längen auf mm genau und berechnest die vier Flächeninhalte korrekt.
U1	Figuren mit bestimmten Flächenverhältnissen erzeugen.	Du zeichnest mindestens drei der verlangten Figuren. Punkt B muss auf mm genau bestimmt sein.
U2	Flächenverhältnisse an Figuren überprüfen.	Du bestimmst 12 der 16 Maximal- und Minimalwerte in der Tabelle korrekt.
01	Figuren mit bestimmten Flächenverhältnissen erzeugen.	Du zeichnest alle fünf verlangten Figuren. Punkt B muss auf mm genau bestimmt sein.
02	Flächenverhältnisse an Figuren beschreiben.	Du drückst mindestens vier der Grössenbeziehungen konkret aus (z. B. „viermal so gross wie"; „3 cm^2 kleiner als").

Abb. 10.9: Summative Bewertung für mathematische Beurteilungsumgebungen (Jundt & Wälti, 2012, S. 81)

U1 und O1 unterscheiden sich in der Beurteilung lediglich in der Anzahl der erbrachten Lösungsfiguren (siehe Beurteilungsschema). Darüber, ob das eine sinnvolle Differenzierung von Leistungskriterien ist, lässt sich streiten (man hätte z. B. für O1 auch jeweils Begründungen für die gelösten Teilaufgaben fordern können), aber es ist eine praktikable Lösung. Die MBU verstehen sich auch nicht als starres Gebilde, sondern eher als eine Musteridee, wie solche problemorientieren Aufgabensets für die Leistungsfeststellung aussehen könnten.

U1 und U2 (sowie auch O1 und O2) könnte man auf der angestrebten Zielstufe (nach Erarbeitung der Flächenformeln für Dreiecke und Trapeze) als Problemlöseaufgaben mit einer Interpolationsbarriere oder (je nach algebraischen Kenntnissen) auch mit einer Synthesebarriere verstehen (vgl. Kap. 3), insbesondere dann, wenn auch stichhaltige Begründungen für die Aussagen gefordert werden).

Für die Generierung einer Gesamtbeurteilung schlagen Jundt und Wälti einen pragmatischen Weg vor, der zudem die Unterscheidung verschiedener Schulniveaus erlaubt:

> Da die MBU je nach Niveau der Klasse mit unterschiedlichen Leistungserwartungen eingesetzt werden, muss die Zuordnung von Prädikaten wie «ungenügend», «genügend», «gut», «sehr gut» in Relation zu den Leistungserwartungen stehen. Wir gehen davon aus, dass in leistungsschwächeren Klassen die Schwelle zwischen «ungenügend» und «genügend» tiefer anzusetzen ist und dass die Spanne zwischen «genügend» und «sehr gut» bei leistungsstärkeren Klassen grösser ist Das bringt das folgende Schema zum Ausdruck.

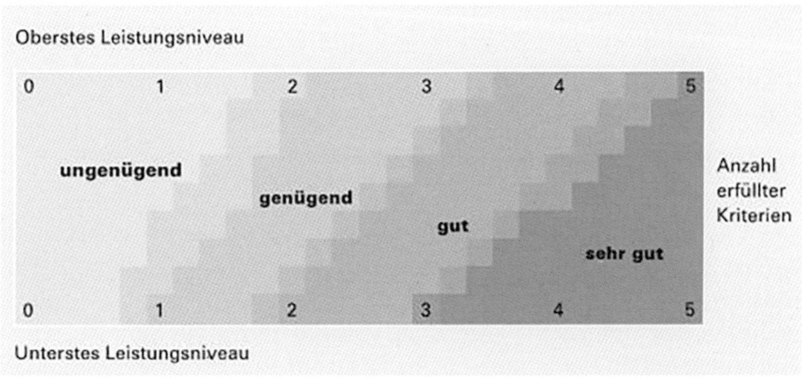

(Jundt & Wälti, 2011, S. 8)

Es werden also einfach die Anzahl erfüllten Kriterien gezählt und schließlich auf der Basis des Schulniveaus in einem sehr groben, vierstufigen Raster bewertet. Dieser Vorschlag kommt auch der Tatsache entgegen, dass die Objektivität von Schulnoten kaum je über die Genauigkeit von ganzen Notenpunkten hinauskommt. Für die Generierung der Zeugnisnote schlagen Jundt und Wälti ein umfassendes Beurteilungskonzept in der Arbeit mit MBU vor (vgl. Jundt & Wälti, 2011, S. 6 ff.). Trotzdem ist es auch möglich, MBU punktuell einzusetzen und Noten daraus abzuleiten.

Dieser Ansatz erfordert in der Schule erwartungsgemäß ein Umdenken und auch eine gewisse Gewöhnungszeit. Es sollte daher nicht erwartet werden, dass dieser von heute auf morgen vollständig umgesetzt werden kann, vielmehr sollte angestrebt werden, diesen über eine längere Zeit hinweg Stück für Stück in das eigene Beurteilungskonzept zu integrieren.

Beurteilungsform: Vorbereitete Präsentation

Eine vorbereitete Präsentation mündlicher Art hat den Vorteil, dass Lernende über den Prozessverlauf meist ausführlicher informieren, als sie das in schriftlichen Produkten tun. Diese Beurteilungsform erlaubt auch, direkt Rückfragen zu stellen und damit weitere Informationen zum Prozess aber auch anderen Problemlösekomponenten (z. B. Heurismen) zu erhalten.

Damit die Beurteilung der Präsentation kriterienbezogen abläuft, empfiehlt es sich als Lehrperson, bereits währenddessen ein Beurteilungsraster vor sich liegen zu haben. Dazu können beispielsweise beide in 10.3.2 vorgestellten Varianten verwendet werden. Während der Präsentation machen sich die Lehrpersonen Notizen oder markieren wichtige Kriterien mit Leuchtmarker (z. B. in verschiedenen Farben für positive oder negative Ausprägungen), am Ende werden aus diesen Beobachtungen im Raster Bewertungen erstellt (z. B. Felder schraffiert). Für die Gesamtbeurteilung gelten grundsätzlich dieselben Überlegungen wie für Problemlösejournale (siehe 10.3.2).

10.4 Abschließende Bemerkungen

Auch komplexe Leistungsanforderungen wie Problemlösen lassen sich diagnostizieren und bewerten. Dazu reicht aber die traditionelle Form einer Klassenarbeit oft nicht aus. Gerade wenn zur Bewertung auch Produkte, die während des Unterrichts entstehen, hinzugezogen werden, ist es sinnvoll, von einem engen Punktekorsett abzuweichen und die Diagnose und Bewertung auf auch in diagnostischer Hinsicht aussagekräftige Kriterien zu stützen – man kann dann sozusagen „zwei Fliegen mit einer Klappe schlagen“: Die Produkte zur Rückmeldung und Förderung von Problemlösekompetenzen nutzen und gleichzeitig Bewertungen für das Zeugnis gewinnen. Weil solche

Beurteilungsformen noch eher ungewohnt und wenig bekannt sind, wurden sie in diesem Kapitel mit vielen Beispielen ausführlich beschrieben und auch auf Chancen und Gefahren hingewiesen.

Die Neuausrichtung der Beurteilungskultur bezüglich Diagnose und Bewertung erfordert auf Seiten der Lehrperson oft auch etwas Mut, sind doch weder Lernende noch Eltern und teilweise auch andere Beteiligte des Systems Schule (andere Lehrpersonen, Schulleitung etc.) diese erweiterte Perspektive gewohnt. Bringt die Lehrperson diesen Mut jedoch auf, wird sie dafür auch belohnt; durch einen breiteren, spannenderen und (diagnostisch) aufschlussreicheren Unterricht und weil sich Schülerinnen und Schüler in der Regel besser (im Idealfall sogar intrinsisch) für den Unterrichtsstoff motivieren lassen.

11 Wie können Schülerinnen und Schüler an Problemstellungen beteiligt werden?

Wo kommen eigentlich die Probleme her, die man mit Schülerinnen und Schülern im Mathematikunterricht behandeln kann? In Kapitel 1 klang an, dass das Finden von interessanten Problemen das Alltagsgeschäft von Mathematikerinnen und Mathematikern ist. Im Kapitel 3 wurden Hinweise gegeben, wie und wo Lehrpersonen gute Probleme für den Unterricht finden können, wie beispielsweise durch Suche im Internet oder durch Variation von Schulbuchaufgaben. Auch durch Aufsetzen der „Alltagsbrille" kann man zu schönen Aufgabenideen gelangen. Aber, wenn das kreative Arbeiten mit mathematischen Problemen in den Unterricht gehört, wieso sollte das Finden von Problemen, das ja ganz wesentlich dazugehört, den Forschenden und Lehrpersonen überlassen bleiben?

In anderen Kapiteln wurde darauf hingewiesen, dass auch Lernende selbst Fragen stellen können; es wurde jedoch nicht gezeigt, wie man das anleiten kann. In diesem abschließenden Kapitel soll ein besonderes Augenmerk darauf gerichtet werden. wie auch Lernende am Problemfindungsprozess beteiligt werden können.

Blickt man noch einmal auf die Spiralen, mit denen die Prozesse der verschiedenen Typen von Problemlösesituationen illustriert wurden, so erkennt man, dass es rechts oben immer eine Phase gibt, in der es um das Finden geht: Probleme-Finden, Vermutungen-Finden, Fragestellungen-Finden und Strukturen-Erfassen (Abb. 11.1, vgl. auch Darstellung in Kap. 2).

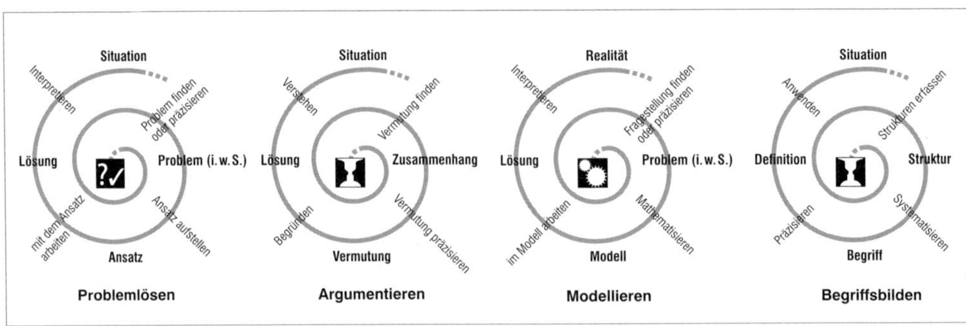

Abb. 11.1: Modellierungsspiralen (nach Büchter & Leuders, 2005, S. 76 ff.)

Das Stellen eigener Fragen und Probleme ist durchaus auch fest in den curricularen Vorgaben für den Mathematikunterricht verankert:
Zum Argumentieren gehört z. B.

- „Fragen stellen, die für die Mathematik charakteristisch sind („Gibt es ...?", „Wie verändert sich ...?", „Ist das immer so ...?") und Vermutungen begründet äußern";

zum Problemlösen

- „vorgegebene und selbst formulierte Probleme bearbeiten" (KMK, 2004, S. 8).

Im Mathematikunterricht ist es allerdings nicht der Normalfall, dass Lernende am Prozess des Problemstellens beteiligt werden (Silver, 1994). In der Regel werden ihnen die Aufgaben und Probleme von außen vorgegeben – sei es von Lehrpersonen oder Schulbüchern.

Wie kann es aussehen, wenn Lernende selbst zu Fragenden werden – und zwar nicht um zu erfahren, wie sie etwas zu tun haben, sondern um Probleme in die Welt zu setzen, weil sie eine Idee haben oder etwas verfolgen wollen? Oder weil sie an etwas interessiert sind und sie (und oft genug auch die Lehrpersonen) dazu keine unmittelbare Lösung haben? Das wird im Folgenden an einigen Beispielen aus dem Unterricht gezeigt.

International ist dieser Bereich vor einigen Jahrzehnten als wichtige Ergänzung zum „Problem Solving" erkannt und passenderweise als „Problem Posing" bezeichnet worden (Silver, 1994, 1997). Aber auch in Deutschland gab es einige erfolgreiche Entwicklungen unter der Bezeichnung der „kreativen Aufgabenvariation" (z. B. Schupp, 2002a; Weth, 1999).

Solche Ansätze werden in diesem Kapitel anhand konkreter Beispiele aufgezeigt. Nachfolgend werden die Vorteile aber auch die Herausforderungen des „Problemstellens im Unterricht" vorgestellt. Schließlich werden Vorgehensweisen besprochen, mit denen man das Stellen von Problemen und das Variieren von Aufgaben in den Unterricht integrieren kann. Dazu gehören auch Strategien zur Aufgabenvariation, die anhand weiterer Beispiele vorgestellt werden.

11.1 Drei Beispiele

Das Finden von Problemen ist im Vergleich zum Bearbeiten von Problemen vergleichsweise offen und erfordert Kreativität. Daher sollen die nächsten Beispiele zeigen, wie das mögliche Spektrum an Gestaltungsspielraum für die Lernenden aussehen kann.

Aufgabe 1: Bodenseekarte

Dies ist eine Karte des Bodensees und der angrenzenden Ortschaften. Findet mathematische Fragestellungen zu dieser Karte!

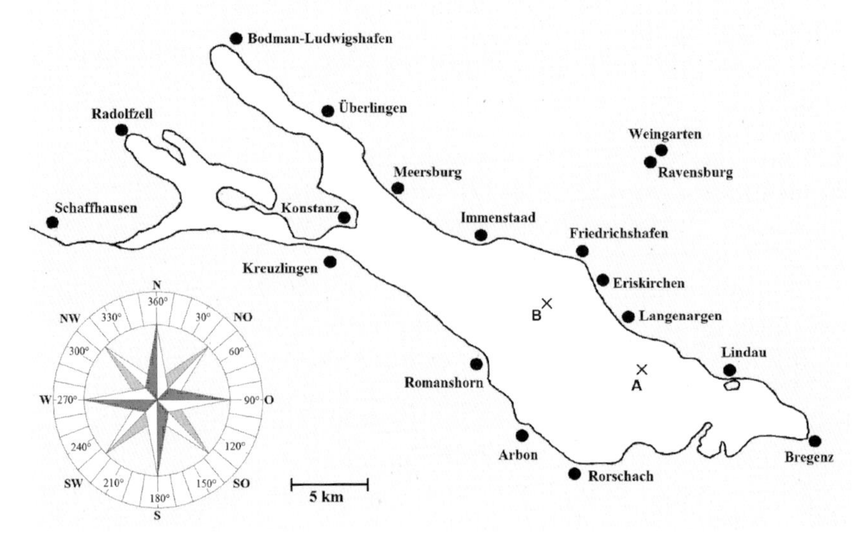

Aufgabe 1 ist sehr offen gestellt und in dieser Form ohne weiteren Kontext. Für die meisten Klassen, die solche Aufgabenstellungen nicht gewohnt sind, stellt dies sicherlich eine Herausforderung dar. Aber auch für die Lehrperson bedeutet dies ein Höchstmaß an Flexibilität, denn die Schülerinnen und Schüler können hierbei eine Vielzahl von Wegen einschlagen. Einige Lernende können auch von der Offenheit der Aufgabe zunächst überfordert sein und es bedarf des Zuspruchs durch die Lehrperson, um sie zum Finden von Fragestellungen zu ermutigen. Hilfreich sind hier Methoden, mit denen zunächst die individuelle Kreativität angeregt wird und zu schnelle Bewertungen durch Mitschülerinnen und -schüler aufgehoben sind (also z. B. Ich–Du–Wir, siehe Kap. 9). Dabei kann z. B. die Sammlung in Abbildung 11.2 entstehen:

Beispiele aus einer 7. Klasse

- Wie lang ist der Bodensee? Wie schmal ist er? (… an der schmalsten Stelle? … an der breitesten Stelle, … im Mittel?)
- Wie lange braucht man, um einmal herumzulaufen? … herumzufahren? … mit dem Schiff herumzufahren?
- Ist es schneller, mit dem Rad herumzufahren oder durchzuschwimmen?
- Wie viel Wasser passt in den Bodensee?
- Welches Land ist etwa genauso groß wie der Bodensee?

Abb. 11.2: Fragestellungen einer 7. Klasse zu Aufgabe 1

Viele Fragestellungen drehen sich um Entfernungen, wobei die Schülerinnen und Schüler das Rechnen mit Maßstäben wiederholen (Abb. 11.3).

Abb. 11.3: Schülerbearbeitung 1

Einige Lernende betrachten zusätzlich zu Entfernungen auch die Geschwindigkeit von Schiffen und fragen nach der benötigten Zeit:

Aber die Fragen der Lernenden drehen sich nicht nur um Entfernungen und Zeiten, auch die Windrose wurde von einigen Schülerinnen und Schülern zum Ausgangspunkt von Fragen gemacht:

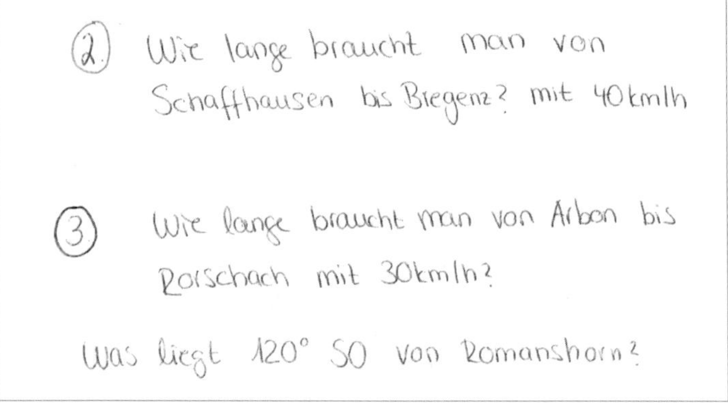

Abb. 11.4: Schülerbearbeitungen 2 und 3

Aufgabe 2: Quadrat mit Viertelkreis

Einem Quadrat der Seitenlänge a ist ein Viertelkreis einbeschrieben worden.

Welchen Flächeninhalt hat die Restfläche?

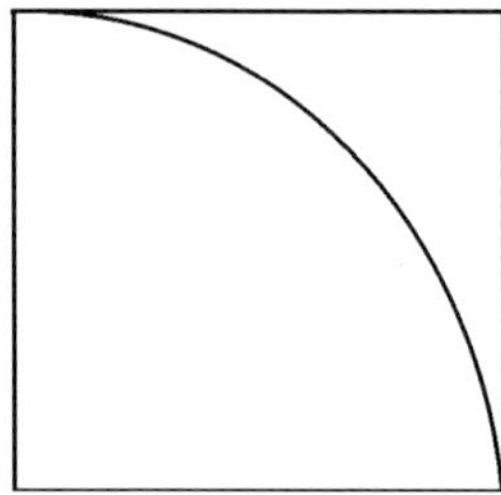

Aufgabe 2 und die zugehörigen Fragestellungen von Schülerinnen und Schülern stammen aus dem Buch von Schupp (2002a, S. 189 ff.). Hier handelt es sich um eine innermathematische Situation, d. h. die Lernenden sind weniger durch ihre Alltagserfahrungen angeregt, Fragen zu stellen, sondern müssen innerhalb der Mathematik weiterdenken. Die besondere Herausforderung besteht also darin, sich kontextfrei noch einmal mit dem Flächenbegriff im Zusammenhang mit dem Kreis zu befassen. Dazu kann man Hinweise geben, wie z. B.: Welche Muster kann man mit Kreisteilen zeichnen? Wo könnte man noch weitere Kreisteile einfügen? Welche Restflächen können sich dabei noch ergeben?

Wir können hier nur einen kleinen Teil der reichhaltigen Ideen präsentieren, die Schupp (ebd.) gesammelt hat. Die Schülerinnen und Schüler werden in dieser Situation zu einer sehr intensiven Auseinandersetzung mit Flächeninhaltsformeln angeregt (siehe Abb. 11.5).

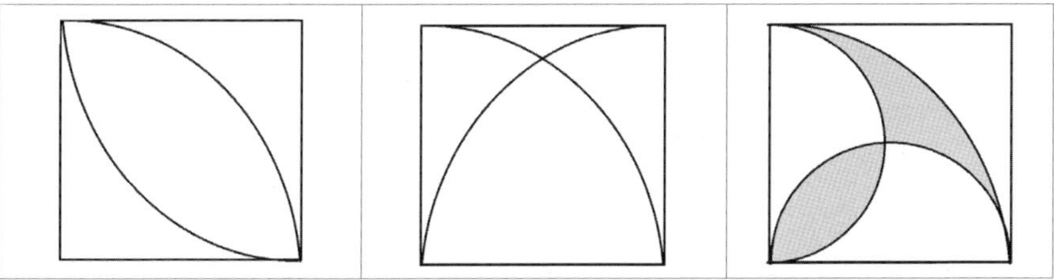

Abb. 11.5: Mögliche Flächeninhaltsprobleme in Anlehnung an Aufgabe 2 (Schupp, 2002a)

Aufgabe 3: Zahlenmauer

Gegeben ist eine Zahlenmauer, deren vier Grundsteine ausgefüllt sind. Vervollständige diese Mauer mit der Verknüpfung „Plus (+)".

Variiere die Aufgabenstellung! Finde möglichst viele ähnliche Aufgaben!

Aufgabe 3 nutzt ein bekanntes Aufgabenformat mit dem Zusatz „Variiere die Aufgabenstellung". Auch solche Aufgaben bieten immer noch sehr viele Möglichkeiten, kreativ zu werden und neue Problemstellungen zu finden, auch wenn im Unterschied zu den anderen beiden Beispielen hier schon deutlich konkretere Vorgaben in Form eines Beispiels vorhanden sind, das andeutet, in welche Richtung man fragen kann (vgl. Pehkonen, 2014). Eine oft hilfreiche Strategie, bei einer gegebenen Aufgabe zu neuen Problemen zu kommen, ist das Explorieren der Situation mit der Einstellung: „Was passiert, wenn ...?"

Mögliche Arbeitsaufträge, die gestellt, und Fragen, die formuliert werden können:

- Man kann andere Zahlen in die Grundsteine setzen und schauen, was dann im Stein an der Spitze steht.
- Was ändert sich, wenn ich Grundsteine austausche?
- Was passiert, wenn ich eine Zahl ändere? Ist es egal, ob ich für das Ändern einer Zahl einen Randstein oder einen Stein in der Mitte wähle?
- Wie sieht es bei Mauern mit mehr oder weniger (Grund-)Steinen aus?
- Was passiert, wenn man statt „plus" andere Verknüpfungen wählt?
- Kann ich jede Zahl an der Spitze herausbekommen? Wie finde ich die Zahlen darunter? Wie viele verschiedene Möglichkeiten für Mauern gibt es, die zu einer bestimmten Zahl an der Spitze führen?
- Wie viele Steine (in welchen Ebenen) muss man vorgeben, damit die Mauer eindeutig ausgefüllt werden kann?
- …

Abb. 11.6: Mögliche Arbeitsaufträge und Fragen zu Aufgabe 3

Einige Schülerinnen und Schüler haben die Rechenoperationen variiert, andere die Position und Anzahl der vorgegebenen Steine (Abb. 11.7).

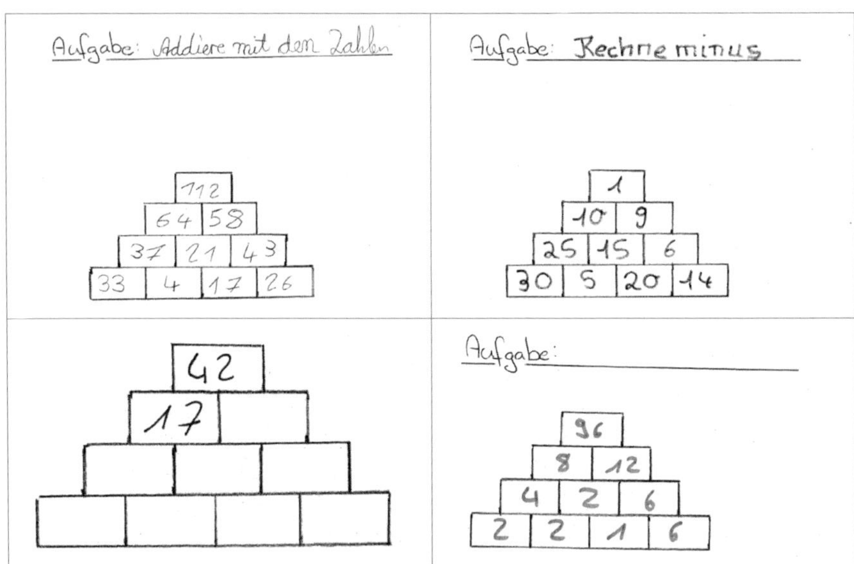

Abb. 11.7: Schülerbeispiele zu Aufgabe 3, der Variation der Rechenmauer

Einige Lernende erzeugen Muster und Regelmäßigkeiten und erforschen solche Situationen (Abb. 11.8).

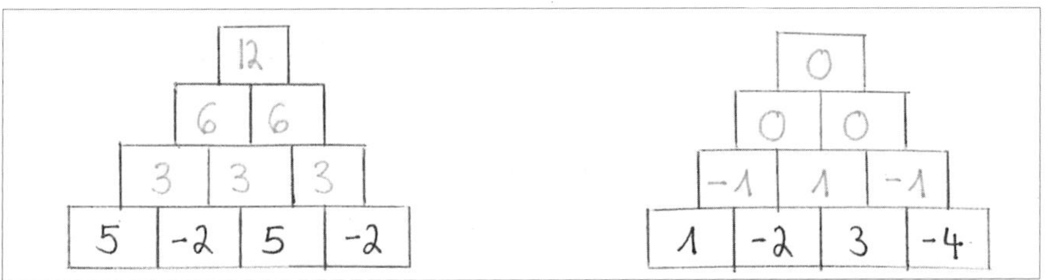

Abb. 11.8: Zahlenmauern mit negativen Zahlen

Ein Schüler hat nicht nur die Größe der Zahlenmauer variiert, sondern Zahlen auch so vorgegeben, dass man fast schon wie bei einem Sudoku kombinieren muss, um die Lücken zu füllen (s. Abb. 11.9):

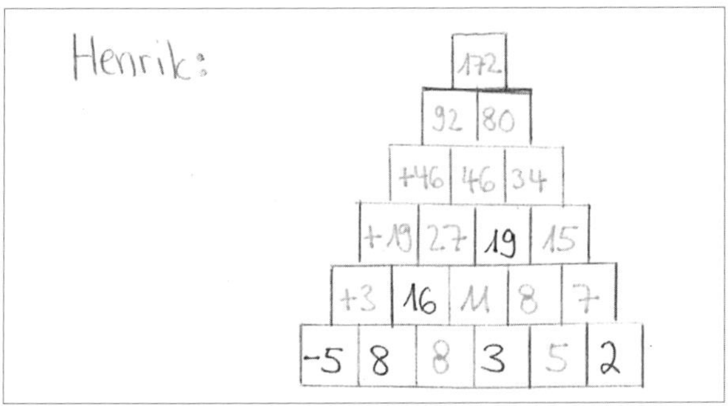

Abb. 11.9: Große Zahlenmauer

11.2 Begriffsklärung

Wie oben erwähnt, wird das Finden, Stellen oder Umformulieren neuer Probleme in der englischsprachigen Literatur als „Problem Posing" bezeichnet, im Deutschen kann man dazu – als Ergänzung zum „Problem*lösen*" – am ehesten „Problem*stellen*" sagen. Dieser Begriff ist im deutschsprachigen Raum allerdings nicht weit verbreitet. Stattdessen hat sich (nach Schupp, 2002a) der Begriff „Aufgabenvariation" durchgesetzt, auch wenn er eine etwas eingeschränktere Bedeutung besitzt.

Wie mit den drei Beispielen bereits angedeutet wurde, lassen sich „Problem Posing"-Situationen danach unterscheiden, wie viele Freiheiten sie gewähren, wie viele Anregungen für Fragen schon in der Aufgabe enthalten sind und wie stark ihr Lebensweltbezug ist. Man kann das Spektrum von sehr offen bis eng etwa wie folgt einteilen (vgl. van Harpen & Sriraman, 2013; Schupp, 2002a; Stoyanova & Ellerton, 1996):

- (fast) vollständig offene oder freie Situationen: „Erfinde ein Problem.", „Stelle eine Aufgabe zum Thema X, die du spannend findest." (vgl. Aufgabenbeispiel 1, die nur Anregungen gibt, dann aber Freiräume lässt),
- teilstrukturierte Situationen: „Erkunde die gegebene Situation und finde passende Fragestellungen." (vgl. Aufgabenbeispiel 2, in dem eine Ausgangssituation gegeben wurde),
- strukturierte Situationen: „Löse die gegebene Aufgabe und finde neue Probleme, indem du die Aufgabenstellung umformulierst oder Bedingungen änderst." (vgl. Aufgabenbeispiel 3, bei dem von einer konkreten Beispielaufgabe ausgegangen wird).

Im Unterrichtskontext geht es meist um teilstrukturierte oder strukturierte Situationen, bei denen sich Lernende auf vorgegebenes Material beziehen; z. B. wird eine Situation vorgegeben, zu der sinnvolle Fragen gestellt werden, oder eine gegebene Aufgabe im Schulbuch umformuliert wird. Mit dem „Umformulieren" von Problemen ist gemeint, dass man die Voraussetzungen oder Bedingungen gegebener Aufgaben variiert und auf diese Weise neue Aufgaben kreiert (man könnte zum Beispiel als Variation des Satzes des Pythagoras nach Dreiecken suchen, für die $a^2 + b^2 > c^2$ gilt). Wie man eine solche Variation systematisch betreiben kann, wird im nächsten Abschnitt beschrieben.

11.3 Strategien für Aufgabenvariationen

Verschiedene Autoren (u. a. Schupp, 2002a, 2002b; Brown & Walter, 2004; Leneke, 2003, 2007; Leuders, 2003c; Weth, 1999) haben überlegt, wie man das Finden von Problemen und v. a. das Variieren gegebener Aufgabenstellungen für Lernende erleichtern kann. Man findet eine große Anzahl an Hinweisen und Strategien (Weth, 1999, spricht von „Kreativitätsroutinen") für die Aufgabenvariation, von denen wir im Folgenden eine Auswahl präsentieren. Solche Strategien eignen sich übrigens auch gut für Lehrpersonen, die Lehrbuchaufgaben verändern möchten, um produktives Üben (vgl. Kapitel 3, insb. Abschnitt 3.2) zu ermöglichen (siehe z. B. Leuders, 2009).

- *Was wäre, wenn?*: Versuche, jeden Begriff (jedes Wort) der Aufgabenstellung sinnvoll zu ändern, z. B. indem du das Gleichheitszeichen in einer Gleichung (Satz des Pythagoras) durch ein Größer-als- oder Kleiner-als-Zeichen ersetzt.
- *Wackeln:* Ändere die Aufgabenstellungen geringfügig, indem Du z. B. eine Zahl austauschst.
- *Analogisieren / Kontext ändern:* Wechsle den Zahlenraum (rationale oder reelle Zahlen statt ganzer Zahlen) oder die Dimension (Geraden statt

Punkte, Betrachtung des Raums anstelle der Ebene – zum Beispiel Volumina statt Flächen).
- *Verallgemeinern:* Lasse eine Bedingung weg, betrachte beispielsweise beliebige Dreiecke anstelle von gleichseitigen oder alle ganzen Zahlen anstelle von geraden.
- *Spezialisieren:* Füge Bedingungen hinzu, betrachte zum Beispiel Stammbrüche anstelle von allgemeinen Brüchen.
- *Umkehren:* Ändere die Richtung der Aufgabe; welche Möglichkeiten gibt es, das Gesuchte zu erlangen?

Diese Strategien lassen sich natürlich nicht sauber voneinander trennen, das brauchen sie aber auch gar nicht – es geht schließlich nicht um eine überschneidungsfreie Kategorisierung solcher Techniken, sondern um Anregungen und Hilfen für Schülerinnen und Schüler, um neue Aufgaben zu finden.

Ebenfalls auffällig ist die Ähnlichkeit dieser Strategien zu den Problemlösestrategien, den Heurismen (vgl. Kap. 7). Dies ist natürlich kein Zufall, im Gegenteil: Das Variieren von Aufgabenstellungen, das Suchen nach ähnlichen und analogen Aufgaben, das Betrachten von Verallgemeinerungen und Spezialisierungen wurden alle bereits von Pólya beschrieben (siehe Abschnitt 11.6).

Beispiele für die Anwendung der Strategien

Die Zahlenmauer von Beispielaufgabe 3 bietet einen sehr guten Einstieg, um die unterschiedlichen Strategien nachzuvollziehen. Hierfür gehen wir die Strategien der Reihe nach durch (Tab. 11.1):

Strategie	Aufgabenvariation
Was wäre, wenn?	• Was passiert, wenn man die Anzahl der Steine verändert? • Was wäre, wenn man den Rechenoperator verändert (z. B. multiplizieren, subtrahieren)?
Wackeln	• Untersuche, was passiert, wenn man einzelne Zahlen austauscht.
Analogisieren	• Variiere den Zahlenraum: Wähle Brüche oder Wurzeln anstelle ganzer Zahlen.
Verallgemeinern	• Verändere den Rechenoperator (z. B. logarithmieren, Wurzel ziehen).
Spezialisieren	• Was passiert, wenn man den Zahlenraum einschränkt? … beispielsweise auf natürliche oder gerade Zahlen?
Umkehren	• Wie kann man die Zahlenmauer rückwärts ausfüllen, wenn der Deckstein vorgegeben ist? • Platziere einen Stein in der Mitte der Mauer und fülle von dort aus „in beide Richtungen" aus.

Tab. 11.1: Strategiegeleitete Aufgabenvariationen zu Zahlenmauern

Um ein besseres Gefühl für die Variationsstrategien zu bekommen, wenden wir sie im Folgenden auf weitere Aufgaben an (Aufgabe 4).

Aufgabe 4: Symmetrieachsen

Finde alle Symmetrieachsen eines Quadrats.

Hierbei handelt es sich um eine Aufgabe, die Lernende des Jahrgangs 5/6 bearbeiten können. Nachdem sie diese Aufgabe gelöst haben, bieten sich viele Variationsmöglichkeiten an (Tab. 11.2):

Strategie	Aufgabenvariation
Was wäre, wenn?	• Wie sieht das Problem aus, wenn anstelle von Achsensymmetrie nach Punktsymmetrie gesucht wird? • Welche anderen speziellen Geraden (Mittelsenkrechte, Seiten- und Winkelhalbierende) gibt es in Quadraten?
Wackeln	• Finde alle Symmetrieachsen beim Fünfeck.
Analogisieren	• Wie sieht das Problem aus, wenn man es dreidimensional bearbeitet? Welche Symmetrien finden sich in Würfeln und Quadern, in Kugeln und Prismen?
Verallgemeinern	• Welche Symmetrien lassen sich in anderen regelmäßigen Vierecken (Parallelogrammen, Rechtecken, Rauten etc.) finden? • Gibt es Symmetrieachsen in allgemeinen Vierecken? • Wie sieht es mit Symmetrieachsen in Dreiecken, Fünfecken, Sechsecken oder n-Ecken aus? • Was ist mit Kreisen und anderen Figuren?
Spezialisieren	• Man sucht (vereinfachend) zunächst nach ein, zwei oder ein paar Symmetrieachsen, anstelle gleich alle zu fordern.
Umkehren	• Welche Figuren besitzen (mindestens/genau) ein, zwei oder drei Symmetrieachsen?

Tab. 11.2: Strategiegeleitete Aufgabenvariationen zu Symmetrieachsen eines Quadrats

Ein paar Beispiele von Schülerinnen und Schülern finden sich in Abbildung 11.10.

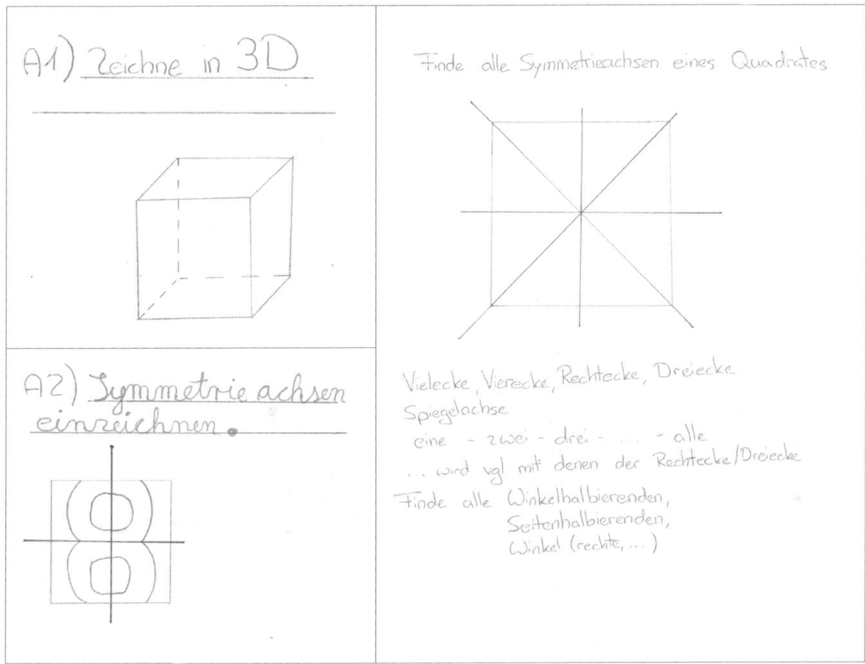

Abb. 11.10: Schülerbeispiele zu Aufgabe 4

An dieser Aufgabe lässt sich auch gut veranschaulichen, wie es gelingen kann, Problem Posing in den Unterricht zu integrieren, ohne dass es viel zusätzliche Zeit kostet: Stellt man diese Aufgabe ziemlich zu Beginn der Beschäftigung mit Geometrie im Jahrgang 5/6, ist ein guter Teil der Unterrichtseinheit vorgezeichnet. Aus eigener Motivation werfen die Lernenden Themen auf, die die Lehrperson etwas später vermutlich auch gestellt hätte (z. B. die Fragen nach anderen geometrischen Figuren).

Aufgabe 5: Aufeinanderfolgende Zahlen

Untersuche die Summe von drei aufeinanderfolgenden Zahlen. Was fällt Dir auf?

Nachdem die Schülerinnen und Schüler erkannt (und vielleicht sogar begründet) haben, dass diese Summe immer durch 3 teilbar ist, kann das Variieren beginnen (dieses Beispiel wird auch von Schupp, 2003, ausführlich diskutiert, s. Tab. 11.1):

Strategie	Aufgabenvariation
Was wäre, wenn?	• Welche Zusammenhänge ergeben sich, wenn man drei aufeinanderfolgende Zahlen multipliziert?
Wackeln	• Was passiert, wenn man nicht aufeinanderfolgende Zahlen nimmt, sondern zwischendurch immer eine (mehrere) Zahlen auslässt?
Analogisieren	• Was geschieht, wenn man drei beliebige Zahlen addiert?
Verallgemeinern	• Gibt es einen ähnlichen Zusammenhang für die Summe von vier (fünf, n) aufeinanderfolgenden Zahlen?
Spezialisieren	• Ist es auch interessant, sich die Summe von zwei aufeinanderfolgenden Zahlen anzuschauen?
Umkehren	• Welche Zahlen lassen sich als Summe aufeinanderfolgender Zahlen darstellen? (Siehe Aufgabe 6)

Tab. 11.3: Strategiegeleitete Aufgabenvariationen zu aufeinanderfolgenden Zahlen

Aufgabe 6: Nullstellen

Bestimme die Nullstellen von f(x) = 3x + 2.

Alternativ:

Wo schneidet die Funktion y = 3x + 2 die x-Achse?

Stellt man Aufgabe 6 in Jahrgang 7/8, kann der Einfluss von *m* und *b* bei linearen Funktionen des Typs $f(x) = m \cdot x + b$ untersucht werden. In höheren Jahrgängen ergibt sich eventuell die Suche nach den Nullstellen quadratischer oder kubischer Funktionen und noch später vielleicht die Untersuchung von trigonometrischen oder Exponentialfunktionen (Tab. 11.4).

Strategie	Aufgabenvariation
Was wäre, wenn?	• Wo schneidet der Graph die y-Achse?
Wackeln	• Was ist mit 4x + 2? Wo schneidet 3x + 1 die x-Achse?
Analogisieren	• Welche ähnliche, einfachere Funktion kenne ich schon?
Verallgemeinern	• Kann man allgemein vorhersagen, wie sich die Nullstelle ändert, wenn man m und/oder b verändert? • Wie lauten die Nullstellen von quadratischen, kubischen, trigonometrischen oder Exponentialfunktionen?
Spezialisieren	• Was ist im Spezialfall x + 1?
Umkehren	• Gib die Gleichung einer (linearen) Funktion an, die eine Nullstelle bei x = 5 besitzt.

Tab. 11.4: Strategiegeleitete Aufgabenvariationen zu Nullstellen

Aufgabe 7: Summe aufeinanderfolgender Zahlen

Die Zahl 12 lässt sich als Summe von drei aufeinander folgenden (natürlichen) Zahlen errechnen:

$12 = 3 + 4 + 5$.

Stelle 100 als Summe von mehreren aufeinander folgenden natürlichen Zahlen dar. Wie viele Lösungen findest du? Hinweis: Es müssen nicht zwingenderweise drei Summanden sein!

Strategie	Aufgabenvariation
Was wäre, wenn?	• Welche Möglichkeiten gibt es, die Zahl 100 als Summe von Primzahlen darzustellen? • Welche Möglichkeiten gibt es, die Zahl 100 als Summe von Primzahlen darzustellen? • Lässt sich eine solche Summe auch mit einer Zahlenfolge mit Fibonacci-Zahlen herstellen?
Wackeln	• Wie kann man 1 000 als Summe von aufeinanderfolgenden natürlichen Zahlen darstellen?
Analogisieren	• Welche Zahlen kann man als Produkt aufeinanderfolgender natürlicher Zahlen darstellen?
Verallgemeinern	• Welche natürlichen Zahlen lassen sich nicht als Summe aufeinander folgender natürlicher Zahlen schreiben? • Viele natürliche Zahlen lassen sich als Summe mehrerer aufeinanderfolgender natürlicher Zahlen schreiben. Welche Aussage kannst du über die Anzahl der Summanden machen, wenn die Summe eine gerade (ungerade) Zahl ist?
Spezialisieren	• Welche Zahl von 1 bis 1 000 hat die meisten Lösungen (Anzahl Summandenketten)? • Welche Zahl von 1 bis 1 000 hat die längste Summandenkette? • Finde drei aufeinander folgende natürliche Zahlen, welche in der Summe eine Zehnerzahl ergeben. Maximalwert der Summe: 100.
Umkehren	• Die Summe von vier ungeraden aufeinanderfolgenden Zahlen ergibt 136. Welche Zahlen sind es? • Warum ist die Summe einer geraden Anzahl aufeinanderfolgenden Summanden (x), nicht durch die Anzahl der Summanden (a) teilbar? • Warum ist die Summe einer ungeraden Anzahl aufeinanderfolgenden Summanden (x), stets durch die Anzahl der Summanden (a) teilbar?

Tab. 11.5: Strategiegeleitete Aufgabenvariationen zur Summe aufeinanderfolgender Zahlen

11.4 Problem Posing und Aufgabenvariation im Unterricht

Die in Abschnitt 11.3 beschriebenen Strategien kann man seinen Schülerinnen und Schülern an die Hand geben und ab und zu Variationsaufgaben einstreuen. Das Variieren von Aufgaben kann aber auch als eigenes Unterrichtsthema explizit eingeführt werden. Im Folgenden präsentieren wir eine mögliche Unterrichtssequenz, mit der Lernende an die Aufgabenvariation und das Stellen eigener Probleme herangeführt werden können:

- Zunächst erhalten die Lernenden eine Aufgabe wie etwa Aufgabe 2 oder 3 aus Abschnitt 11.1.
- Nachdem diese Aufgabe gelöst wurde, wird die Lerngruppe zur Variation dieser Aufgabe aufgefordert.
- Die entstandenen Ideen und Vorschläge werden gesammelt – zu diesem Zeitpunkt noch ohne Wertung durch die Lehrperson oder die Mitlernenden.
- Erst nach dem Sammeln werden die neuen Aufgaben geordnet, strukturiert und eingeschätzt: Was ist wenig sinnvoll? Was ist zu leicht oder zu schwierig? Was machen wir zuerst? In diesem Schritt ist die Lehrperson besonders gefordert: Sie kann viel besser als die Lernenden einschätzen, welche Aufgaben (mit den Mitteln der Lernenden und in einem sinnvollen Zeitrahmen) bearbeitbar sind und zum Unterrichtsgang passen. Gleichzeitig sollte bei den Lernenden natürlich nicht das Gefühl aufkommen, dass ihre Vorarbeit wertlos gewesen sei, da ausschließlich die Lehrperson bestimme, wie es weitergeht.
- Nach der Ordnung und Auswahl der Aufgabenvorschläge haben die Lernenden Zeit, einige der neuen Aufgaben zu bearbeiten.
- Die Ergebnisse dieser Arbeitsphase werden anschließend im Plenum vorgestellt.
- Abschließend erfolgt eine Reflexion des gesamten Prozesses und der Strategien, die beim Variieren hilfreich waren. Variieren ist kein Selbstzweck, es sollte in der Rückschau darauf geachtet werden, welche Ergebnisse erzielt wurden und wie sie sich in den Unterrichtsverlauf einfügen.

Auf diese Weise kann man z. B. in der Lernphase des Übens problemorientierten Unterricht gestalten. Durch das Erfinden eigener Aufgaben bzw. durch das Variieren gegebener Aufgaben (und das anschließende Lösen dieser Aufgaben) üben die Schülerinnen und Schüler in einem Themenbereich genau so viel, als wenn die Lehrperson ihnen Aufgaben vorgegeben hätte. Vermutlich ist die Motivation der Lernenden aber größer, die eigenen Aufgaben zu bearbeiten.

Eine solche Sequenz eignet sich gut für Lerngruppen, die bisher wenig Erfahrung mit „Problem Posing" gesammelt haben, da das Variieren den meisten Schülerinnen und Schülern leichtfällt. Wegen des relativ eng abgesteckten Problemfelds eignet sich eine solche Sequenz auch für Lehrpersonen, die diese Thematik noch nicht häufig unterrichtet haben. Da es möglich ist, ungefähr vorherzusehen, welche Ideen von den Lernenden geäußert werden könnten, sind solche Stunden vergleichsweise gut plan- und steuerbar. Überraschungen lassen sich nie ganz ausschließen, aber manchmal sind es unvorhergesehene Variationen, die zu äußerst produktiven Stunden führen.

Das soeben beschriebene Vorgehen beruht insbesondere auf den Ideen von Hans Schupp (2002a, 2003), der diese Vorgehensweise mit vielen Lehrpersonen aller Schulformen und -stufen ausprobiert und wissenschaftlich begleitet hat. Die in seinem Projekt gesammelten Erfahrungen lassen sich wie folgt zusammenfassen: Es dauert etwas Zeit, bis die Lernenden die Möglichkeiten und Vorzüge des Variierens von Aufgaben erkennen und nutzen. Gerade zu Beginn fällt es vielen Lernenden schwer, kreative Aufgaben zu (er-)finden. Ungeachtet dessen haben viele Lernende Spaß an solchen Tätigkeiten, insbesondere Schülerinnen und Schüler der unteren Jahrgänge.

Viele Lehrpersonen berichten allerdings, dass es ihnen schwerfällt, Aufgabenvariation wegen zu voller Lehrpläne regelmäßig einzusetzen. Auch wäre es schwierig, Aufgabenvariation sinnvoll in Leistungssituationen einzubinden (siehe dazu auch Kap. 10). Diejenigen Lehrpersonen, die es trotz dieser Schwierigkeiten schaffen, Problem Posing regelmäßig in ihren Unterricht einzubauen, können sehr ermutigende Erfahrungsberichte abgeben: Nachdem Startschwierigkeiten überwunden sind, läuft es ausgezeichnet.

11.5 Gründe für und gegen Problem Posing

Man kann natürlich fragen, wofür es wichtig ist, dass Schülerinnen und Schüler selbst Probleme verändern und weiterentwickeln. Was spricht also für und gegen Problem Posing? Dass Schülerinnen und Schüler „vorgegebene und selbst formulierte Probleme bearbeiten" sollen, ist ein fester Bestandteil der prozessbezogenen Kompetenz *Problemlösen* in den Bildungsstandards Mathematik (KMK, 2004). Dort wird außerdem gefordert, dass das Stellen eigener Aufgaben im Anforderungsbereich III (ebd., S. 13) zu jedem fachlichen Inhalt gehört, also eigentlich immer präsent sein sollte. Das Thema ist ebenso im Schweizerischen Lehrplan 21 (vgl. Linneweber-Lammerskitten et al., 2009) verankert.

Es gibt aber auch abseits der Ebene curricularer Vorgaben gute Gründe, die *für* das eigenständige Stellen von Problemen sprechen (siehe z. B. Silver, 1997; Schupp, 2002b; Brown & Walter, 2004), diese sind:

- Wenn Mathematikunterricht (auch) vermitteln soll, was Mathematik ausmacht und wie Mathematikerinnen und Mathematiker arbeiten, dann gehört das eigenständige Aufwerfen von Problemen auf jeden Fall dazu. Weder eine Mathematikerin noch ein Mathematiker schlägt morgens ein Buch auf und liest daraus die Aufgaben für seinen Arbeitstag ab. Stattdessen versuchen sie z. B., bekannte Resultate zu generalisieren, neue Vermutungen und Arbeitshypothesen aufzustellen oder Teilprobleme zu finden, die ihnen bei der Arbeit an größeren Problemstellungen behilflich sein können.
- Studien wie TIMSS (Beaton, 1996) und PISA (Prenzel et al., 2005) haben gezeigt, dass deutsche Lernende zwar recht gut im Bearbeiten von Standardaufgaben sind, aber über (zu) wenig Erfahrung im Umgang mit offenen Problemstellungen (in denen die gelernten Verfahren nicht direkt angewendet werden können) verfügen. Der flexible Umgang mit Aufgaben und das Aufwerfen eigener Fragestellungen können helfen, diese Defizite zu kompensieren.
- Oft kommt es – im Mathematikunterricht wie im Alltag – zu Situationen, in denen sich (mathematische) Fragen stellen, ohne dass diese explizit vorgegeben wären, etwa, wenn man statistische Daten lesen und einschätzen soll, oder eine Behauptung hört wie „ungerade Quadratzahlen sind immer um eins größer als ein Vielfaches von 4". Es ist keine Frage vorgegeben, es drängen sich aber sofort welche auf: Was stellen die Daten dar? Kann man (interessante) Zusammenhänge in ihnen erkennen? Stimmt die Behauptung zu den ungeraden Zahlen? Fällt mir ein Gegenbeispiel ein? – Oft ist man also schon dabei, Probleme selbst zu stellen, ohne dies bewusst zu merken. Solche Aktivitäten können im Mathematikunterricht sinnvoll aufgegriffen und trainiert werden.
- Das Erstellen eigener Aufgaben ermöglicht der Lehrperson eine Diagnose des aktuellen Lernstands ihrer Schülerinnen und Schüler: An der Vielfalt der Aufgaben und der Variation (z. B. ob sie nur andere Zahlen einsetzen oder auch andere Bedingungen verändern) lässt sich oft ablesen, inwiefern die Schülerinnen und Schüler das Problemfeld durchdrungen haben bzw. durchdringen können. Wenn man zusätzlich den Auftrag gibt, den Schwierigkeitsgrad der selbst gefundenen Aufgaben einzuschätzen, kann man auch erkennen, wo die Lernenden sich unsicher fühlen und Übungsbedarf sehen.
- Auch kann Problem Posing helfen, die unter Schülerinnen und Schülern oft anzutreffende Angst vor Mathematik zu verringern. Viel Unbehagen kann dadurch entstehen, dass im Mathematikunterricht oft nach der einen, richtigen Antwort auf Fragen und Probleme gesucht ist. Wer diese Antwort nicht ermitteln kann, fühlt sich im Unterricht schnell unwohl. Beim Stel-

len von Problemen gibt es hingegen keine falsche Antwort und auch nicht nur eine. Jeder kann also dazu beitragen, weitere Fragen zu stellen – gute ebenso wie schwache Schülerinnen und Schüler. Gerade unter dem Gesichtspunkt der Differenzierung bietet sich dieses Vorgehen an.
- Nicht zuletzt erhöht die Bearbeitung selbst gestellter Probleme (bzw. solcher von Mitlernenden) die Authentizität des Mathematiktreibens in Bezug auf den Alltag der Lernenden oder ihre Interessen. Auf diese Weise kann das Problem Posing einen bedeutenden Motivationsfaktor darstellen.

Mögliche Gründe, die *gegen* Problem Posing im Unterricht sprechen könnten, die aber gleich wieder ausgeräumt werden:
- Als Lehrperson fühlt man sich in der Regel unwohl in Situationen, die man schlecht überblicken und planen kann. Wenn man seinen Lernenden erlaubt, „einfach so" selbst Probleme zu stellen, kann man nur schwer erahnen, in welche Richtung das gehen könnte. Wie soll man sich als Lehrperson sinnvoll auf solche Aktivitäten vorbereiten?
- Passt das dann zum Unterrichtsstoff, der gerade behandelt werden muss?
- „Natürlich" fehlt im Unterricht meist auch die Zeit, den Lernenden solch einen Freiraum zu gewähren.
- Schließlich wird das Problem Posing oft als Aktivität eingeschätzt, die nur für besonders kreative und/oder begabte Lernende geeignet ist.

Dass das eigene Stellen von Problemen nicht so schwierig ist wie oft angenommen, haben wir in diesem Kapitel aufgezeigt. Problem Posing ist weder beschränkt auf starke Lernende, noch muss es so offen vonstattengehen, dass der Überblick verloren geht und das Zeitmanagement aus dem Ruder läuft. Die Arbeit in abgesteckten Problemfeldern kann die Förderung aller Lernenden mit der Umsetzung der curricularen Vorgaben vereinen.

11.6 Zusammenhänge zwischen dem Stellen und dem Lösen von Problemen

Wie hängt das Stellen von Problemen („Problem Posing") mit dem Lösen von Problemen („Problem Solving") zusammen? Natürlich sollten (von den Lernenden selbst) gestellte Probleme im Unterricht auch gelöst werden, d.h. Problemlösen folgt aus dem Problemstellen.

Wenn man Problemlösen ernsthaft betreibt, gilt dieser Zusammenhang aber auch anders herum, das Problemstellen folgt aus dem Problemlösen; dies gilt sogar mehrfach: Einerseits ergeben sich nach der (erfolgreichen) Bearbeitung eines Problems (fast zwangsläufig) Anschlussfragen und Ideen für neue Probleme. Pólya (1949) hat hierauf besonders hingewiesen, als er die Phase „Rückschau" im Problemlöseprozess beschrieben hat (vgl. Kap. 6). Fachdidaktiker wie James Wilson haben dies aufgegriffen und die vier Stufen des Problemlöseprozesses nach Pólya zyklisch angeordnet und das Problem Posing dabei als Übergang zwischen der Rückschau und dem Verstehen des neuen Problems in die graphische Darstellung des Prozessmodells eingefügt (Fernandez et al., 1994; siehe Abb. 11.11).

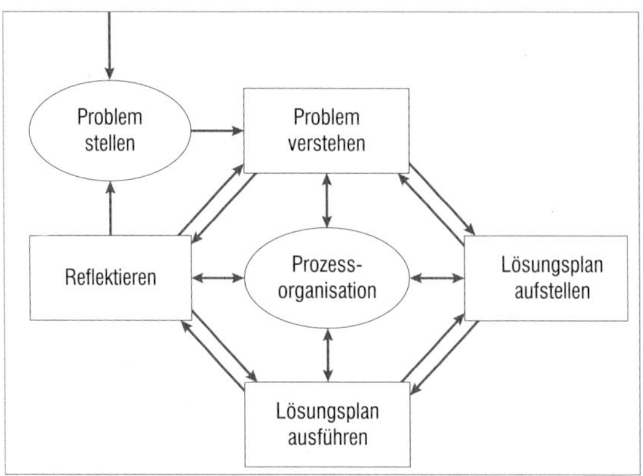

Abb. 11.11: Zyklischer Problemlöseprozess nach Fernandez et al. (1994)

Andererseits kann das Stellen von Problemen nicht nur vor und nach, sondern auch während der Arbeit an einem Problem bedeutend und hilfreich sein. Auch hier war es bereits Pólya (1949), der betont hat, dass man nach ähnlichen und verwandten Problemen suchen solle, wenn man stecken bleibt (vgl. Kap. 6):

> Wenn Du die vorliegende Aufgabe nicht lösen kannst, so versuche, zuerst eine verwandte Aufgabe zu lösen. Kannst Du Dir eine zugänglichere verwandte Aufgabe denken? Eine allgemeinere Aufgabe? Eine speziellere Aufgabe? Eine analoge Aufgabe? Kannst Du einen Teil der Aufgabe lösen? Behalte nur einen Teil der Bedingung bei und lasse den anderen fort; wie weit ist die Unbekannte dann bestimmt, wie kann ich sie verändern? Kannst Du etwas Förderliches aus den Daten ableiten? Kannst Du Dir andere Daten denken, die geeignet sind, die Unbekannte zu bestimmen? Kannst Du die Unbekannte ändern oder die Daten oder, wenn nötig, beide, so daß die neue Unbekannte und die neuen Daten einander näher sind? (Pólya, 1949, Einband)

Das Ändern und Weglassen von Bedingungen, das Pólya hier anspricht, ist nichts anderes als die Aufgabenvariation von Schupp (2002a). Wenn beispielsweise Aussagen über Tetraeder nachgewiesen werden sollen, kann es hilfreich sein, zunächst Dreiecke zu betrachten. Letztlich ist das Variieren von Aufgaben und das Stellen von Problemen also nichts Eigenständiges, sondern ein integraler Bestandteil der Kompetenz Problemlösen.

Literatur

Aebli, H. (1983): Zwölf Grundformen des Lehrens: eine allgemeine Didaktik auf psychologischer Grundlage. Stuttgart: Klett-Cotta.

Affolter, W. / Beerli, G. / Hurschler, H. / Jaggi, B. / Jundt, W. / Krummenacher, R. (2013): mathbuch 1. Bern: Schulverlag plus AG / Baar: Klett und Balmer AG.

Affolter, W. / Beerli, G. / Hurschler, H. / Jaggi, B. / Jundt, W. / Krummenacher, R. (2014): mathbuch 2. Bern: Schulverlag plus AG / Baar: Klett und Balmer AG.

Affolter, W. / Beerli, G. / Hurschler, H. / Jaggi, B. / Jundt, W. / Krummenacher, R. (2015): mathbuch 3. Bern: Schulverlag plus AG / Baar: Klett und Balmer AG.

Artelt, C. / Moschner, B. (2005): Lernstrategien und Metakognition: Implikationen für Forschung und Praxis. Münster: Waxmann.

Atkinson, R. K. / Derry, S. J. / Renkl, A. / Wortham, D. W. (2000): Learning from examples: Instructional principles from the worked examples research. In: Review of Educational Research. 70, S. 181–214.

Barzel, B. / Büchter, A. / Leuders, T. (2007): Mathematik Methodik. Handbuch für die Sekundarstufe I und II. Berlin: Cornelsen Scriptor.

Barzel, B. / Bullinger, R. / Poloczek, J. (2014): Geldgeschäfte – Zinsen berechnen und Strategien nutzen. In: Hußmann, S. / Leuders, T. / Prediger, S. / Barzel, B. (Hrsg.): Mathewerkstatt Kl. 8. Berlin: Cornelsen. S. 47–68

Barzel, B. / Hußmann, S. / Leuders, T. / Prediger, S. (Hrsg.) (2012): Mathewerkstatt, Kl. 5. Berlin: Cornelsen.

Beaton, A. E. (1996): Mathematics Achievement in the Middle School Years. IEA's Third International Mathematics and Science Study (TIMSS). Boston College, Center for the Study of Testing, Evaluation, and Educational Policy.

Becker, J. / Shimada, S. (Hrsg.) (1997): The Open-Ended Approach: A New Proposal for Teaching Mathematics. Reston, Virginia: National Council of Teachers of Mathematics.

Bernack, C. / Holzäpfel, L. / Leuders, T. / Renkl, A. (2011): Forschungshefte als Instrument der Professionalisierung von Mathematiklehrerinnen und Mathematiklehrern (ForMat). In: Neubrand, M. (Hrsg.): Beiträge zum Mathematikunterricht. Hildesheim: Franzbecker. S. 99–102.

Bildungsministerium Luxemburg (2006): Mathematik. Kompetenzorientierte Bildungsstandards.

Black, P. / Wiliam, D. (2009): Developing the theory of formative assessment. In: Educational Assessment, Evaluation and Accountability. 21(1), S. 5–13.

Bloom, B. S. (1968): Learning for mastery. Los Angeles, USA: University of California Press.

Blum, W. / Wiegand, B. (2000): Offene Aufgaben – wie und wozu? In: mathematik lehren. 100, S. 52–55.

Brown, S. I. / Walter, M. I. (2004, 3. Aufl.): The Art of Problem Posing.

Bruder, R. (2000): Akzentuierte Aufgaben und heuristische Erfahrungen. In: Mathematik lehren und lernen nach TIMSS. Anregungen für die Sekundarstufen. Berlin: Volk und Wissen. S. 69–78.

Bruder, R. (2010): Lernaufgaben im Mathematikunterricht. In: Kiper, H. / Meints, W. / Peters, S. / Schlump, S. / Schmit, S. (Hrsg.): Lernaufgaben und Lernmaterialien im kompetenzorientierten Unterricht. Stuttgart: Kohlhammer. S. 114–124.

Bruder, R. / Collet, C. (2011): Problemlösen lernen im Mathematikunterricht. Berlin: Cornelsen Scriptor.

Bruner, J. (1961): The act of discovery. Harvard Educational Review. 31, S. 21–32.

Büchter, A. / Herget, W. / Leuders, T. / Müller, J. H. (2008): Die Fermi-Box. Für die Klassen 5–7. Stuttgart: Klett.

Büchter, A./Herget, W./Leuders, T./Müller, J. H. (2011): Die Fermi-Box. Für die Klassen 8–10. Stuttgart: Klett.

Büchter, A./Leuders, T. (2005): Mathematikaufgaben selbst entwickeln. Lernen fördern – Leistung überprüfen. Berlin: Cornelsen Scriptor.

Bürgermeister, A. (2013): Leistungsbeurteilung im Mathematikunterricht: Bedingungen und Effekte von Beurteilungspraxis und Beurteilungsgenauigkeit. Münster: Waxmann.

Chapman, O. (1997): Metaphors in the Teaching of Mathematical Problem Solving. In: Educational Studies in Mathematics. 32(3), S. 201–228.

Collet, C. (2009): Förderung von Problemlösekompetenzen in Verbindung mit Selbstregulation: Wirkungsanalysen von Lehrerfortbildungen. In: Empirische Studien zur Didaktik der Mathematik (Bd. 2). Münster: Waxmann.

Dörner, D. (1976): Problemlösen als Informationsverarbeitung. Stuttgart: Kohlhammer.

Drüke-Noe, C. (2014): Aufgabenkultur in Klassenarbeiten im Fach Mathematik: Empirische Untersuchungen in neunten und zehnten Klassen. Wiesbaden: Springer Spektrum.

Duncker, K. (1935): Zur Psychologie des produktiven Denkens. Berlin: Springer.

Eggenberg, F./Hollenstein, A. (1997): Offene Situationen: Eine Unterrichtsform im Mathematikunterricht, in der Schülerinnen und Schüler das Rechnen haben. In: Schweizerische Lehrerinnen- und Lehrerzeitung. 97(2), S. 16–20.

Engel, A. (1998): Problem-Solving Strategies. New York: Springer.

Fernandez, M. L./Hadaway, N./Wilson, J. W. (1994): Problem Solving: Managing It All. In: The Mathematics Teacher. 87(3), S. 195–199.

Flewelling, G./Higginson, W. (2003): A handbook on rich learning tasks. Kingston: Queen's University.

Franke, M. (1998): Kinder bearbeiten Sachsituationen in Bild-Text-Darstellung. In: Journal für Mathematik-Didaktik. 19(2-3), S. 89–122.

Freudenthal, H. (1976): Mathematik als pädagogische Aufgabe. Stuttgart: Klett.

Funke, J. (1991): Solving complex problems: Human identification and control of complex systems. In: Sternberg, R. J./Frensch, P. A. (Hrsg.): Complex problem solving: Principles and mechanisms. Hillsdale, NJ: Lawrence Erlbaum Associates. S. 185–222.

Gallin, P./Ruf, U. (1998): Sprache und Mathematik in der Schule: Auf eigenen Wegen zur Fachkompetenz. Seelze: Kallmeyer.

Glogger, I./Holzäpfel, L./Schwonke, R./Nückles, M./Renkl, A. (2009): Activation of learning strategies in writing learning journals: The specificity of prompts matters. In: Zeitschrift für Pädagogische Psychologie. 23, S. 95–104.

Glogger, I./Schwonke, R./Holzäpfel, L./Nückles, M./Renkl, A. (2012): Learning strategies assessed by journal writing: Prediction of learning outcomes by quantity, quality, and combinations of learning strategies. In: Journal of Educational Psychology. 104(2), S. 452–468.

Goddijn, A. J./Reuter, W. (1995): Afstanden, grenzen en gebiedsindelingen (Nieuwe wiskunde tweede fase). Utrecht: Freudenthal Instituut.

Greefrath, G. (2004): Offene Aufgaben mit Realitätsbezug. Eine Übersicht mit Beispielen und erste Ergebnisse aus Fallstudien. In: mathematica didactica. 2(2), S. 163.

Greefrath, G. (2010): Problemlösen und Modellieren – zwei Seiten der gleichen Medaille. In: Der Mathematikunterricht. 56(3), S. 44–56.

Greefrath, G./Leuders, T. (2013): Verbrauch im Haushalt – Schätzen und Überschlagen. In: Prediger, S./Barzel, B./Hußmann, S./Leuders, T. (Hrsg.): Mathewerkstatt, Kl. 10. Berlin: Cornelsen. S. 5–22.

Handal, B./Herrington, A. (2003): Mathematics teachers' beliefs and curriculum reform. In: Mathematics Education Research Journal. 15(1), S. 59–69.

Heimann, P./Otto, G./Schulz, W. (Hrsg.) (1965): Unterricht – Analyse und Planung. Hannover: Schroedel.

Heinrich, F./Bruder, R./Bauer, C. (2015): Problemlösen lernen. In: Handbuch der Mathematikdidaktik. Berlin, Heidelberg: Springer. S. 279–301.

Hengartner, E./Hirt, U./Wälti, B./Primarschulteam Lupsingen (2008): Lernumgebungen für Rechenschwache bis Hochbegabte (überarb. Aufl. von 2006). Baar: Klett und Balmer.

Herget, W. (Hrsg.) (2000): Aufgaben öffnen. mathematik lehren. 100. S. 4–10.

Herget, W. (2001): Aufgaben – nicht nur nach „Schema F"! In: Amelung, U. (Hrsg.): Neues Lernen – Neue Medien – Neuer Blick auf Standardthemen. Zentrale Koordination Lehrerausbildung, ZKL-Texte Nr. 15, Westfälische Wilhelms-Universität Münster. S 13–24.

Herget, W. (2013): Aufgaben öffnen! In: Plackner, E.-M./Wörner, D. (Hrsg.): Aufgaben öffnen. MaMut – Materialien für den Mathematikunterricht. Band 1. Hildesheim/Berlin: Franzbecker. S. 17–38.

Herget, W./Jahnke, T./Kroll, W. (2001): Produktive Aufgaben für den Mathematikunterricht in der Sekundarstufe I. Berlin: Cornelsen.

Herget, W./Klika, M. (2003): Fotos und Fragen. Messen, Schätzen, Überlegen – viele Wege, viele Ideen, viele Antworten. In: mathematik lehren. 119, S. 14–19.

Herget, W./Richter, K. (2012): "Here is a Situation!" Team Challenges with "Pictorial Problems". In: Blum, W./Borromeo Ferri, R./Maaß, K. (Hrsg.): Mathematikunterricht im Kontext von Realität, Kultur und Lehrerprofessionalität. Festschrift für Gabriele Kaiser. Wiesbaden: Springer Spektrum. S. 80–89.

Herold-Blasius, R./Rott, B. (2016): Using Strategy Keys as a Tool to Influence Strategy Behaviour – A Qualitative Study. In: Fritzlar, T./Aßmus, D./Bräuning, K./Kuzle, A./Rott, B. (Hrsg.): Problem solving in mathematics education. Proceedings of the 2015 joint conference of ProMath and the GDM working group on problem solving. Münster: WTM. S. 137–148.

Hilbert, T./Renkl, A./Holzäpfel, L. (2008): Ach so geht das. Üben mit Lösungsbeispielen. In: mathematik lehren. 147, S. 47–49.

Hilbert, T./Wittwer, J./Renkl, A./vom Hofe, R. (2006): Kognitiv aktiv – aber wie? Lernen mit Selbsterklärungen und Lösungsbeispielen. In: mathematik lehren. 135, S. 62–64.

Hoffmann, P. (1999): Der Mann, der die Zahlen liebte: Die erstaunliche Geschichte des Paul Erdős und die Suche nach der Schönheit in der Mathematik. Berlin: Ullstein.

Holzäpfel, L./Glogger, I./Schwonke, R./Nückles, M./Renkl, A. (2009a): Lernstrategien beim Schreiben: Neue Anregungen für den Umgang mit dem Lerntagebuch. In: mathematik lehren. 153, S. 16–21.

Holzäpfel, L./Glogger, I./Schwonke, R./Nückles, M./Renkl, A. (2009b): Lerntagebücher im Mathematikunterricht: Diagnose und Förderung von Lernstrategien. In: Neubrand, M. (Hrsg.): Beiträge zum Mathematikunterricht. Hildesheim: Franzbecker. S.659–662.

Holzäpfel, L./Leuders, T./Marxer, M. (2012): Lebensraum Zoo – Platzbedarf von Tieren. In: Prediger, S./Barzel, B./Hußmann, S./Leuders, T. (Hrsg.): Mathewerkstatt, Kl. 6. Berlin: Cornelsen.

Holzäpfel, L./Leuders, T./Rott, B./Schelldorfer, R. (2016): Schritte zum Problemlösen. In: Praxis der Mathematik in der Schule. Köln/Leipzig: Aulis. 68(58), S. 2–8.

Holzäpfel, L./Leuders, T./Storz, R. (2014): Reisen und Rechnen – Hochrechnen und Runterrechnen. In: Hußmann, S./Leuders, T./Prediger, S./Barzel, B. (Hrsg.): Mathewerkstatt, Kl. 7. Berlin: Cornelsen. S. 5–28.

Holzäpfel, L./Loibl, K./Ufer, S. (Hrsg.) (2015): Fehler – Hindernis und Chance. In: mathematik lehren. 191, S. 2–8.

Holzäpfel, L./Mailänder, K. (2007): Selbstevaluation – ein hilfreiches Instrument im Schulentwicklungsprozess. In: Die neue Schulpraxis. 8, S. 7–16.

Holzäpfel, L. / Rott, B. / Dreher, U. (2016): Exploring perpendicular bisectors: The water well problem. In: Kuzle, A. / Rott, B. / Hodnik Čadež, T. (Hrsg.): Problem Solving in the Mathematics Classroom – Perspectives and Practices from Different Countries. Münster: WTM. S. 117–130.

Hußmann, S. / Leuders, T. / Prediger, S. (2007): Schülerleistungen verstehen – Diagnose im Alltag. In: Praxis der Mathematik in der Schule. 49(15), S. 1–9.

Jablonka, E. (1999): Was sind „gute" Anwendungsbeispiele? In: Maaß, J. / Schlögmann, W. (Hrsg.): Materialien für einen realitätsbezogenen Mathematikunterricht, Band 5 (ISTRON-Schriftenreihe). Berlin / Hildesheim: Franzbecker.

Jahnke, T. (2005): Zur Authentizität von Mathematikaufgaben. In: Beiträge zum Matheunterricht. Berlin / Hildesheim: Franzbecker. S. 271–274

Jundt, W. / Wälti, B. (2011): Mathematische Beurteilungsumgebungen Sek I/1, Kernaufgaben zur Lernsicherung. Bern: Schulverlag plus.

Jundt, W. / Wälti, B. (2012): Mathematische Beurteilungsumgebungen Sek I/2, Kernaufgaben zur Lernsicherung. Bern: Schulverlag plus.

Kapur, M. (2008): Productive failure. In: Cognition and instruction. 26(3), S. 379–424.

Kingore, B. (2004): Tiered Instruction in Differentiation: Simplifed, realistic and effective. Austin: Professional Associates Publishing.

KMK (2004): Beschlüsse der Kultusministerkonferenz (Hrsg.): Bildungsstandards im Fach Mathematik für den Mittleren Schulabschluss (Beschluss vom 04.12.2003.). München: Wolters Kluwer. URL des Volltextes: http://www.kmk.org/fileadmin/veroeffentlichungen_beschluesse/2003/2003_12_04-Bildungsstandards-Mathe-Mittleren-SA.pdf.

Knipping, C. (2005): Dynamisierung einer Lehrveranstaltung durch DGS? In: Graumann, G. (Hrsg.): Beiträge zum Mathematikunterricht. Hildesheim / Berlin: Franzbecker. S. 303–306.

Konrad, K. (2005): Förderung und Analyse von selbstgesteuertem Lernen in kooperativen Lernumgebungen: Bedingungen, Prozesse und Bedeutung kognitiver sowie metakognitiver Strategien für den Erwerb und Transfer konzeptuellen Wissens. Habilitationsschrift, Universität Weingarten.

Krutetskii, V. A. (1976): The Psychology of Mathematical Abilities in Schoolchildren. Chicago, IL: University of Chicago Press. Übersetzt aus dem Russischen von Teller, J., herausgegeben von Kilpatrick, J. / Wirszup, I.

Leneke, B. (2003): Aufgabenvariation im Mathematikunterricht (Teil 2) – Beispielsammlung. Technical Report Nr. 3. http://www.math.uni-magdeburg.de/reports/2003/leneke-0303.pdf (letzter Zugriff: 02.02.2018).

Leneke, B. (2007): Aufgabenvariation im Mathematikunterricht (Teil 3) – Beispielsammlung. Technical Report Nr. 2. http://www.math.uni-magdeburg.de/reports/2007/TechReportLeneke2007.pdf (letzter Zugriff: 02.02.2018).

Lesh, R. A. / Zawojewski, J. S. (2007): Problem solving and modeling. In: Lester, F. (Hrsg.): Second handbook of research on mathematics teaching and learning: A project of the National Council of Teachers of Mathematics. Charlotte, NC: Information Age Publishing. S. 763–804.

Lester, F. K. / Kehle, P. E. (2003): From problem solving to modeling: The evolution of thinking about research on complex mathematical activity. In: Lesh, R. A. / Doerr, H.M. (Hrsg.): Beyond constructivism: Models and modeling perspectives on mathematics problem solving, learning and teaching. Mahwah, NJ: Erlbaum. S. 501–518.

Leuders, T. (Hrsg.) (2003a): Mathematik-Didaktik: Praxishandbuch für die Sekundarstufe I und II. Cornelsen Scriptor.

Leuders, T. (2003b): Mathematikunterricht auswerten: Ein Handlungsspektrum für die Auswertung – Auswerten von Schülerleistungen – Schülerselbstauswertung. In: Leuders, T. (Hrsg.): Mathematikdidaktik. Ein Praxishandbuch für die Sekundarstufe I & II. Berlin: Cornelsen Scriptor. S. 292–322.

Leuders, T. (2003c): Problemlösen. In: Leuders, T. (Hrsg.): Mathematik Didaktik – Praxishandbuch für die Sekundarstufe I und II. Berlin: Cornelsen Scriptor. S. 120–135.

Leuders, T. (2004): Selbstständiges Lernen und Leistungsbewertung. In: Der Mathematikunterricht. 50(3), S. 63-79.

Leuders, T. (2006): Strategien entwickeln, Probleme lösen. In: Hußmann, S. / Jörgens, T. / Leuders, T. / Richter, K. / Riemer, W. (Hrsg.): Lambacher Schweizer 6. Mathematik für Gymnasien Nordrhein-Westfalen. Stuttgart: Klett. S. 104–121.

Leuders, T. (2009): Intelligent üben und Mathematik erleben. In: Leuders, T. / Hefendehl-Hebeker, L. / Weigand, H.-G. (Hrsg.): Mathemagische Momente 1. Berlin: Cornelsen. S. 130–143.

Leuders, T. (2013): Zahlen unter der Lupe – Zahlen zerlegen und erforschen. In: Prediger, S. / Barzel, B. / Hußmann, S. / Leuders, T. (Hrsg.): Mathewerkstatt, Kl. 6. Berlin: Cornelsen. S. 23–42.

Leuders, T. (2016): Multiple Ziele im Mathematikunterricht. In: Unterrichtswissenschaft. 44(5), S. 252–266.

Leuders, T. / Barzel, B. (2014): Größen, Maße und Messen. In: Linneweber-Lamerskitten, H. (Hrsg.): Fachdidaktik Mathematik. Grundbildung und Kompetenzaufbau im Unterricht der Sek. I und II. Seelze: Klett Kallmeyer. S. 48–68.

Leuders, T. / Jaschke, T. (2015): Vierecke – Vielfalt untersuchen und ordnen. In: Hußmann, S. / Leuders, T. / Prediger, S. / Barzel, B. (Hrsg.): Mathewerkstatt, Kl. 8. Berlin: Cornelsen. S. 69–88.

Leuders, T. / Marxer, M. / Rülander, N. (2015): Zauberei mit Rechentricks – Terme durchschauen und umformen. In: Hußmann, S. / Leuders, T. / Prediger, S. / Barzel, B. (Hrsg.): Mathewerkstatt , Kl. 8. Berlin: Cornelsen. S. 149–172.

Leuders, T. / Naccarella, D. / Philipp, K. (2011): Experimentelles Denken – Vorgehensweisen beim innermathematischen Experimentieren. In: Journal für Mathematik-Didaktik. 32(2), S. 205–231.

Leuders, T. / Prediger, S. (2016): Flexibel differenzieren und fokussiert fördern im Mathematikunterricht. Berlin: Cornelsen Scriptor.

Leuders, T. / Storz, R. (2016): Zusammenhänge in Dreiecken und Vierecken – Systematisch argumentieren. In: Barzel, B. / Hußmann, S. / Leuders, T. / Prediger, S. (Hrsg.): Mathewerkstatt, Kl. 9. Berlin: Cornelsen. S. 5–25.

Leutner, D. / Klieme, E. / Meyer, K. / Wirth, J. (2004): Problemlösen. In: Prenzel, M. / Baumert, J. / Blum, W. / Lehmann, R. / Leutner, D. / Neubrand, M. / Pekrun, R. / Rolff, H.-G. / Rost, J. / Schiefele, U. (Hrsg.): Der Bildungsstand der Jugendlichen in Deutschland – Ergebnisse des zweiten internationalen Vergleichs. Münster: Waxmann. S. 147–175.

Linneweber-Lammerskitten, H / Wälti, B. / Moser Opitz, E. (2009): HarmoS Mathematik. Wissenschaftlicher Kurzbericht und Kompetenzmodell. https://edudoc.ch/static/web/arbeiten/harmos/math_kurzbericht_2009_d.pdf (letzter Zugriff: 02.01.2018).

Lötscher, H. / Tanner Merlo, S. / Joller-Graf, K. (2017): Beurteilung in integrativen Schulen: Kompetenzfördernd unterrichten mit dem Lehrplan 21. Luzern: PH Luzern. https://zenodo.org/record/804287 (letzter Zugriff: 02.01.2018).

Luchins, A. S. (1965): Mechanisierung beim Problemlösen. In: Graumann, C.F. (Hrsg.): Denken. Köln, Berlin: Kiepenheuer & Witsch. S. 171–190.

Lütgert, W. / Tillmann, K.-J. / Beutel, S.-I. / Jachmann, M. / Vollstädt, W. (2001): Leistungsbeurteilung und Leistungsrückmeldung an Hamburger Schulen – Bericht über ein Forschungsprojekt. Behörde für Schule, Jugend und Berufsbildung, Hamburg. http://www.hamburg.de/contentblob/69688/data/bbs-hr-leistungsbeurteilung-2001.pdf (letzter Zugriff: 02.01.2018).

Lyman, F. T. (1981): The responsive classroom discussion: The inclusion of all students. In: Mainstreaming digest. S. 109–113.

Maaß, K. (2004): Mathematisches Modellieren im Unterricht. Hildesheim/Berlin: Franzbecker.

Mandl, H./Friedrich, H. F. (2006): Handbuch Lernstrategien. Göttingen: Hogrefe.

Mason, J./Burton, L./Stacey, K. (1982/2010): Thinking Mathematically. Dorchester: Pearson Education Limited. Second Edition.

Mason, J./Burton, L./Stacey, K. (2006): Mathematisch denken. Mathematik ist keine Hexerei. München: Oldenbourg Wissenschaftsverlag.

Meyer, H. (1987): UnterrichtsMethoden. Band I: Theorieband. Berlin: Cornelsen Scriptor.

Meyer, H. (2002): UnterrichtsMethoden. In: Kiper, H./Meyer, H./Topsch, W. (Hrsg.): Einführung in die Schulpädagogik. S. 109–121. Berlin: Cornelsen Scriptor.

NCTM (National Council of Teachers of Mathematics) (2000): Principles and Standards for school mathematics. Reston, Virginia: NCTM.

Neubrand, M. (2004): „Mathematical Literacy" und „mathematische Grundbildung": Der mathematikdidaktische Diskurs und die Strukturierung des PISA-Tests. In: Mathematische Kompetenzen von Schülerinnen und Schülern in Deutschland. Wiesbaden: Verlag für Sozialwissenschaften. S. 15–29.

Neuhaus, K. (2002): Die Rolle des Kreativitätsproblems in der Mathematikdidaktik. Berlin: Verlag Dr. Köster.

Newell, A./Simon, H. A. (1972): Human Problem Solving. Englewood Cliffs, NJ: Prentice-Hall.

Niss, M. A. (2003): Mathematical competencies and the learning of mathematics: the Danish KOM project. In: Gagatsis A./Papastavridis S. (Hrsg.): 3rd Mediterranean Conference on Mathematical Education. Athen: Hellenic Mathematical Society. S. 116–124.

Ohst, A./Glogger, I./Nückles, M./Renkl, A. (2015): Helping preservice teachers with inaccurate and fragmentary prior knowledge to acquire conceptual understanding of psychological principles. In: Psychology Learning and Teaching. 14, S. 5–25.

Oser, F./Hascher, T./Spychiger, M. (1999): Lernen aus Fehlern. Zur Psychologie des negativen Wissens. In: Althof, W. (Hrsg.): Fehlerwelten. Opladen: Leske und Budrich. S. 11–41.

Pehkonen, E. (2014): Open problems as means for promoting mathematical thinking. In: Ambrus, A./Vásárhelyi, É. (Hrsg.): Problem Solving in Mathematics Education – Proceedings of the 15th ProMath Conference. Haxel nyomda, Ungarn.

Philipp, R. A. (2007): Mathematics Teachers' Beliefs and Affect (Chapter 7). In: Lester, F. K. (Hrsg.): Second Handbook of Research on Mathematics Teaching and Learning. Charlotte, NC: Information Age. S. 257–315.

Philipp, K./Herold-Blasius, R. (2016): Schlüssel zum Erfolg. Mit Strategieschlüsseln Problemlösestrategien fördern. In: Praxis der Mathematik in der Schule. 68, S. 9–14.

Pólya, G. (1949, Originalauflage 1945): How to solve it. Princeton University Press. (Dt. Taschenbuchausgabe (1995): Schule des Denkens. Tübingen: Francke.)

Pólya, G. (1979): Vom Lösen mathematischer Aufgaben (Bd. 1). Basel: Birkhäuser.

Popper, K. (1994): Alles Leben ist Problemlösen. Über Erkenntnis, Geschichte und Politik. München: Piper.

Prediger, S. (2009): Quader bauen aus 24 Würfeln – Kinder auf dem Weg zur Volumenformel. MNU Primar, 1(1), 8–12.

Prediger, S./Barzel, B./Hußmann, S./Leuders, T. (2013) (Hrsg.): Mathewerkstatt, Kl. 6. Berlin: Cornelsen.

Prediger, S./Barzel, B./Leuders, T./Hußmann, S. (2011): Systematisieren und Sichern. Nachhaltiges Lernen durch aktives Ordnen. In: mathematik lehren. 164, S. 2–9.

Prediger, S./Glade, M./Blomberg, J. (2016): Im Filmstudio – Vergrößern und verkleinern in mehreren Dimensionen. In: Barzel, B./Hußmann, S./Leuders, T./Prediger, S. (Hrsg.): Mathewerkstatt, Kl. 9. Berlin: Cornelsen. S. 45–72.

Prediger, S./Hußmann, S./Leuders, T./Barzel, B. (2014): Kernprozesse – ein Modell zur Strukturierung von Unterrichtsdesign und Unterrichtshandeln. In: Bausch, I./Pinkernell, G./Schmitt, O. (Hrsg.): Unterrichtsentwicklung und Kompetenzorientierung. Festschrift für Regina Bruder. Münster: WTM-Verlag. S. 81–92.

Prediger, S./Marxer, M. (2014): Bahn oder Auto? – Berechnungen beschreiben und durchdenken. In: Hußmann, S./Leuders, T./Prediger, S./Barzel, B. (Hrsg.): Mathewerkstatt, Kl. 7. Berlin: Cornelsen. S. 189–218.

Prediger, S./Scherres, C. (2012): Niveauangemessenheit von Arbeitsprozessen in selbstdifferenzierenden Lernumgebungen. Journal für Mathematik-Didaktik. 33(1), S. 143–173.

Prenzel, M./Baumert, J./Blum, W./Lehmann, R./Leutner, D./Neubrand, M. (Hrsg.) (2005): PISA 2003: der zweite Vergleich der Länder in Deutschland – was wissen und können Jugendliche? Münster: Waxmann.

Reiss, K. (2004): Mathematik fürs Leben. Aufgaben in einem verständnisorientierten Mathematikunterricht. In: Lernchancen. 7(34), S. 4–7.

Reiss, K./Heinze, A./Kuntze, S. (2006): Mathematiklernen mit heuristischen Lösungsbeispielen. In: Prenzel, M./Allolio-Näcke, L. (Hrsg.): Untersuchungen zur Bildungsqualität von Schule. Abschlussbericht des DFG-Schwerpunktprogramms. Münster: Waxmann. S. 194–208.

Renkl, A. (1997): Learning from worked-out examples: A study on individual differences. In: Cognitive science. 21(1), S. 1–29.

Renkl, A. (2000): Automatisierung allein reicht nicht aus. Üben aus kognitionspsychologischer Perspektive. In: Friedrich Jahresheft. S. 16–19.

Renkl, A. (2008): Lehrbuch Pädagogische Psychologie. Bern: Huber.

Rinkens, H.-D./Rottmann, T./Träger, G. (2014): Welt der Zahl, Kl. 2. Braunschweig: Bildungshaus Schulbuchverlage.

Rostetter, G. (2006): Schülerleistungen mit dem Mathbu.ch. Eine empirische Studie zum Einfluss des Lehrmittels Mathbu.ch auf die Schülerleistungen anhand der Aufnahmeprüfung zum Gymnasium. St. Gallen: PHSG (Diplomarbeit). http://www.faechernet.erz.be.ch/faechernet_erz/de/index/mathematik/mathematik/lehr_und_lernmaterialien/mathbuch.assetref/dam/documents/ERZ/faechernet/de/schulerleistungen.pdf (letzter Zugriff: 17.05.2016).

Rott, B. (2013): Mathematisches Problemlösen – Ergebnisse einer empirischen Studie. Münster: WTM-Verlag.

Rott, B. (2014): Mathematische Problembearbeitungsprozesse von Fünftklässlern – Entwicklung eines deskriptiven Phasenmodells. In: Journal für Mathematik-Didaktik. 35, S. 251–282.

Sacher, W. (2014; 6. Auflage): Leistungen entwickeln, überprüfen und beurteilen – bewährte und neue Wege für die Primar- und Sekundarstufe. Heilbrunn: Klinkhardt.

Schelldorfer, R. (2007): Summendarstellungen von Zahlen – ein Feld für differenzierendes entdeckendes Lernen. In: Praxis der Mathematik in der Schule. 49(17), S. 25–27.

Schoenfeld, A. H. (1985): Mathematical Problem Solving. Orlando: Academic Press.

Schoenfeld, A. H. (1989): Teaching Mathematical Thinking and Problem Solving. In: Resnick, L. B./Klopfer, L. E. (Hrsg.): Toward a thinking curriculum: Current cognitive Research. Washington DC: Association for Supervisors and Curriculum Developers. S. 83–103.

Schoenfeld, A. H. (1992): Learning to think mathematically: Problem solving, metacognition, and sense making in mathematics. In: Grouws, D. A. (Hrsg.): Handbook of research on mathematics teaching and learning. New York, NY: Macmillan. S. 334–370.

Schreiber, A. (2011): Begriffsbestimmungen – Aufsätze zur Heuristik und Logik mathematischer Begriffsbildung. Berlin: Logos Verlag.

Schroeder, T. L. / Lester, F. K. (1989): Understanding mathematics via problem solving. In: Trafton, P. (Hrsg.): New directions for elementary school mathematics. Reston, VA: National Council of Teachers of Mathematics. S. 31–42.

Schupp, H. (2002a): Thema mit Variationen oder Aufgabenvariation im Mathematikunterricht. Berlin / Hildesheim: Franzbecker.

Schupp, H. (2002b): Aufgabenvariation im Mathematikunterricht (Kurzfassung). In: Sinus-Transfer, Modul 1: Weiterentwicklung der Aufgabenkultur. www.sinus-transfer.uni-bayreuth.de/fileadmin/MaterialienBT/Themivarkurz.doc (letzter Zugriff: 02.01.2018).

Schupp, H. (2003): Variatio delectat! In: Der Mathematikunterricht. 49(5), S. 4–12.

Schwarz, W. (2006): Heuristische Strategien des Problemlösens – Eine fachmethodische Systematik für die Mathematik. Münster: WTM-Verlag.

Scriven, M. (1967): The methodology of evaluation. In: AERA Monograph Series in Curriculum Evaluation 1, S. 39–83.

Silver, E. A. (1985): Research on teaching mathematical problem solving: Some underrepresented themes and needed directions. In: Silver, E. A. (Hrsg.): Teaching and learning mathematical problem solving: Multiple research perspectives. S. 247–266.

Silver, E. A. (1994): On Mathematical Problem Posing. In: For the Learning of Mathematics. 14(1), S. 19–28.

Silver, E. A. (1997): Fostering Creativity through Instruction Rich in Mathematical Problem Solving and Problem Posing. In: Zentralblatt für Didaktik der Mathematik. 97(3), S. 75–80.

Stanic, G. / Kilpatrick, J. (1988): Historical perspective on problem solving in the mathematics curriculum. In: Charles, R. / Silver, E. (Hrsg.): The teaching and assessing of mathematical problem solving. Reston, VA: NCTM. S. 1–22.

Stoyanova, E. / Ellerton, N. F. (1996): A Frameword for Research into Students' Problem Posing in School Mathematics. In: Technology in mathematics education: proceedings of the 19th annual conference of the Mathematics Education Research Group of Australasia (MERGA), , at the University of Melbourne.

Study Mode, LLC. (2017): SAT problem solving practice test 09. http://www.majortests.com/sat/problem-solving-test09 (letzter Zugriff: 02.01.2018).

Sundermann, B. / Selter, C. (2006): Beurteilen und Fördern im Mathematikunterricht. Berlin: Cornelsen Scriptor.

Sweller, J. (1994): Cognitive load theory, learning difficulty, and instructional design. In: Learning and Instruction. 4, S. 295–312.

Sweller, J. / Cooper, G. A. (1985): The Use of Worked Examples as a Substitute for Problem Solving in Learning Algebra. In: Cognition and Instruction. 2(1), S. 59–89.

Takahashi, A. (2008): Beyond show and tell: Neriage for teaching through problem-solving – Ideas from Japanese problem-solving approaches for teaching mathematics. In: 11th international congress on Mathematics Education, Mexico (Section TSG 19: Research and Development in Problem Solving in Mathematics Education).

Takahashi, A. (2016): „Neriage" – Didaktisch durchdachtes Aufräumen nach einer Problemlösephase. Einblicke in den japanischen Problemlöseunterricht. In: Praxis der Mathematik in der Schule. 68, S. 22–26.

Thompson, A. G. (1992): Teachers' Beliefs and Conceptions: a Synthesis of the Research. In: Grouws, D. A. (Hrsg.): Handbook of Research on Mathematic Learning and Teaching. New York: Macmillan. S. 127–146.

van Harpen, X. Y. / Sriraman, B. (2013): Creativity and mathematical problem posing: an analysis of high school students' mathematical problem posing in China and the USA. In: Educational Studies in Mathematics. 82(2), S. 201–221.

Wälti, B. (2001). Problemlösen macht Schule. Baar: Klett und Balmer.

Wälti, B. (2014): Alternative Leistungsbeurteilung in der Mathematik. Bern: Schulverlag plus.

Weinert, F. E. (2001): Schulleistungen – Leistungen der Schule oder der Schüler? In: Leistungsmessungen in Schulen. Weinheim und Basel: Beltz. S. 73–86.

Weinstein, C. E./Mayer, R. E. (1986): The teaching of learning strategies. In: Wittrock, C. M. (Hrsg.): Handbook of research in teaching (S. 315–327). New York, NY, US: Macmillan Publishing Company.

Wertheimer, M. (1964, engl. Originalauflage 1957): Produktives Denken. Frankfurt, Main: Kramer.

Weth, T. (1999): Kreativität im Mathematikunterricht. In: Zimmermann, B./David, G./Fritzlar, T./Heinrich, F./Schmitz, M. (Hrsg.): Kreatives Denken und Innovationen in mathematischen Wissenschaften. Tagungsband zum interdisziplinären Symposium an der Friedrich-Schiller-Universität Jena, Fakultät für Mathematik und Informatik, Abteilung Didaktik. S. 195–211.

Wiegand, B./Blum, W. (1999): Offene Probleme für den Mathematikunterricht – Kann man Schulbücher dafür nutzen? In: Beiträge zum Mathematikunterricht. S. 590–593.

Winter, F. (2015): Lerndialog statt Noten. Neue Formen der Leistungsbeurteilung. Weinheim und Basel: Beltz.

Winter, H. (1983): Über die Entfaltung begrifflichen Denkens im Mathematikunterricht. In: Journal für Mathematik-Didaktik. 4(3), S. 175–204.

Winter, H. (1984): Begriff und Bedeutung des Übens im Mathematikunterricht. In: mathematik lehren. 2/84, S. 4–16.

Winter, H. (1989): Entdeckendes Lernen im Mathematikunterricht – Einblicke in die Ideengeschichte und ihre Bedeutung für die Pädagogik. Braunschweig: Vieweg.

Winter, H. (1992): Sachrechnen in der Grundschule. Berlin: Cornelsen Scriptor.

Wittmann, E. C. (1985): Objekte – Operationen – Wirkungen: Das operative Prinzip in der Mathematikdidaktik. In: mathematik lehren. 11, S. 7–11.

Wittmann, E. C./Müller, G. N. (1990/1992): Handbuch produktiver Rechenübungen, Band 1 & 2. Stuttgart: Klett.

Wittmann, E. C. (1992): Üben im Lernprozess. In: Wittmann, E. Ch./Müller, G. N.: Handbuch produktiver Rechenübungen. Band 2: Vom halbschriftlichen zum schriftlichen Rechnen. Stuttgart: Klett. S. 175–182.

Xenofontos, C./Andrews, P. (2012): Prospective teachers' beliefs about problem-solving: Cypriot and English cultural constructions. In: Research in Mathematics Education. 14(1), S. 69–85.

Zech, F. (1983): Grundkurs Mathematikdidaktik. Weinheim und Basel: Beltz.

Zimmermann, B. (1991): Offene Probleme für den Mathematikunterricht und ein Ausblick auf Forschungsfragen. In: Zentralblatt für Didaktik der Mathematik. 23(2), S. 38–46.

Mathematik spielt sich im Kopf ab

CHRISTOF WEBER

Mathematische Vorstellungsübungen im Unterricht

Ein Handbuch für das Gymnasium

16 x 23 cm, 255 Seiten

ISBN 978-3-7800-1047-6, € 24,95

Fachbuch

Alle Preise zzgl. Versandkosten, Stand 2018.

Bei Vorstellungsübungen sind alle Schüler im Unterricht präsent und denken intensiv mit. Nicht nur die starken, sondern auch die leistungsschwächeren Schüler finden über Vorstellungsübungen einen entdeckenden und persönlichen Zugang zur Mathematik. Sie lernen, sich Mathematik-Aufgaben bildlicher vorzustellen und ihre individuellen Vorstellungen zu bearbeiten. So fällt es leichter, eigene Lösungswege zu entwickeln und auf eine Lösung zu kommen.

Der erste Teil dieses Praxisbandes beschreibt, wie Vorstellungsübungen im Unterricht eingesetzt und dabei individuelle Vorstellungen der Schülerinnen und Schüler für Lernprozesse effektiv genutzt werden können. Der zweite Teil enthält eine umfangreiche Beispielsammlung von Vorstellungsübungen aus verschiedenen Bereichen der (Schul-)Mathematik.

Unser Leserservice berät Sie gern:
Telefon: 0511/4 00 04 -150
Fax: 0511/4 00 04 -170
leserservice@friedrich-verlag.de

www.klett-kallmeyer.de